LE CHEVAL

PARIS

GARNIER FRÈRES, LIBRAIRES-ÉDITEURS

6, RUE DES SAINTS-PÈRES, 6

LE CHEVAL

TRAITÉ COMPLET D'HIPPOLOGIE
ET D'ÉQUITATION

Fig. 1. — Le Cheval arabe.

LE CHEVAL

TRAITÉ COMPLET D'HIPPOLOGIE

SUIVI D'UN COURS D'ÉQUITATION

POUR LE CAVALIER ET LA DAME

D'UNE ÉTUDE DÉTAILLÉE DU CHEVAL ET DE SON ENTRETIEN

D'UN APERÇU SUR L'HIPPOPHAGIE

Et sur les diverses races élevées en France et à l'Étranger, etc.

PAR

E. SANTINI

OFFICIER D'ACADÉMIE

ANCIEN DIRECTEUR DE L'ÉCOLE DES ENFANTS DE TROUPE ET DE LA REMONTE
DES JEUNES CHEVAUX AU 2ᵉ RÉGIMENT DE CHASSEURS D'AFRIQUE.

Ouvrage orné de 182 figures et vignettes
intercalées dans le texte.

PARIS

LIBRAIRIE DE GARNIER FRÈRES

6, RUE DES SAINTS-PÈRES, 6

LE CHEVAL

PREMIÈRE PARTIE

HIPPOLOGIE

CHAPITRE PREMIER

De l'Équitation. — Du Cheval. — De l'amélioration des races chevalines par les *courses*. — Portrait du cheval par le naturaliste
Buffon. — Du cheval dans la mythologie grecque et les antiquités
chrétiennes.

L'équitation est un exercice que l'on ne saurait trop
recommander. Il est extrêmement hygiénique et l'un
des plus aptes à maintenir l'organisme dans un état de
vigoureuse santé.

Comme le dit fort bien un auteur, dans l'acte de
l'équitation l'homme est placé sur une base mobile :
cette base se meut, elle change toujours de position, et à
chaque mouvement fait éprouver une secousse, un
ébranlement à tout ce qu'elle supporte. Toutes les fois
que le cheval se déplace, il porte son corps en avant
avec une certaine somme de mouvement que lui ont
imprimé les contractions des muscles de ceux de ses
membres qui ont quitté le sol. Mais à l'instant où ces
derniers rencontrent la terre, à l'instant où ils reçoivent
à leur tour le poids du corps, un choc a lieu ; tout le
mouvement qu'avait reçu l'animal se répercute sur lui-

même; il traverse le corps du cheval et se porte sur le
cavalier. Celui-ci éprouve un trémoussement très vif,
très sensible, qui embrasse toutes les parties de son
être. Ce mouvement répercuté se distribue dans l'économie entière; il pénètre chacun des organes, secoue
leur masse, agite les tissus qui les constituent, détermine dans les fibres de ces derniers un resserrement
qui les rend plus robustes et plus forts. « L'équitation,
outre qu'elle détermine dans l'état actuel du système
animal une série de changements organiques, a une influence remarquable sur la plupart des appareils de

notre économie. Ainsi, exercée avant le repas, elle ouvre
l'appétit, développe les forces digestives, assure une
élaboration des aliments plus prompte et plus parfaite;
après le repas, le travail de la digestion s'exécute plus
vite et la faim revient plus tôt. L'équitation agit aussi
sur la circulation du sang. Le cœur pousse le sang avec
une vigueur plus marquée; le mouvement artériel devient plus fort. L'équitation anime, exalte l'énergie des
appareils exhalants, sécréteurs et absorbants; elle
exerce une grande influence sur la nutrition des organes;
elle assure un bon emploi des principes nourriciers qui
affluent dans le fluide sanguin et dans les tissus vivants.

Les individus qui usent de l'équitation sont plus colo-
rés ; ils ont une grande force organique ; le système
nerveux lui-même subit des modifications notables
dans sa mobilité et dans sa sensibilité, sous l'influence
de l'équitation. » (*S. Furnari.*)

De même qu'avant de se servir d'un instrument ou
d'une machine, un ouvrier doit apprendre à les connaître à fond, il m'a paru non seulement très utile,
mais encore indispensable de commencer cette partie
du volume par une étude complète du cheval.

L'élève, le jeune homme, l'homme fait, apprendront
mieux à diriger cet animal. Ils ne seront pas surpris de
certaines résistances qu'il opposera à leur volonté, et
ils connaîtront mieux les moyens de les vaincre. S'il est
bon que le CAVALIER connaisse à fond son *hippologie*, la
nature, les maladies, les habitudes du cheval, etc., cela
est absolument indispensable à L'HOMME DE CHEVAL, à
l'homme de guerre ; et comme tout homme doit quelques années de sa vie à la patrie, comme chacun peut
être appelé à servir dans la cavalerie, les leçons qui
vont suivre auront toujours leur côté utile.

Le genre cheval est caractérisé, en dehors de sa
forme générale :

1° Par son sabot unique à chaque pied, d'où lui viennent ses noms de *monodactyle, solipède,* etc. ;

2° Par ses dents, au nombre de *quarante,* et qui sont
de trois sortes : 24 molaires, 12 incisives et 4 canines
ou crochets. La jument est presque toujours dépourvue de ces dernières. Entre les incisives et les molaires,
près de la commissure des lèvres, se trouve un grand
espace vide que l'on nomme les *barres;* c'est là que se
place le mors ;

3° Par des mamelles inguinales peu développées ;

4° Par une abondance considérable de longs crins au
tronçon de la queue et au bord supérieur de l'encolure ;

5° Par un cri spécial, d'une intonation diverse selon les sensations que veut exprimer l'animal, et qui prend le nom de *hennissement.*

Comme tous les herbivores, le cheval a des intestins très volumineux, le *cœcum* surtout, qui est énorme. La langue est douce, large, souple ; l'estomac petit, simple. La jument porte de onze à douze mois. Elle met bas *debout*, ce qui n'a lieu que pour un bien petit nombre d'animaux.

Les espèces de chevaux ne sont pas nombreuses, à l'état sauvage : un type ou deux tout au plus. Cependant on rattache au *genre cheval* plusieurs animaux de l'ordre des pachydermes, famille des solipèdes, comme l'*âne*, le *dauw*, le *zèbre*, l'*hémione*, l'*onagre*, le *couagga*, etc. Les déserts de l'Asie et de l'Amérique contiennent beaucoup de *chevaux sauvages* proprement dits, qui y voyagent en troupe de dix mille quelquefois, sous la conduite d'un vieux mâle. Malgré les affirmations très catégoriques d'un certain nombre de voyageurs et de naturalistes, on ne peut se flatter de connaître parfaitement la vie, les coutumes, les habitudes, etc., des animaux sauvages, — des chevaux sauvages, principalement. On dit communément qu'ils sont conduits, comme je viens de l'expliquer, par un mâle qui les dirige pendant leurs marches et leurs combats ; mais on ajoute aussi que ce chef est choisi parmi les plus courageux et qu'il est remplacé dès qu'un autre, plus vaillant ou plus brillant que lui, a fait ses preuves : « A l'état de nature, dit *Gossard*, les chevaux vivent en troupes nombreuses, habitent les pays de plaines et sont uniquement herbivores. Ces troupes sont conduites par des chefs qui les dirigent et qui sont toujours à leur tête, dans les voyages comme dans les combats. La force et le courage ont seuls élevé ces chefs ; mais à mesure que l'âge les affaiblit, leur autorité passe à celui qui, à son tour, se montre le plus courageux et le plus fort. » — Cela est très curieux, mais est-ce bien exact ?

A l'état domestique, les types de chevaux sont très nombreux, en raison des croisements effectués en tenant compte de l'influence des climats et des pâturages. Les principales races sont la race *arabe*, l'*anglaise*, l'*allemande*, l'*espagnole*, la *hollandaise*, et, parmi les races françaises les plus estimées, la *boulonnaise*, la *bretonne*, la *normande*, la *percheronne*, la *comtoise*, l'*ardennaise*, la *limousine*, la *poitevine*, l'*auvergnate*, la *camargue* et

la *navarraise*. Je reviendrai plus tard sur ces diverses races en expliquant très brièvement les qualités qui les distinguent, et les travaux auxquels elles sont plus spécialement appropriées.

La taille moyenne du cheval est d'un mètre cinquante centimètres, du garrot aux pieds de devant. Il y en a cependant, comme par exemple les chevaux *manillais*, qui ont à peine un mètre dix centimètres. La durée de sa vie est d'environ trente ans. Ainsi que je l'expliquerai plus loin, on connaît par l'inspection des dents du cheval son âge approximatif, surtout vers le commencement et dans le cours moyen de son existence ; en effet, il arrive un moment où le cheval *ne marque plus*, expression devenue proverbiale.

Le petit du cheval se nomme *poulain*. Il vient au monde couvert de poils et les yeux ouverts. Dans la plupart des cas, ses jambes sont assez fortes pour lui permettre de marcher immédiatement. Il tette pendant près d'un an, et à deux ans il peut être monté, ce qu'il est cependant imprudent de faire, en raison du peu de solidité de ses organes locomoteurs et de la texture générale du corps de l'animal. Les Arabes, surtout ceux qui sont peu aisés, montent leurs chevaux à cet âge

pour les dresser plus tôt et les rendre utiles dans le plus bref délai. Ces chevaux sont généralement usés à cinq ou six ans en raison des travaux excessifs auxquels on les soumet et ils ne peuvent pas faire un service réellement bon. À cinq ans, le cheval a atteint son entier développement ; à trois ans il est en état de reproduire.

C'est ici le cas de dire un mot des améliorations des races par divers croisements et surtout par divers régimes. Que doit-on demander au cheval ? De la *vitesse* et du *fond*. De la *vitesse* pour parcourir en un temps donné le plus grand espace possible de terrain ; du *fond* pour continuer cet exercice le plus longtemps possible.

Or, il faut remarquer que dans ces derniers temps on semble s'être attaché tout particulièrement à inventer un cheval spécial doué d'une vitesse réellement vertigineuse, mais absolument dépourvu des qualités les plus élémentaires que possède ordinairement cet animal.

On est parvenu aujourd'hui à faire des chevaux qui parcourent plusieurs kilomètres en une ou deux minutes, tout comme une locomotive, et qu'il faut ensuite laisser reposer quelques jours, en les traitant comme on le ferait pour une jolie femme. Ce sont des chevaux grands, longs, maigres, disgracieux, efflanqués, des chevaux réalisant le type de celui de l'Apo-

calypse, *des chevaux qui boivent du vin de champagne et portent de la flanelle.*

A quoi ces animaux extraordinaires peuvent-ils bien servir, et, surtout, en quoi voit-on là un perfectionnement de la race chevaline?

Ces animaux sont tout bonnement un instrument de jeu particulier. De même que l'on a inventé le *crocket*, le *piquet*, le *nain jaune*, on a inventé le *cheval de course.* Les anciens avaient eux aussi des *courses de chevaux et de chars :* mais ils n'avaient pas de *chevaux de course ;* c'est là une invention toute moderne qui n'a rien à voir avec l'amélioration de la race. En effet, il n'est pas un cavalier ayant une longue course à fournir, course consécutive de plusieurs heures par jour, qui voudrait monter dans cette occasion un cheval

comme le célèbre *Gladiateur* et tant d'autrés. Il préfé-
rerait un petit cheval de Tarbes, un normand ou un
breton.

On avait introduit dans l'armée des croisements
anglais : ces chevaux ne purent même pas supporter
la vie de la garnison ; elle était trop dure pour eux ;
les fluxions de poitrine, les coliques, les paralysies,

les rendirent les uns après les autres impropres au
service. En Crimée ils périrent presque tous.

« Que dirions-nous d'un ingénieur qui, pour des
travaux pénibles, construirait à grands frais une
locomotive très légère à laquelle il adapterait une
chaudière puissante. Ce serait un fou, si surtout il
n'avait pour la diriger qu'un mécanicien inhabile. Nous
préférerions assurément une machine moins chère,
plus grossière, plus solide, ayant un moteur incapable
d'utiliser toute sa résistance. Alors nous n'aurions aucune inquiétude sur l'incapacité du chauffeur. Ne som-
mes-nous pas aussi imprudents lorsque, au prix du
fond, de la durée, au prix du dessus et du dessous,
au prix de tout enfin, nous infusons du PUR SANG
dans les races françaises que nous destinons à nos
soldats ? Nous augmentons l'exercice moral et nous
diminuons la résistance matérielle ; nous montons

l'ardeur et nous baissons la force musculaire. Nous détruisons notre excellent cheval commun, manquant peut-être un peu de cœur, mais dont le mécanisme est éprouvé, pour l'élancer, l'enlever, le laminer au point que nos officiers mêmes ne peuvent plus s'en servir sans le tarer et le ruiner en peu d'années !

« Rendons à nos fermiers des producteurs dont l'âme soit en rapport avec la conformation physique, des étalons rustiques qui donnent avec la solidité organique de leurs rouages la vapeur morale nécessaire pour en tirer parti, des animaux naturels en un mot, et nous les verrons produire à bon marché au delà de nos besoins. Ils pourront, comme autrefois, abandonner leurs poulains aux seules influences de leurs prairies, et leur faire gagner leur nourriture dès leur jeune âge. Où sont, disent-ils avec leur jugement droit, nos vieilles races si bonnes et parfois si belles, que nous élevions tout simplement, sans grooms étrangers, sans luttes savantes contre notre climat, sans aliments spéciaux, *sans flanelles, sans poêles que nous n'avons pas pour nous-mêmes,* sans soins que nous ne pouvons donner, avances pécuniaires, au-dessus de nos ressources ?

« Non pas que nous repoussions toute amélioration : c'est l'exagération seule que nous combattons, et surtout celle des spéculateurs de stérile vitesse. Entre le manque absolu de soins et les procédés ruineux de la méthode anglaise, il y a certainement un meilleur milieu. Pourquoi tant recourir aux croisements, toujours si périlleux, si incertains, et qui lancent dans un inconnu plein de déceptions que l'expérience la plus consommée, la science la plus subtile, n'ont pu prévoir ? Ne vaudrait-il pas mieux améliorer nos bonnes races par elles-mêmes, en leur donnant une meilleure nourriture, et en faisant un choix plus judicieux de reproducteurs ? Si nous agissions tout bonnement ainsi, nous saurions ce que nous faisons et nous avancerions à coup sûr au lieu de reculer.

« Le sportsman, qui tient le stick, au lieu du sabre, a peut-être raison d'apprécier tout autrement cette importante question. Son but n'est plus le même. Il veut d'abord qu'on dise, quand il passe, que son cheval lui coûte cher, que nul ne l'égale en vitesse. Peu lui importent les dépenses : il peut y suffire ; c'est son luxe. Qu'il continue, lui, à faire ces longues locomotives, incapables de tout autre service ; fragiles organisations auxquelles il faut, sous peine de les perdre, prodiguer mille soins, nous le concevons. Mais nous, consciencieusement, dans l'intérêt de l'État, qui est le nôtre, pouvons-nous en juger ainsi ? Ne devons-nous pas regretter les vieux et excellents produits de notre sol ? Ils étaient sobres, infatigables, habitués aux intempéries des saisons ; ils supportaient facilement toutes les intempéries du bivouac et ramenaient nos pères des plus dures campagnes.

« Trompés par les exigences du luxe, nous avons détruit dans notre population chevaline les qualités solides, pour leur substituer des qualités brillantes ; nous avons remplacé le cheval de campagne, le cheval de fatigue, le vrai et bon cheval, par le cheval de parade. Nous avons empoisonné nos races légères du Centre et du Midi par le PUR SANG, tel qu'on l'a inventé pour les jeux de l'hippodrome. Il est à tout jamais impossible que les éleveurs de ces contrées fassent bon avec ces *étalons de serre-chaude*. Il leur faut des produits de pleine terre et de plein vent. Ce sont les seuls qui puissent s'élever sans frais et vivre au piquet du bivouac. Aussi, dégoûtés par une longue et infructueuse expérience, ils renoncent peu à peu à l'élevage du cheval d'armes, pour celui du mulet ou du cheval de trait, qui est plus à leur portée et leur donne un bénéfice assuré. C'est à l'administration des haras à comprendre enfin que le côté aristocratique de la fabrication équestre ruine le paysan qui s'y livre, ruine presque toujours le riche propriétaire qui s'en amuse ; désastreux résultats qui éloignent les gens raisonnables de cette spéculation, autrefois si bonne, et anéantissent rapidement notre force hippique.

« Le cheval qui a fait la réputation des hussards de Chamboran, de Berchiny, de Belzunce, il le faut encore aux nôtres avec les mêmes vertus guerrières : des jambes et du cœur. » (*Eug. Lemichel.*)

Dès les premiers âges du monde l'homme s'est servi du cheval pour ses travaux. Il employa d'abord sa force à traîner des matériaux ; plus tard, pour diminuer la fatigue de longues marches, il monta sur son dos. Puis enfin, il construisit des chars grossiers dont les roues étaient pleines et taillées dans un tronc d'arbre, comme les *voitures à buffle* de la Cochinchine, et l'animal put non-seulement traîner plus commodément des fardeaux considérables, mais encore porter plusieurs personnes à la fois : la famille nomade de son maître.

Dans son langage brillant au service d'idées souvent préconçues et quelquefois peu justes et poétiquement exagérées, Buffon fait le portrait suivant du cheval :

« La plus noble conquête que l'homme ait jamais faite est celle de ce fier et fougueux animal qui partage avec lui les fatigues de la guerre et la gloire des combats : aussi intrépide que son maître, le cheval voit le péril et l'affronte ; il se fait au bruit des armes, il l'aime, il le cherche, et s'anime de la même ardeur : il partage aussi ses plaisirs. A la chasse, aux tournois, aux courses, il brille, il étincelle ; mais docile autant que courageux, il ne se laisse point emporter par son feu ; il sait réprimer ses mouvements. Non-seulement il fléchit sous la main de celui qui le guide, mais il semble consulter ses désirs, et, obéissant toujours aux impressions qu'il en reçoit, il se précipite, se modère ou s'arrête, et n'agit que pour y satisfaire.

« C'est une créature qui renonce à son être pour n'exister que par la volonté d'un autre, qui sait même la prévenir ; qui, par la promptitude et la précision de ses mouvements, l'exprime et l'exécute ; qui sent autant qu'on le désire et ne rend qu'autant qu'on veut ; qui, se livrant sans réserve, ne se refuse à rien, sert de toutes ses forces et meurt pour mieux obéir.

« Voilà le cheval dont les talents sont développés, dont l'art a perfectionné les qualités naturelles, qui dès le premier âge a été soigné et ensuite exercé, dressé au service de l'homme. C'est par la perte de sa liberté que commence son éducation, et c'est par la contrainte qu'elle s'achève : l'esclavage ou la domesticité de ces animaux est même si universelle, si ancienne, que nous ne les voyons que rarement dans leur état naturel ; ils sont toujours couverts de harnais dans leurs travaux ; on ne les délivre jamais de tous leurs liens, même dans le temps du repos ; et si on les laisse quelquefois errer en liberté dans les pâturages, ils y portent toujours les marques de la servitude, et souvent les empreintes cruelles du travail et de la douleur : la bouche est déformée par les plis que le mors a produits, les flancs sont entamés par des plaies ou sillonnés de cicatrices

faites par l'éperon ; la corne des pieds est traversée par des
clous, l'attitude du corps est encore gênée par l'impression subsistante des entraves habituelles ; on les en dé-
livrerait en vain, ils n'en seraient pas plus libres : ceux
mêmes dont l'esclavage est le plus doux, qu'on ne
nourrit, qu'on n'entretient que pour le luxe et la
magnificence et dont les chaînes dorées servent moins
à leur parure qu'à la vanité de leur maître, sont encore
plus déshonorés par l'élégance de leur toupet, par les

tresses de leurs crins, par l'or et la soie dont on les
couvre que par les fers qui sont sous leurs pieds.

« La nature est plus belle que l'art, et dans un être
animé la liberté des mouvements fait la belle nature.
Voyez ces chevaux qui se sont multipliés dans les contrées de l'Amérique espagnole et qui y vivent libres ;
leur démarche, leur course, leurs sauts, ne sont ni gênés
ni mesurés ; fiers de leur indépendance, ils fuient la
présence de l'homme ; ils dédaignent ses soins ; ils
cherchent et trouvent eux-mêmes la nourriture qui leur
convient ; ils errent, ils bondissent dans des prairies
immenses, où ils cueillent les productions nouvelles
d'un printemps toujours nouveau : sans habitation fixe,

sans autre abri que celui d'un ciel serein, ils respirent un air plus pur que celui de ces palais voûtés où nous les enfermons en pressant les espaces qu'ils doivent occuper. Aussi, ces chevaux sauvages sont-ils beaucoup plus forts, plus légers, plus nerveux que la plupart des chevaux domestiques ; ils ont ce que donne la nature : la force et la noblesse. Les autres n'ont que ce que l'art peut donner : l'adresse et l'agrément.

« Le naturel de ces animaux n'est point féroce : ils sont seulement fiers et sauvages ; quoique supérieurs par la force à la plupart des autres animaux, jamais ils ne les attaquent ; et s'ils en sont attaqués, ils les dédaignent, les écartent ou les écrasent. Ils se réunissent pour le seul plaisir d'être ensemble, car ils n'ont aucune crainte ; mais ils prennent de l'attachement les uns pour les autres. Comme l'herbe et les végétaux suffisent à leur nourriture, qu'ils ont abondamment de quoi satisfaire leur appétit, et qu'ils n'ont aucun goût pour la chair des animaux, ils ne leur font point la guerre, ils ne se la font point entre eux, ils ne se disputent pas leur subsistance, ils n'ont jamais occasion de ravir une proie ou de s'arracher un bien, sources ordinaires de querelles et de combats parmi les autres animaux carnassiers : ils vivent donc en paix, parce que leurs appétits sont simples et modérés, et qu'ils ont assez pour ne se rien envier.

« Tout cela peut se remarquer dans les jeunes chevaux qu'on élève ensemble et qu'on mène en troupeaux ; ils ont les mœurs douces et les qualités sociales ; leur force et leur ardeur ne se marquent ordinairement que par des signes d'émulation ; ils cherchent à se devancer à la course, à se faire et même à s'animer au péril en se défiant à traverser une rivière, à sauter un fossé ; et ceux qui, dans ces exercices naturels, donnent l'exemple, ceux qui d'eux-mêmes vont les premiers, sont les plus

généreux, les meilleurs, et souvent les plus dociles et
les plus souples, lorsqu'ils sont une fois domptés:
  « Le cheval reçoit de l'homme la plus belle éducation ;
tous ses mouvements, toutes ses allures sont dirigés par

un art qui a ses principes. C'est au manège qu'il faut
voir tout ce qu'on fait apprendre aux chevaux à force
d'habitude, tout ce qu'on leur fait faire à l'aide du mors
et de l'éperon. Cet art, qui n'est pas dédaigné par les

princes et par les rois, met le cheval dans une carrière glorieuse. C'est là qu'on donne de la noblesse à son port et de l'agrément à son maintien : on met à l'épreuve toutes ses forces et toute sa légèreté ; on le livre à sa plus grande vitesse, on augmente son ardeur, on anime son courage, enfin on éprouve sa constance, on cultive sa docilité et on emploie toutes les ressources de son instinct.

« De tous les animaux le cheval est celui qui, avec une grande taille, réunit les plus exactes proportions dans toutes ses parties ; l'élégance de sa tête et la manière dont il la porte lui donnent un air de légèreté qui est bien soutenu par la beauté de son encolure. Il semble vouloir se mettre au-dessus de son état de quadrupède en l'élevant, et, dans cette noble attitude, il regarde l'homme face à face ; ses yeux sont vifs et bien ouverts ; ses oreilles bien faites et d'une juste grandeur ; sa crinière accompagne bien sa tête, orne son cou, et lui donne un air de force et de fierté ; sa queue traînante et touffue termine avantageusement l'extrémité de son corps, et comme il peut la mouvoir de côté, il s'en sert utilement pour chasser les mouches qui l'incommodent ; car quoique sa peau soit très fermé et qu'elle soit partout garnie d'un poil épais et serré, elle est cependant très sensible. »

Dans les premiers siècles de l'ère chrétienne le cheval avait une signification symbolique, et l'on rencontre souvent son image tracée sur les tombeaux des martyrs et des premiers chrétiens ; on faisait ainsi allusion à divers passages des Écritures et principalement des Épîtres de saint Paul (I Cor., IX, 24 ; — Tim., IV, 7), qui désignent la vie comme une véritable course du Cirque, à la fin de laquelle le prix est donné à celui qui s'est montré courageux et vaillant. Les monuments de la Rome antique présentent de nombreux exemples d'épigraphie se rattachant à cette interprétation : le *titulus* du martyr Florens est orné d'un cheval devant lequel se trouve la *meta* du cirque, ce qui signifie que Florens était arrivé vaillamment au terme de sa course (Lupi, *Dissert.*, lett. I, p. 258). L'antiquité païenne avait aussi adopté ce symbole : sur la tombe d'un jeune enfant désigné par les noms de *Felicula Victor* un cheval court vers une palme et semble indiquer que le défunt a rapidement parcouru sa course vers le but (Fabretti, p. 549, XV).

Dans la mythologie grecque, nous trouvons un cheval célèbre, *Pégase*, dont les poètes ont célébré les travaux et les nombreux attributs. On sait que ce cheval fabuleux naquit du sang de la Gorgone *Méduse* lorsque le vaillant Persée coupa la tête à ce monstre dont la vue était fatale aux mortels. Bellérophon était monté sur Pégase lorsqu'il combattit la Chimère ; mais il fut précipité du haut des airs et tué par sa divine monture, pour avoir voulu la contraindre à le mener dans l'Olympe. Persée le monta encore pour aller délivrer la

INTÉRIEUR DU CHEVAL

CHAPITRE II

Du squelette. — Os. — Maladies des os. — Tête. — Tronc. — Membres.

L'organisme du cheval, son corps, se compose de deux sortes de matières bien distinctes :

Les matières *solides* ;

Les matières *liquides*.

Les matières solides se divisent elles-mêmes en plusieurs catégories, selon qu'elles sont *dures*, *molles*, *élastiques*, etc.

Les matières liquides sont ou *liquides* positivement, ou *visqueuses*, etc.

Les matières *solides* comprennent les *os*, les *muscles*, les *nerfs*, les *cartilages*, etc.

Les matières *liquides* comprennent le *sang*, la *lymphe*, etc.

La partie la plus essentielle du cheval, au point de vue de la structure et de la stabilité des formes intérieures et extérieures, est l'assemblage osseux qui forme la charpente de l'animal. Autour des organes de cette charpente se groupent les muscles et les viscères. Ceux-ci sont soutenus par celle-là. Et plus le squelette est fille de Cassiopée, Andromède, exposée sur un rocher à la fureur d'un monstre qui désolait le pays. Le roi des dieux et des hommes, Jupiter, confia à Pégase le soin de porter la foudre et le mit ensuite au nombre des constellations. Dans la Béotie, près du mont Hélicon, Pégase fit jaillir d'un coup de pied dans le roc une fontaine qui fut consacrée aux Muses, et auprès de laquelle les poètes venaient chercher l'inspiration.

Tout le monde sait les vers fameux de Boileau parlant du rimeur :

> Si son astre en naissant ne l'a créé poète,
> Dans son génie étroit il est toujours captif;
> Pour lui Phébus est sourd, et *Pégase est rétif.*

Cet animal fabuleux est représenté sous la forme d'un cheval blanc ailé.

Dans les monuments épigraphiques des premiers âges du christianisme, on trouve également le *cheval ailé*, et saint Polyeucte, dans un songe qui lui annonçait son martyre, vit Notre-Seigneur lui donner, entre autres choses, *equum pennatum* (*Acta martyrum*, MARTIGNY, Dict. des antiq. chrét.).

Enfin je citerai encore l'opinion d'un poète, et d'un poète extrêmement ancien et célèbre, celle du roi David, sur le cheval. Etait-ce bien son opinion qu'il exprimait en ce moment? j'en doute. Toujours est-il que, parlant des pécheurs, des hommes endurcis, des adorateurs des faux dieux, des mécréants, des hommes abandonnés de l'Eternel, il dit qu'ils deviendront *sicut equus et mulus, quibus non est intellectus ; comme le cheval et le mulet, qui n'ont pas d'intelligence.* M. de Buffon a préféré s'inspirer de l'admirable description de Job plutôt que de la boutade du saint roi.

Nous allons maintenant aborder d'une manière

succincte, très résumée, l'étude du cheval. Je n'en dirai
que ce qu'il faut absolument que connaisse l'élève, et je
diviserai ce travail en deux parties bien distinctes traitant, l'une, des parties cachées de l'animal, de l'*Intérieur du cheval;* l'autre, des parties visibles, de l'*Extérieur.*

solide, plus ses proportions sont régulières, normales, plus les muscles auront de facilité pour le faire mouvoir et plus l'animal aura non seulement de grâce, mais encore de force et d'énergie.

En effet, il y a une relation intime entre les os et les muscles. Il faut que ces deux parties extrêmement importantes de l'animal soient faites de telle sorte que la puissance des muscles puisse se développer entièrement et dans toute sa plénitude à l'aide des os. Les muscles agissent sur ces derniers au moyen de certaines dispositions qui en font des puissances agissant sur autant de bras de leviers. Si la puissance est considérable et le bras de levier où elle s'applique relativement court, l'effet sera amoindri. Si les dimensions des parties pivotantes de l'os sont en rapport avec la puissance du muscle, tout l'effet sera produit, et la corrélation entre le moteur et le mobile sera parfaite. L'animal donnera toute la somme d'action que l'on pourra lui demander d'après sa taille, sa structure, son extérieur, et le squelette ne sera pas fatigué par les muscles, pas plus que ceux-ci ne le seront par sa défectueuse organisation.

Nous allons d'abord étudier le squelette, et avant tout, la matière dont le squelette est formé, c'est-à-dire l'*os*.

Os. — Deux parties bien distinctes forment l'os : une *partie minérale solide*, et un *tissu organique, cartilagineux*, dont la substance essentielle prend le nom d'*osséine* et se dissout dans l'eau bouillante pour former de la *gélatine*.

La partie minérale de l'os est formée de *phosphate de chaux*, de *carbonate de chaux*, de *phosphate de magnésie*, de *soude* et de *chlorure de sodium* (sel commun).

La partie organique est formée d'un *cartilage* attaquable par l'eau bouillante, ainsi que je viens de le dire, et de vaisseaux particuliers pour une très faible quantité.

Les proportions dans lesquelles ces divers corps entrent dans la composition de l'os sont approximativement celles-ci :

Partie minérale.	Phosphate de chaux........	53,04	
	Carbonate de chaux..........	11,30	
	Phosphate de magnésie....	1,16	100,00
	Soude et chlorure de sodium.	1,20	
Partie organique.	Cartilage.................	32,17	
	Vaisseaux	1,13	

On peut obtenir facilement l'une ou l'autre de ces deux parties.

Si l'on fait bouillir des os pendant longtemps, et dans un vase clos (marmite de Papin) pour élever à 120° ou 150° la température de l'eau, toute la partie organique se dissout, et il ne reste plus qu'un corps léger, sonore, très poreux, blanc : la *partie minérale* de l'os.

Si l'on fait séjourner pendant longtemps des os dans l'acide chlorhydrique, toute la partie minérale se dissout et il ne reste plus qu'un corps souvent translucide, élastique, qui constitue la *partie organique* de l'os.

Le tissu de l'os proprement dit n'est pas homogène.

Si l'on coupe un os suivant un plan perpendiculaire à son axe, la partie intérieure de cet os apparaît sous la forme de cellules extrêmement petites et serrées, tandis que l'extérieur est dur, compacte, solide, luisant. La partie dont il s'agit, celle qui recouvre l'os, qui lui sert pour ainsi dire de vernis, se nomme le *périoste*.

Les os sont divisés en trois grandes catégories, savoir :

Les *os longs*;

Les *os courts*;

Les *os plats*.

En outre, les os prennent, suivant leur forme, diverses dénominations secondaires. Ainsi ils peuvent être *réguliers, irréguliers, carrés, ronds, cylindriques, triangulaires, naviculaires, pairs, impairs*, etc., etc.

Les os longs contiennent habituellement une substance particulière nommée *moelle*, et qui, d'après Berzélius, est formée des matières suivantes :

```
Graisse.............................. 96  ⎫
Vaisseaux et membranes.............  1  ⎬ 100
Matières extractives...............  3  ⎭
```

Quant à la *matière grasse* de la moelle, elle serait, d'après le professeur Eylerch, formée de trois éthers spéciaux de la glycérine, dont les acides constitutifs sont l'acide *palmitique*, l'acide *médullique* et l'acide *élaïdique*.

J'ajouterai enfin que les *os des membres* contiennent beaucoup plus de *matières minérales* que ceux du *tronc ;* que les *os plats* contiennent plus de matières aqueuses ; et que les *os courts* contiennent plus de matières grasses.

Les os sont le siège de différentes maladies qui sont d'autant plus graves dans le cheval qu'elles se placent soit aux articulations, soit aux points d'attache ou dans le voisinage des points d'attache des muscles :

L'*exostose* est une concrétion, une tumeur osseuse qui se forme sur un os, souvent sur l'*os du genou.*

Lassaigne a analysé ainsi qu'il suit la matière de l'exostose :

```
Substance organique..............  46  ⎫
Phosphate de chaux................  30  ⎪ 100
Carbonate de chaux................  14  ⎨
Sels solubles.....................  10  ⎭
```

Les parties saines de l'os environnant la partie malade avaient la composition suivante :

```
Substance organique..............  41,6  ⎫
Phosphate de chaux................  41,6  ⎪ 100
Carbonate de chaux................   8,2  ⎨
Sels solubles.....................   8,6  ⎭
```

La *goutte* ou *arthrite* est déterminée, dans les *articulations*, par des concrétions osseuses qui prennent le
nom de *calculs arthritiques*.

Ces concrétions sont formées des matières suivantes,
d'après M. Sébastien :

Eau..........................	10,3	
Matière animale..............	19,5	
Acide urique.................	20,0	
Soude........................	20,0	100,0
Chaux........................	10,0	
Chlorure de potassium........	2,2	
Chlorure de sodium...........	18,0	

La *carie* des os est déterminée par la disparition
presque complète de la *matière minérale*; la *matière
organique* seule reste à peu près intacte.

Dans le *rachitisme*, la matière minérale disparaît
encore davantage, et l'os n'a plus assez de consistance
pour supporter l'effort du muscle qui le commande, ou
le poids du corps s'il existe dans l'un des membres.

D'autres maladies affectent encore les os du cheval, les *sur-os simples, doubles, en fusée, en chapelet*, etc.
J'en parlerai plus particulièrement quand nous traite-
rons des maladies du cheval.

Tête.

La figure 2 montre le squelette du cheval, et contient
l'indication générale et très sommaire des principaux
os de l'animal.

En ce qui concerne la TÊTE, l'élève peut voir que deux
os seulement sont indiqués : l'*os de la tête* proprement
dit, et l'os de la mâchoire, que j'ai appelé plus brièvement, quoique improprement, *os maxillaire*.

En agissant ainsi, j'ai simplifié une nomenclature
extrêmement compliquée, et qui aurait rendu le dessin

dont il s'agit non seulement peu intelligible pour l'é-
lève, mais encore difficile à consulter pour la recherche

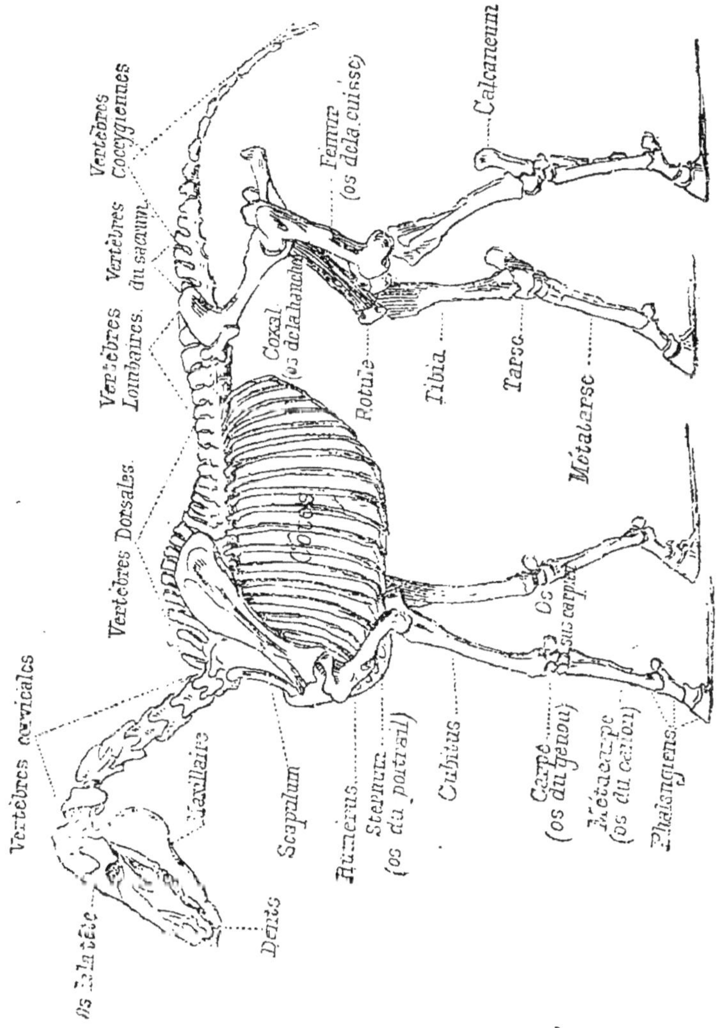

Fig. 2. Squelette du cheval.

des principaux os dont nous n'aurons à nous occuper
d'ailleurs que très succinctement.

Or, la tête n'est pas composée seulement des deux os mentionnés dans le dessin.

La première partie, la partie *supérieure* ou *antérieure*, se compose du CRANE et de la FACE.

Le tout est souvent compris sous la dénomination de MACHOIRE SUPÉRIEURE.

Les os qui composent la partie crânienne sont au nombre de *sept*, et ceux qui composent la face sont au nombre de *dix-neuf*. En tout *vingt-six*.

Ce sont :

	le *frontal*........... 1	
	le *pariétal*........... 1	
CRANE	*deux temporaux*.......... 2	7
	l'*occipital*........... 1	
	le *sphénoïde*........... 1	
	l'*ethmoïde*......... 1	
	deux grands sus-maxillaires.... 2	
	deux petits sus-maxillaires... 2	
	deux sus-naseaux........ 2	
	deux lacrymaux......... 2	
FACE	deux zygomatiques.... 2	19
	deux palatins........ 2	
	deux ptérygoïdiens......... 2	
	le vomer......... 1	
	quatre cornets........ 4	

26

Nous avons donc en tout vingt-six os, pour la partie antérieure de la tête du cheval, pour l'*os de la tête* ou pour la *mâchoire supérieure*.

La partie inférieure de la tête, l'*os de la mâchoire* ou le *maxillaire*, se compose d'un seul os. Cependant il est bon de remarquer que, chez le poulain, cet os est composé de deux parties qui, au fur et à mesure de sa croissance, finissent par n'en former qu'un seul. Il en est de même d'ailleurs des os de la partie antérieure de la tête dont les *sutures*, c'est-à-dire les *points de raccordement*, finissent par se confondre plus ou moins parfaitement pour ne former qu'un seul tout à peu près homogène.

La portion la plus élevée de la partie supérieure de la tête, celle qui prend le nom de *crâne*, contient un organe essentiel, le *cerveau*. Je décrirai cet organe à l'article spécial de l'*appareil de l'innervation*. C'est par lui surtout que le cheval opère tous les mouvements, perçoit toutes les sensations, exécute, en un mot, toutes les fonctions de relation dont il est susceptible.

A l'extrémité inférieure et antérieure des deux parties constitutives de la tête se trouvent aussi des os particuliers qui jouent un rôle extrêmement capital dans la vie de l'animal : les *dents*.

Elles sont au nombre de quarante, divisées également entre chaque mâchoire, et, dans chacune, disposées symétriquement de chaque côté de l'axe longitudinal de l'organe.

C'est-à-dire :

24 *molaires*, 12 à la mâchoire supérieure, près de l'articulation, 6 de chaque côté, et douze à la mâchoire inférieure, disposées de la même façon.

4 *canines* ou *crochets*; deux à chaque mâchoire, placées latéralement comme les molaires ;

12 incisives, six à chaque mâchoire, placées à la partie antérieure.

Nous nous occuperons plus spécialement des dents, et surtout des *incisives*, quand nous étudierons le moyen d'apprécier l'âge du cheval.

Tronc.

Le TRONC se compose de la *colonne vertébrale*, ou *épine dorsale*, et des *côtes*.

La *colonne vertébrale* est la poutre maîtresse sur laquelle est étayé tout l'échafaudage du corps de l'animal.

Chargée du poids énorme des muscles du tronc et des viscères pectoraux et abdominaux, elle est construite dans des conditions de solidité toutes particulières.

Elle tire son nom des *vertèbres* qui la forment et qui sont au nombre de *trente-six.*

Les *sept* premières se nomment VERTÈBRES CERVICALES. Elles supportent la tête et sont articulées de manière à lui permettre des mouvements dans tous les sens.

Les *dix-huit* suivantes se nomment VERTÈBRES DORSALES. Elles sont plus particulièrement liées ensemble, articulées d'une manière fixe, en rapport avec les fonctions qu'elles remplissent et qui sont d'une grande importance. C'est en effet à ces vertèbres que se fixent les muscles les plus puissants de la locomotion. De plus c'est cette partie de l'animal qui supporte, outre le poids des organes de la respiration et de la circulation, celui du harnachement et du cavalier.

Les six suivantes se nomment VERTÈBRES LOMBAIRES et supportent les organes abdominaux.

Enfin les cinq dernières, toujours soudées quand l'animal est parvenu à son entier développement, se nomment VERTÈBRES SACRÉES. Elles forment ainsi un seul os, le SACRUM, qui détermine par sa configuration plus ou moins inclinée, convexe ou horizontale, la *croupe* de l'animal, et qui forme la partie supérieure de la cavité où sont renfermés les organes génitaux.

A la suite du *sacrum* se trouvent d'autres petits os, à peu près soudés ensemble, au nombre de quinze à vingt, et qui forment le tronçon de la queue de l'animal. C'est la *portion coccygienne* de l'épine dorsale.

La colonne vertébrale est creuse depuis la première vertèbre cervicale jusqu'aux deux ou trois premiers os de la portion coccygienne. C'est un conduit dans lequel est logé le prolongement de la masse cérébrale, prolongement qui prend le nom de MOELLE ÉPINIÈRE. De plus, chaque vertèbre est percée latéralement de plusieurs trous par lesquels les nerfs s'épanouissent dans les diverses parties du corps.

Le STERNUM est un os de nature spongieuse, allongé et plat, situé en avant et au-dessous de la poitrine, dont il détermine pour ainsi dire la courbure. Les côtes, après avoir pris origine de chaque côté de la colonne vertébrale, se recourbent en demi-cercle et viennent se souder sur les deux côtés de cet os au moyen d'appendices cartilagineux.

Les CÔTES sont au nombre de *trente-six*, dix-huit de chaque côté. Elles sont diversement courbées, leur côté convexe en dehors, plates, et espacées à peu près également. Toutes partent directement de la colonne vertébrale, se dirigeant par leur courbure vers la ligne médiane opposée du corps de l'animal. Mais *dix-huit* seulement, neuf de chaque côté, arrivent jusqu'au sternum pour s'y fixer. Les autres ont leur extrémité inférieure indirectement reliée au sternum par des fibres cartilagineuses. Les premières forment la cavité pectorale ; elles sont fortes, moins courbées que les autres, très résistantes, en raison de leur fonction spéciale qui est de lier de la manière la plus solide la partie dorsale de la colonne vertébrale au sacrum, pour protéger efficacement les organes contenus dans la cavité ainsi formée, et pour empêcher toute déformation de la colonne sous l'influence du poids considérable dont cette partie de l'animal est naturellement ou artificiellement chargée. On nomme ces côtes : *côtes vraies* ou *côtes sternales*.

Les dix-huit autres, dont les extrémités supérieures seules sont fixées par leur point d'attache à la colonne vertébrale, déterminent la cavité dans laquelle se trouvent les organes abdominaux. Elles sont mobiles dans une certaine limite et, par leur écartement du plan médian de l'animal, permettent les mouvements d'as-

2.

piration et d'expiration des organes respiratoires. On les nomme *côtes fausses* ou *côtes asternales*.

Le BASSIN est la réunion des os qui forment la cavité où sont contenus les organes génito-urinaires. Ainsi que nous l'avons vu plus haut, le *sacrum* est la partie supérieure de cette cavité. Les deux *os coxaux*, qui sont les premiers os des membres postérieurs, forment les deux côtés de la cavité. Ces deux os, grands, plats, dirigés d'avant en arrière, et inclinés aussi d'avant en arrière, sont recourbés en dessous et se réunissent pour former la partie inférieure de la cavité du bassin.

Membres.

Le cheval a quatre membres, deux *antérieurs* et deux *postérieurs*.

Ils sont formés de plusieurs os reliés et maintenus ensemble par des *articulations* de différente nature. Certaines articulations permettent aux os de se mouvoir dans plusieurs sens, d'autres au contraire les fixent à demeure les uns aux autres.

Parmi les premières il y a d'abord l'*articulation par genou*, qui est constituée par deux os dont l'un porte une cavité plus ou moins sphérique dans laquelle s'emboîte l'extrémité également sphérique du second.

Cette disposition est celle qui donne aux os la plus grande facilité de se mouvoir dans tous les sens.

L'*articulation par pivot* est une réduction de la précédente. Dans ce cas, les deux os ne peuvent faire autour de leur point de réunion, que des mouvements restreints comme direction.

L'*articulation par charnière* est constituée par deux os dont l'un a une partie saillante emboîtée dans une partie rentrante de l'autre, de manière à osciller dans un seul sens seulement autour du point de réunion; du haut en bas par exemple. Le nom de cette articulation en fait aisément comprendre la forme.

L'*articulation par coulisse* est constituée par deux os dont les extrémités plates s'appliquent l'une contre l'autre de façon à pouvoir osciller par glissement dans une certaine limite, autour de leur point de contact, pendant le mouvement.

Les articulations sont maintenues dans leur position par des enveloppes ligamenteuses et fibreuses qui ne leur permettent aucun écartement anormal et leur laissent seulement la liberté nécessaire pour l'oscillation. Les parties en contact sont recouvertes d'une substance cartilagineuse très lisse, continuellement lubréflée par un liquide particulier nommé *synovie*, qui facilite singulièrement le jeu de l'articulation. Quand ce liquide vient à trop s'épaissir ou à manquer, le membre se raidit, perd de sa vitalité, de sa souplesse, et des douleurs parfois intolérables sont le résultat de cet état anormal. Dans la vieillesse la synovie perd toujours de sa qualité, manque même souvent, et l'articulation ne peut plus jouer.

MEMBRES ANTÉRIEURS. — Les os qui composent les membres antérieurs sont les suivants :

L'*os de l'épaule* ou *scapulum*. — Cet os, large, plat et triangulaire, situé sur les côtes sternales dans sa plus grande partie, porte dans toute sa longueur, sur la ligne médiane, une crête ou saillie où s'appliquent les muscles de l'épaule. Sa partie supérieure arrive presque au niveau des premières vertèbres dorsales; sa partie inférieure, dirigée en avant du cheval, est réunie au moyen d'une *articulation par genou* à l'os suivant :

L'*humérus*. — C'est le deuxième os du membre. Il est gros, cylindrique, moins long que le scapulum, et rattaché aux côtes et au sternum par des muscles et des ligaments nombreux qui ne lui laissent qu'une liberté de mouvement très restreinte. Cet os a une direction à peu près exactement contraire à celle du *scapulum*. Il est dirigé d'avant en arrière et de haut en bas sous une inclinaison approximative de quarante-cinq degrés.

Le *cubitus*. — Cet os est l'un des deux qui forment la partie réellement visible et mobile du membre. Sa direction est à peu près perpendiculaire. Chez le poulain il est formé de deux os distincts qui se soudent au fur et à mesure de la croissance. A sa partie supérieure il porte, en arrière, un prolongement (une *apophyse*, comme les prolongements osseux supérieurs des vertèbres), que l'on nomme *olécrane*. Des muscles puissants s'adaptent à cette apophyse pour déterminer les mouvements de cette partie du membre.

L'os *du genou* ou *carpe*. — L'os du genou est formé de sept petits os superposés en deux couches distinctes. L'un de ces os, comme l'*olécrane*, se prolonge postérieurement et sert de point d'attache à certains muscles particuliers ; cette apophyse se nomme os *sus-carpien*.

L'os *du canon* ou *métacarpe*. — C'est un os plus petit que le cubitus et faisant suite au *carpe*, comme son nom l'indique. C'est lui qui forme le dernier rayon du membre. A sa partie supérieure, et sur les deux tiers de sa longueur, se trouvent soudés longitudinalement deux os rudimentaires dont la réunion, à la partie supérieure, forme la base supportant les os du carpe.

Les *os phalangiens* sont au nombre de trois et font suite au métacarpe ou *os du canon*. Ils ne sont pas placés perpendiculairement au-dessus les uns des autres, mais obliquement en avant. Ils sont maintenus dans cette position difficile par des tendons et des ligaments très solides. Ces trois os, différents de forme et de longueur, portent des noms distincts qui sont les suivants :

Le premier, l'os *du paturon*, est le plus long. Deux

autres petits os sont placés à sa partie supérieure, en arrière, et y remplissent les mêmes fonctions que l'*olécrane* pour l'*os de l'avant-bras* ou *cubitus*, et le *sus-carpien* pour l'*os du genou*. On les appelle *grands sésamoïdes*.

Le second se nomme l'*os de la couronne*. Il est carré et très court. Il porte également en arrière un petit os du même genre que les deux *grands sésamoïdes*, et il prend le nom de *petit sésamoïde* ou *os naviculaire*.

Le troisième phalangien se nomme *os du pied*. Il forme pour ainsi dire le squelette du *sabot* ou pied extérieur.

Les trois phalangiens sont unis par une *articulation à charnière* parfaite.

Membres postérieurs. — Les os qui composent les membres postérieurs sont les suivants.

L'*os de la hanche*, ou *coxal*. — J'en ai déjà parlé en traitant du *bassin*. Cet os fait, avec la direction générale du membre, un certain angle dont le sommet est dirigé en arrière, comme celui que fait le *scapulum* avec l'*humérus*, mais qui est dirigé au contraire en avant. Le coxal et le scapulum servent de points d'attache aux muscles extrêmement puissants qui donnent le mouvement aux membres.

L'*os de la cuisse* ou *fémur* est long et très fort. Son extrémité inférieure est liée à l'os de la hanche ou *coxal* au moyen d'une *articulation par genou*. Son extrémité inférieure est attachée à l'os suivant, le tibia, par une *articulation à charnière*, et à un petit os antérieur, la *rotule*, par une *articulation à coulisse*.

Le fémur remplit, dans le membre postérieur, les fonctions de l'humérus dans le membre antérieur.

L'*os de la jambe* ou *tibia*. — Il est plus long que le *fémur*, et il se rattache à ce dernier, comme je viens de le dire, par une articulation à charnière. A sa partie supérieure et en arrière, comme le *canon*, il porte un os beaucoup plus court, appliqué longitudinalement, et qui se nomme le *péroné*.

L'os du grasset ou *rotule*. — C'est un os de petite dimension, placé à la partie supérieure du tibia et qui est attaché à ce dernier et au fémur par deux articulations distinctes. La partie supérieure dépasse le plan du fémur et sert de point d'attache aux muscles extenseurs du membre, comme l'*olécrane* pour l'os de l'avant-bras.

L'os du jarret ou *tarse*. Cet os correspond, dans le membre postérieur, au *carpe* dans le membre antérieur. Il est formé de six petits os, dont l'un, le *calcaneum*, placé en dessous, a son extrémité postérieure très développée, dans le genre de l'os du genou et de l'olécrane. Là encore s'attachent des muscles très puissants.

L'os du canon, ou *métatarse*. — C'est l'os correspondant au *métacarpe* dans les membres antérieurs.

Les os phalangiens. — Mêmes observations que pour les os phalangiens des membres antérieurs.

CHAPITRE III

Muscles. — Chairs musculaires. — Considérations générales. — Composition de la chair musculaire. — Forces. — Théorie du Levier. — Le cheval considéré comme substance alimentaire pour l'homme et les animaux. — Extraits du *Rapport général annuel du Conseil d'Hygiène et de Salubrité du département de la Seine*.

Les muscles sont les moteurs des os. Ils sont les puissances qui mettent en jeu les organes osseux, les rouages du squelette.

La volonté de l'animal se transmet instantanément aux muscles par l'intermédiaire de milliers de nerfs partant du cerveau. Instantanément aussi les muscles agissent sur les os, et le membre exécute le mouvement voulu par l'animal. Tout cela a lieu inconsciemment, instinctivement, avec la rapidité de l'électricité.

Le tissu musculaire est une agglomération de filaments très minces, rouges, réunis par des matières complexes, et formant des masses de forme et de grandeur différentes s'articulant aux os directement ou indirectement.

La substance musculaire est éminemment contractile. En se contractant, elle augmente de volume dans le sens latéral et diminue de longueur. Par conséquent, si l'un des points d'attache du muscle est fixe, et si l'autre se trouve sur un point mobile autour d'une articulation, ce point suivra l'impulsion du muscle et se rapprochera du point fixe.

La figure 3 représente la manière dont les muscles sont généralement attachés. A est le point fixe du muscle AB. B est le point mobile, celui qui peut se mouvoir par exemple de gauche à droite quand le muscle se contracte. BR est l'os qui exécute ce mouvement, le point R étant articulé sur la partie D d'un autre os.

La figure 4 représente le muscle contracté. On voit

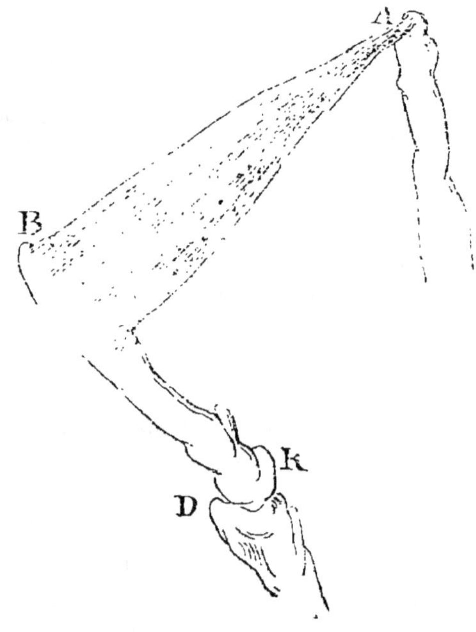

Fig. 3.

aisément que, le point A étant fixe, le point C de l'os BR a dû se rapprocher du point fixe. La distance BC a été parcourue par le point mobile C, le point R restant d'ailleurs attaché à son articulation D.

Les muscles ne s'attachent pas toujours directement aux os qu'ils doivent faire agir. Ils commandent ces derniers au moyen d'un appendice blanchâtre, élastique, très dur, qui a l'aspect d'un vigoureux cordon et qui, vulgairement et improprement nommé *nerf*, prend le nom de *tendon*. Ce que l'on nomme un *nerf de bœuf* n'est autre chose qu'un tendon. Les muscles se terminent aussi par un épanouissement de même substance que le tendon, qui prend alors le nom d'*aponévrose*.

Ainsi que je l'ai déjà dit et qu'on peut d'ailleurs le

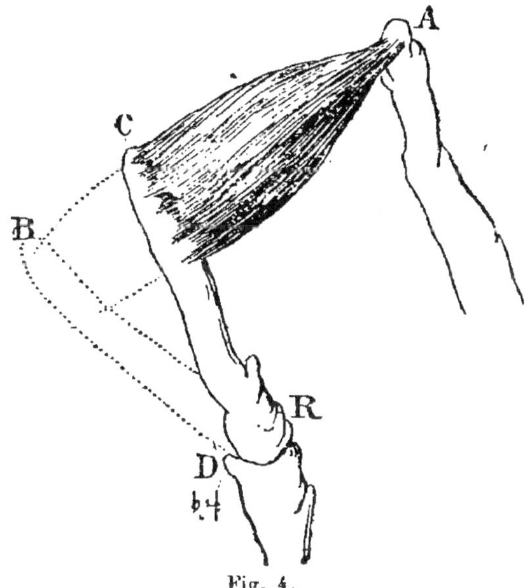

Fig. 4.

remarquer facilement en examinant de la chair musculaire débarrassée par une longue ébullition de ses matières solubles, les muscles sont composés de très nombreuses fibres dont les figures 5 et 6 donnent la forme.

Dans la figure 5, les fibres sont dans leur position normale, au repos.

Dans la figure 6, elles sont contractées, diminuent de longueur et augmentent de volume suivant le plan perpendiculaire à leur axe de direction.

La puissance des muscles est en concordance parfaite
avec la solidité des leviers sur lesquels ils doivent agir.
Il pourrait en effet arriver qu'un muscle très puissant

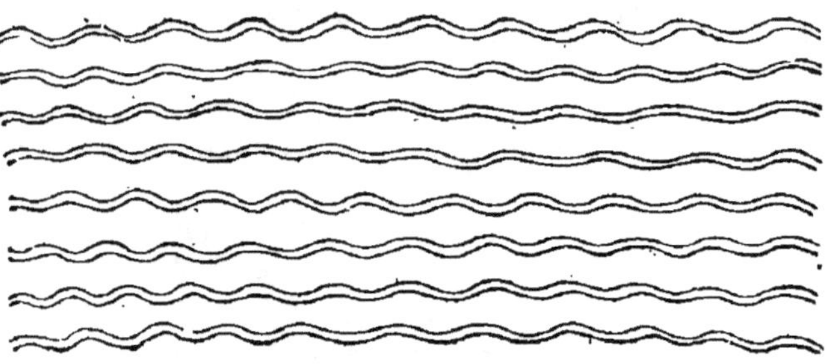

Fig. 5.

dût faire mouvoir un os faible et cassant. Ce dernier ne
pouvant résister à l'effort considérable auquel il serait
soumis se romprait infailliblement, mais rien de semblable ne se présente, tant l'économie animale est admi-

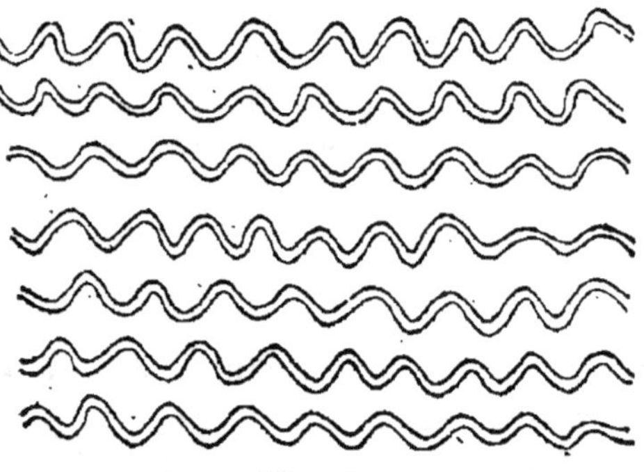

Fig. 6.

rablement réglée. Cependant, par suite d'un effort violent, à la suite de chutes, de faux pas, etc., les ligaments des articulations et les tendons sont violemment
tiraillés et froissés, et il en résulte pour le cheval ce
que l'on nomme une *entorse*, quand l'accident survient

au *boulet*, et un *écart à l'épaule* quand il arrive à cette partie du corps. Les parties lésées sont aussitôt atteintes d'un gonflement douloureux, presque toujours suivi d'inflammation, et le cheval est hors de service pour un temps plus ou moins long, en raison de la forte boiterie déterminée par ces accidents.

Les fibres, qui constituent en grande partie la substance musculaire, sont presque entièrement composées d'une substance particulière nommée *musculine*. On peut obtenir cette matière à l'état de liberté en faisant bouillir de la viande dans l'eau pendant très longtemps, de manière à obtenir un résidu presque incolore et sans aucune saveur. Il arrive très souvent que la *viande* ayant été trop longtemps soumise à l'action de l'eau bouillante, dans le pot-au-feu, perd à peu près toute sa saveur et est transformée ainsi en véritable *musculine ;* on exprime *vulgairement* le peu de goût qu'a cette nourriture en disant que le *bœuf n'est plus que de la filasse*. Expression très juste.

Outre la *fibre* musculaire, le tissu des muscles contient beaucoup d'autres substances : tissu cellulaire, vaisseaux sanguins et lymphatiques, tissu adipeux, nerfs en très grand nombre, etc., etc. La masse elle-même du muscle est imprégnée d'un liquide particulier, acide, contenant diverses substances organiques et des sels : des *lactates*, des *phosphates*, des *matières grasses*, de la *caséine*, de l'*albumine*, de la *créatine*, de la *sarcosine*, etc., etc.

Le liquide dont il s'agit, soumis à une température élevée, se coagule comme l'albumine, qu'il contient d'ailleurs en quantité notable, et est très abondant chez les animaux dont le squelette est très développé. Son acidité provient d'un acide spécial nommé *acide oléophosphorique* généralement combiné à l'*oxyde de sodium* (soude).

Je ne décrirai pas dans cet ouvrage les nombreux muscles qui composent le système myologique du cheval. Le cadre de ce livre ne comporte pas un pareil développement. En outre, une étude de ce genre ne peut être faite avec fruit qu'à l'aide d'appareils spéciaux, montrant l'objet étudié, et surtout avec les explications du professeur, explications longues, particulières, et prenant leur origine précisément dans les questions de l'élève.

Aussi me bornerai-je à parler, très sommairement, des principaux organes musculaires de l'animal.

Mais je crois rendre un véritable service à mes lecteurs en donnant en quelques mots la théorie du *levier*; car ils connaîtront ainsi en vertu de quels principes les muscles agissent sur les organes osseux, et sont plus ou moins puissants selon les façons dont ils sont attachés aux os.

Forces. — On donne le nom de *force* à toute cause susceptible de donner du mouvement à un corps ou de modifier le mouvement dont le corps est animé.

Une bille est lancée sur le sol. Vous placez votre doigt sur son passage et vous arrêtez son mouvement. Votre doigt est le siège d'une force; il a modifié l'état de mouvement de la bille. Il l'a fait cesser.

Une bille est au repos sur le sol. Vous la poussez avec la main. Votre main lui a communiqué du mouvement : elle est le siège d'une force.

Quand une *force* donne du mouvement à un corps, elle prend la qualification de *puissance*, ou de *force accélératrice*.

Quand une *force* diminue ou anéantit le mouvement dont un corps est animé, elle prend la qualification de *résistance* ou de *force retardatrice*.

Les forces agissent de diverses façons qui peuvent se résumer en deux particulières : ou bien elles agissent instantanément, comme la poudre lorsqu'elle déflagre ; ou bien elles agissent d'une façon continue, comme votre main lorsque vous transportez une chaise d'un lieu dans un autre. Dans le premier cas, les forces sont dites *instantanées*, dans le second, on les nomme *forces continues*.

Lorsque deux forces de nature contraire et d'une égale intensité sont appliquées au même point du même corps, elle ne peuvent en aucune façon modifier le mouvement de ce corps ou lui en communiquer s'il est en repos. On dit alors que ces forces se font *équilibre ;* et l'on nomme *équilibre* l'état particulier d'un corps qui, soumis à deux ou plusieurs forces, de direction contraire, reste au repos ou ne change pas la nature de son mouvement.

Trois éléments particuliers constituent une force :
1° *Son point d'application.*
2° *Sa direction.*
3° *Son intensité.*

Le *point d'application* d'une force est le point où elle s'exerce.

Sa *direction* est la ligne droite, circulaire ou mixte, suivant laquelle elle sollicite son point d'application.

Son *intensité* est le rapport de cette force à une autre prise pour terme de comparaison.

Comme on le voit aisément, la force des membres, la *force musculaire*, peut être, selon les cas, instantanée ou *continue*.

La *ruade* d'un cheval est une force *instantanée*. Elle est produite par la brusque détente des muscles de la cuisse, et son point d'application en reçoit *instantané- ment* l'influence. Au contraire, quand un cheval *tire* une prolonge, un chariot, une voiture, ses muscles exer- cent une force *continue*.

La mesure de l'intensité d'une force est presque toujours rapportée à un poids quelconque pris pour unité. Ce poids est toujours le *kilogramme*. En effet il est toujours facile de rapporter à un nombre quelconque de kilos l'effort produit par une force. Si vous soulevez un bloc de pierre d'une certaine dimension, vous faites un effort plus ou moins considérable. Comment exprimera-t-on la valeur de cet effort? D'une seule manière: On dira que vous êtes capable de soulever un bloc de pierre de *vingt-cinq kilogrammes*. Dans ce mouvement vous exécutez donc un effort de 25 kilos. Vous exercez une *force* dont *la mesure* est 25 kilos.

L'effort exercé par les machines en général est mesuré par un *multiple* du kilogramme, par le *kilogrammètre:* c'est l'expression de l'effort nécessaire pour élever *à un mètre de hauteur, en une seconde, un kilogramme.* Et comme l'effort exercé par les machines, surtout par les machines à vapeur, est toujours extrêmement considérable, l'unité de comparaison a dû être nécessairement augmentée. Cette unité, ce terme de comparaison, c'est l'effort nécessaire pour élever 75 kilos à un mètre de hauteur en une seconde.

L'effort nécessaire pour élever un kilo à un mètre de hauteur en une seconde se nomme le *kilogrammètre.*

L'effort nécessaire pour élever 75 kilos à un mètre de hauteur en une seconde se nomme le *cheval-vapeur.* C'est à peu près le double de ce que fait réellement un cheval de trait.

Toutes les fois qu'une force agit, les trois éléments qui la constituent sont en présence. La réunion de ces trois éléments constitue le LEVIER.

Généralement on nomme *levier* tout corps oscillant sur un de ses points et éprouvant en deux autres une *résistance* et une *puissance.*

Suivant la position respective de ces trois points, les leviers sont de trois genres distincts:

Le *levier du premier genre*. C'est celui dans lequel le *point d'appui* se trouve entre la *puissance* et la *résistance*. La figure 7 montre cette sorte de levier. La barre de bois ou de fer AC est le levier. La *puissance* est au point C et est exercée par l'effort de la main et du bras. Le *point d'appui* est au point B, où s'appuie la barre pour osciller et soulever le bloc de pierre P, et la *résistance* est au point A.

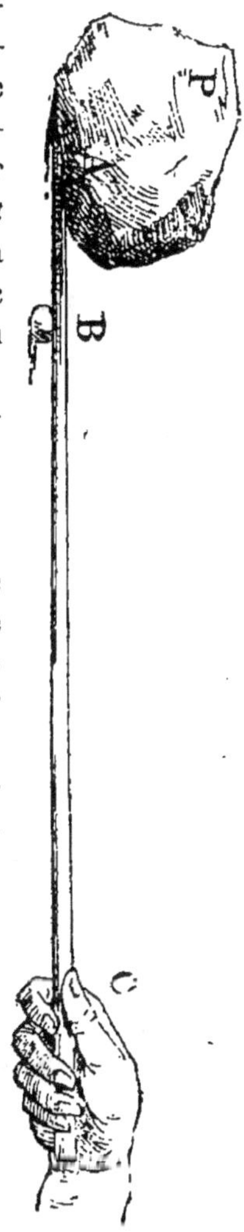

Le *levier du second genre*. C'est celui dans lequel la *résistance* se trouve entre le *point d'appui* et la *puissance*. La figure 8 montre cette sorte de levier. La barre de bois ou de fer AC est le levier. *La puissance* est au point C, le *point d'appui* au point A, et la *résistance* au point B où agit la barre pour écraser le corps P.

Le *levier du troisième genre*. C'est celui dans lequel la puissance se trouve entre le *point d'appui* et la *résistance*. La figure 9 montre cette sorte de levier. La barre de fer AD est le levier. La *puissance* est au point B, que sollicite la tige d'un piston P, poussé à l'extérieur de la chaudière par la vapeur que celle-ci contient. Le *point d'appui* est au point A et la *résistance* au point C.

On appelle *bras* du levier, les distances respectives du *point d'appui* à la *puissance* et à la *résistance*.

Dans la figure 7, les bras du levier AC sont AB et BC de chaque côté du point d'appui B.

Fig. 7.
Levier du 1er genre.

Dans la figure 8, les bras du levier AC sont encore AB et BC.

Dans la figure 9, les bras du levier AD sont toujours AB et BC.

Fig. 8. *Levier du 2e genre.*

Plus une force appliquée à un bras de levier est loin du point d'appui, plus cette force est considérable.

Soit, figure 10, un levier BG ayant son point d'appui en A. Si nous appliquons un poids de cent kilos au point B, si nous voulons que le levier reste immobile, il nous

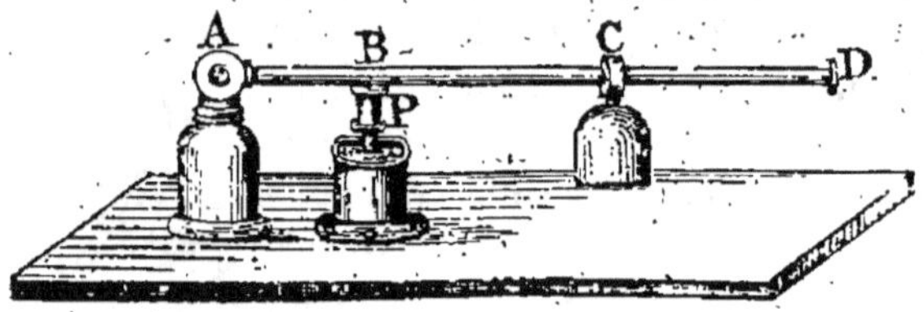

Fig. 9. *Levier du 3e genre.*

faudra appliquer un autre poids de cent kilos au point C, c'est-à-dire constituer deux bras de leviers égaux en distance au point d'appui A, en supposant impondérable ou tout au moins négligeable la partie CG du levier. Mais si nous n'avons à notre disposition que cinquante kilos, nous placerons ce poids au point D, de manière à avoir

un bras de levier deux fois plus long que l'autre. Donc
un bras de levier deux fois plus long, l'autre ne variant
pas, donne à la puissance ou à la résistance une grandeur double. On exprime cette loi physique en disant que
pour que *deux forces se fassent équilibre, leur intensité
doit être en raison inverse des bras du levier auquel elles
sont appliquées.*

Si le bras de levier de la *puissance* est quatre fois
plus long que celui de la *résistance*, les deux forces
étant d'ailleurs égales entre elles, le bras de levier de

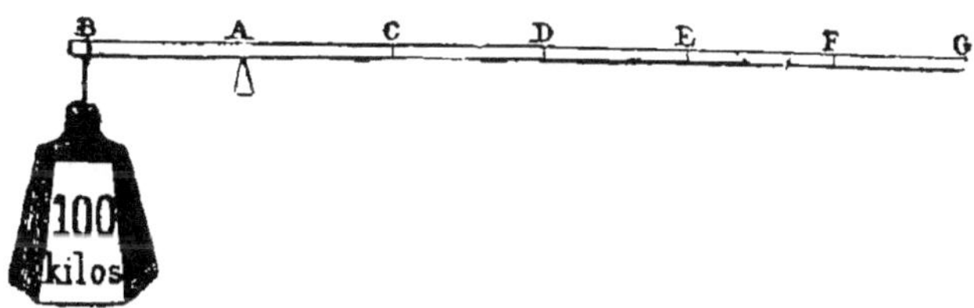

Fig. 10.

la puissance agira avec une intensité quatre fois plus
grande et la *résistance* sera facilement vaincue.

Il est maintenant aisé de comprendre comment les
os peuvent être comparés à des leviers, et les muscles
à des forces agissant sur ces leviers comme *puissance*
et *résistance*. En outre, il est facile de voir dans quelles
conditions particulières la résistance ou la puissance
s'accroissent, en raison de la longueur ou de l'exi-
guité des bras de levier par rapport au lieu où se trouve
le point d'appui.

La chair musculaire du cheval, comme celle du bœuf,
du mouton, etc., etc., constitue un excellent aliment,
et je vais entrer à ce sujet dans quelques développements bien nécessaires afin de combattre la répulsion
systématique d'un grand nombre de personnes pour
cet aliment :

3.

« En 1811, dit *Gossard* (1), des membres du Conseil de salubrité de la capitale, chargé d'étudier la question relative à la consommation de la chair de cheval, formulèrent l'opinion que non seulement cette viande réunissait les propriétés nutritives de celles des animaux de boucherie, mais qu'elle avait un très bon goût. Ils n'hésitèrent pas à demander, au nom du Conseil de salubrité, que des abattoirs spéciaux fussent établis pour exploiter, comme les besoins le commandaient, cet élément précieux de l'alimentation des populations. »

Tout le monde sait que la chair des chevaux constitue la principale nourriture des peuples de la Turquie d'Asie. On mange du cheval dans la Sibérie, en Perse, et jusqu'en Chine, si l'on en croit certains auteurs. L'usage de la viande du cheval, d'ailleurs, a régné longtemps en Europe, et l'histoire nous apprend que l'*hippophagie* fut pratiquée chez les peuples du nord, jusqu'à ce que le christianisme, pénétrant parmi eux, s'appliquât à faire disparaître cette coutume intimement liée aux rites du paganisme.

Actuellement il existe dans la capitale du Danemark une boucherie privilégiée, qui ne vend que de la viande de cheval au prix moyen de vingt-cinq centimes le

(1) *Journal encyclopédique*, article CHEVAL.

kilogramme. Des établissements semblables se trouvent en Belgique et dans les principales villes de l'Allemagne (1). On a débité à Vienne, en 1854, la chair de 1,180 chevaux, et l'on estime à plus de 10,000 le nombre des habitants de cette ville qui font entrer aujourd'hui cette viande dans leur alimentation.

Sur les 3,000,000 de chevaux que possède la France, a dit M. Isidore Geoffroy Saint-Hilaire, on en abat annuellement 267,000 environ, déduction faite de ceux atteints par la maladie. Or, le rendement d'un cheval en chair de bonne qualité, étant en moyenne de 224 kilogrammes, il est facile de se former une idée exacte des ressources que pourrait offrir cette sorte de viande.

Voici, d'après le journal *l'Ami des Sciences* du 1er février 1857, un aperçu des produits qu'on retire ordinairement d'un cheval lorsqu'il ne peut plus rendre d'autres services :

C'est merveille de voir aujourd'hui tout le parti que l'industrie guidée par la science a su tirer d'un cheval mort, dont il y a quarante ans à peine on faisait en France si peu de cas.

Rien n'est perdu, tout a son emploi, comme on va le voir.

Aussitôt entré dans l'établissement, l'animal est assommé d'un coup de masse, puis saigné dans une pièce nommée l'échaudoir.

On coupe alors les crins de la queue et de l'encolure. Les plus longs sont convertis en tissus pour confectionner des meubles, des sacs, des crinolines ; les plus courts servent à faire des cordes à l'usage des blanchisseurs, qui n'en connaissent pas de meilleures pour étendre le linge. On les utilise aussi pour garnir les matelas et les sièges.

(1) Aujourd'hui, il y a à Paris et dans les principales villes de France de nombreuses boucheries de cheval très bien achalandées.

La peau, soigneusement écharnée, est livrée en *vert*, c'est-à-dire fraîche, au tanneur qui la convertit en un cuir aussi estimé que celui du bœuf et de la vache.

L'animal est ensuite ouvert et vidé. Les issues des intestins sont réservées comme engrais, et désinfectées au moyen de poudres préparées pour cet usage et dont le charbon animal (*noir animal*) forme la base. Les viscères sont mis à part pour être cuits, et les intestins sont livrés aux boyaudiers qui en fabriquent des cordes, des baudruches, et une foule d'autres objets employés dans l'industrie. Le sang, dont la valeur est relativement considérable, est soigneusement recueilli. On le cuit à part pour en séparer le caillot qui est soumis à la presse et séché dans cet état : c'est une des substances les plus propres à la fabrication de l'*hydrocyanate ferrique de potasse*.

Dans certains établissements, le sang est desséché à l'air libre sur de petits bâtons mis en tas, au travers desquels on le projette au moyen d'une pompe ; il sert alors à la clarification des sirops, et on en consomme de grandes quantités pour cet usage.

Les fers, et les clous qui les attachaient, sont mis en magasin et vendus comme *grain* aux ferrailleurs, qui en font grand cas. On en fabrique des barres d'une qualité remarquable.

Les membres sont ensuite séparés du tronc. On en détache avec soin les tendons, qu'on fait sécher sur des perches pour les convertir en *colle forte ;* et les sabots, dont la corne est mise en plaques par les aplatisseurs pour être travaillée ensuite par les tabletiers, les fabricants de peignes, etc., etc.

Les rognures résultant de ces différents travaux servent aux engrais ou à la fabrication du prussiate de potasse.

Restent les chairs et les os.

L'animal coupé par quartiers est mis à cuire dans une immense marmite où l'on fait entrer le plus souvent *vingt-cinq chevaux* par cuite. Le bouillon, lorsqu'il est concentré et clarifié, donne une gélatine, ou colle tremblante, qui sert à divers apprêts, et la graisse qui surnage, et que le refroidissement en sépare, est recueillie précieusement. On en fait des huiles à graisser les machines, de l'acide oléique, de l'acide margarique, de l'acide stéarique, et d'excellents savons mous qui ont l'immense avantage de ne point laisser de mauvaise odeur après eux.

Les chairs suffisamment cuites sont aisément séparées des os, puis soumises à l'action d'une forte presse hydraulique qui les réduit en tourteaux. On fait sécher ces derniers au moyen d'un vif courant d'air, et cette substance est jointe au sang cuit et aux rognures de corne pour être convertie d'abord en charbon, puis en prussiate de potasse, dans des fours appropriés à ce genre de fabrication.

Les jus de viande qui coulent sous la presse hydraulique se composent de gélatine salie par une écume noirâtre et de la graisse qui surnage; on recueille cette dernière, et la gélatine s'utilise dans les engrais dont elle vient encore augmenter la masse.

De tout ce qui constituait le cheval il ne reste plus que les os, dont la destination varie suivant leur nature.

Les *os ronds* ou *canons* des quatre jambes et les os *plats* non spongieux sont employés par les tabletiers, par les couteliers, et par les sculpteurs en ivoire.

Les *os plats* de la tête, les côtes et quelques autres, sont traités par l'acide chlorhydrique qui dissout le phosphate de chaux et met à nu la gélatine qu'ils contiennent en abondance. En cet état, ils deviennent flexibles et translucides. On les convertit alors aisément en colle forte plus ou moins pure.

Les *os spongieux*, les os gras, sont d'abord traités par l'eau bouillante. afin d'en extraire la graisse qu'ils contiennent encore, puis on les réunit aux menus os pour les carboniser en vase clos, ou pour les calciner à feu nu.

Dans le premier cas on en retire de l'*hydrogène bicarboné* si précieux pour l'éclairage, du *sous-carbonate d'ummoniaque*, qui, par une double décomposition au moyen du sulfate de chaux et du chlorhydrate de soude, fournit du *sulfate de soude* et du *chlorhydrate d'ammoniaque;* puis, une huile grasse connue sous le nom *d'huile de Dippel*, et finalement un charbon compacte et brillant qui est le *noir animal*.

Ce dernier, réduit en poudre plus ou moins fine, est très recherché comme agent puissant de décoloration et de désinfection. Son pouvoir décolorant est principalement utilisé par les raffineurs ; et les fabricants d'engrais tirent un grand parti de la singulière propriété qu'il possède de désinfecter complètement les matières animales en putréfaction, et même les matières fécales, lorsqu'on le mélange avec elles en de certaines proportions.

Dans le second cas (celui de la calcination à feu nu), les os sont convertis en une poudre blanche qui sert à faire les *coupelles* et les *trochisques*, et que la fabrication des allumettes chimiques a rendue précieuse, car c'est avec cette poudre que l'on obtient aujourd'hui presque exclusivement l'énorme quantité de *phosphore* employée par cette industrie.

Cette rapide énumération des produits que l'on trouve dans un cheval mort suffit pour faire comprendre ce que le travail et l'industrie peuvent donner d'importance et de valeur aux matières les plus abjectes. On ne saurait se dispenser de rendre hommage à la science lorsqu'elle met sous nos yeux des prodiges aussi surprenants.

Voici maintenant, toujours sur l'emploi de la viande de cheval pour l'alimentation, divers extraits du *Rapport général annuel sur les travaux du Conseil d'hygiène publique et de salubrité du département de la Seine.*

ANNÉE 1861, PAGE 162.

§ 3. — EMPLOI DE LA VIANDE DE CHEVAL A L'ALIMENTATION.

En 1856, Son Exc. le Ministre du Commerce, de l'Agriculture et des Travaux publics soumit au Conseil d'hygiène publique et de salubrité les trois questions suivantes :

1° Dans quelle mesure la viande de cheval pourrait-elle être utilisée dans l'alimentation ?

2° Quels seraient les avantages pouvant résulter de son emploi à l'alimentation ?

3° Quels en seraient les inconvénients ?

Le Conseil renvoya l'examen de ces questions qui, du reste, n'étaient pas nouvelles pour lui, à MM. Vernois et Huzard, dont le rapport, approuvé par le Conseil, donna lieu aux réponses suivantes :

1re Question. — 1° *Dans quelle mesure la viande de cheval pourrait-elle être utilisée dans l'alimentation?*

« Tant qu'un cheval peut travailler, sa chair est d'un prix plus élevé que celle des autres animaux de boucherie. D'un autre côté, si pour faire usage de la chair du cheval on attend qu'il ne puisse plus compenser sa nourriture par son travail, il faut *le refaire* au moyen de l'engraissement, si toutefois l'âge le permet encore.

« Mais alors s'élève la question de savoir *si la nourriture donnée au cheval pour l'engraisser ne serait pas mieux employée à nourrir des moutons, des vaches, des bœufs?* Nous ne pensons pas que la solution de cette question soit douteuse. Dans les fermes à moutons, par exemple, dans celles où les bœufs et les vaches sont les seuls animaux de produit, la nourriture qu'on dépenserait pour engraisser un vieux cheval serait utilisée plus économiquement à élever ces animaux.

« Dans l'état actuel des choses, on paraît donc ne pouvoir consommer économiquement que des chevaux qui ne sont pas âgés, qu'un accident tue ou met hors de service pour un temps assez long.

« Et qu'on ne croie pas que la valeur commerciale des chevaux, diminuant peu à peu, permettrait de la livrer économiquement à l'alimentation à un certain moment, et avant l'époque où ils ne seraient pas propres au travail! Cette valeur commerciale ne s'amoindrit qu'en raison même de la diminution du prix du travail que l'animal peut faire, et cette diminution effective dans le prix du travail n'arrive, sauf accidents, nous le répétons, qu'à un âge où les muscles deviennent plus rigides, plus maigres, où l'engraissement est plus nécessaire, plus long, plus difficile, et par conséquent plus dispendieux.

« La quantité de la viande de cheval que, dans les circonstances économiques agricoles actuelles, l'on peut consommer, se réduit donc, dans les villes comme dans les campagnes, à celle des chevaux tués ou estropiés par accident, et qui sont assez jeunes ou en assez bon état pour que la viande n'en soit pas mauvaise (1).

« Une boucherie spéciale où on débiterait la viande de ces animaux produirait-elle, à la longue, une industrie nouvelle, qui consisterait et arriverait *à faire économiquement des chevaux de boucherie ?* C'est une question que l'expérience, nous le répétons, pourrait seule résoudre.

« Ce qu'il y a de certain, c'est que les peuples nomades du nord de l'Asie, *qu'on dit* manger de la chair de cheval, ne le font, *dit-on aussi*, que d'une manière exceptionnelle, dans des cas rares.

« C'est que, à Copenhague, où, sur la fin du siècle dernier, il y a eu une boucherie publique de viande de cheval, cette boucherie n'existe plus.

« C'est que quelques personnes, dans le nord de l'Europe, ont tenté en vain d'introduire cette alimentation. Nous pouvons citer un exemple, parce qu'entre autres il a été consigné dans la *Gazette politique de* 1795, première quinzaine de février. Cette tentative a

(1) Le nombre des chevaux abattus chaque année (*avant* 1861) dans les clos d'équarrissage de Paris est d'environ 12,000 ; mais il faut en déduire tous les chevaux qui, par maladie ou autre cause, ne pourraient pas être livrés à l'alimentation, ce qui est la grande majorité.

été faite en Suède par un baron de Cidersteim. Il n'en
est pas résulté pour ce pays l'usage de manger de la
chair de cheval, quoique la Société patriotique de
Suède ait pris, à cette époque, cette tentative sous sa
protection.

« Cependant, M. le bourgmestre de Bruxelles, en ré-
pondant à une lettre que vous lui avez écrite à ce sujet,
et en disant qu'il n'existe aucun débit autorisé de viande
de cheval à Bruxelles, ajoute :

« Mais cette viande est débitée pour la consommation,
» dans la commune de Vilvorde, à deux lieues de Bruxelles;
» un individu paraît se livrer depuis assez longtemps,
» et avec succès dans cette commune, à ce genre de
» commerce : il vend la viande au prix de 14 centimes
» le demi-kilogramme; la classe ouvrière, *me dit-on*,
» recherche avec empressement cet aliment : un mé-
» decin de la localité, qui est en grande réputation, prend
» un vif intérêt à cette alimentation, et la préconise. »

« Ce fait, contrairement aux autres, serait entièrement
en faveur de la consommation de la viande de cheval.

2ᵉ QUESTION. — *Quels seraient les avantages de cette alimentation ?*

« Il est reconnu que la viande de cheval n'est pas
malsaine; les personnes qui l'ont analysée lui ont
trouvé à peu près les mêmes éléments que ceux qu'on
rencontre dans celle du bœuf; il est donc probable

qu'elle aurait des consommateurs, puisqu'elle en trouve à Vilvorde, et qu'ainsi elle viendrait fournir un supplément de nourriture à la population peu aisée. Ce supplément ne pourrait être considérable, quant à présent, puisqu'il ne pourrait provenir que de chevaux peu âgés, mis tout à fait, ou au moins pour un certain temps, hors de service. Quant aux vieux chevaux, ils donneraient une viande assez inférieure, pour que, si elle était mise en vente en commençant une tentative, on dût craindre qu'elle ne dégoûtât complètement la génération actuelle de cette tentative.

« La quantité de viande de cheval disponible ne pourrait encore, quant à présent, faire diminuer le prix actuel des viandes de boucherie.

« Enfin, il faut se rappeler que, pour produire de la viande de cheval en plus de la quantité que les accidents mettraient économiquement dans la consommation, il faudrait employer les mêmes substances alimentaires qu'exige la production des viandes de moutons, de vaches, de bœufs ; et que la viande de ces animaux, non-seulement est supérieure, mais encore que toutes les circonstances de culture en France portent à croire, et même donnent presque la certitude, que cette dernière viande (celle des animaux actuels de boucherie) se produira toujours à meilleur marché dans l'économie rurale, que la viande de cheval.

3ᵉ QUESTION. — *Quels seraient les inconvénients de cette alimentation ?*

« Si les considérations qui précèdent étaient des erreurs ; si des essais venaient démontrer qu'on peut obtenir de la viande de cheval avec économie, on ne peut prévoir d'autres inconvénients que la nécessité d'une surveillance très active et spéciale dans le débit

de cette viande, afin qu'une avidité coupable ne livrât
pas aux populations des chevaux affectés de maladies,
telles que le farcin, la morve, certaines éruptions cu-
tanées, maladies qui indiquent des altérations profondes dans l'économie, et qui pourraient faire craindre des dangers pour la santé des consommateurs.

« Ce serait surtout dans les commencements d'une
tentative que cette nécessité d'une surveillance spéciale
se produirait.

« Peut-être pourrait-on craindre que la viande de
cheval, si la consommation prenait de l'extension, vînt
faire une concurrence aux autres viandes de boucherie,
et, par suite, diminuer la production de celles-ci. Nous
ne croyons pas que ce fait puisse se produire. Mais s'il
arrivait, il serait l'indice d'un besoin auquel on aurait
satisfait, et il faudrait s'y soumettre ; *au lieu d'être un
inconvénient, il serait peut-être un avantage.*

« Il résulte de ce qui précède, que les questions posées
par M. le Ministre sont, comme presque toutes les questions d'économie agricole, complexes, et qu'on manque
des éléments nécessaires à leur complète solution.

« Que l'examen des deux premières ne donne pas
actuellement l'espérance de la réalisation d'avantages
de quelque importance.

« Que l'examen de la troisième, celle qui est relative
aux inconvénients, ne fait pas surgir des motifs suffi-
sants pour empêcher un essai, si l'Administration ju-
geait qu'il fût opportun de le tenter.

« L'année suivante, M. D... demanda à votre prédé-
cesseur l'autorisation d'ouvrir à Paris quatre nouvelles
boucheries, spécialement affectées à la vente de la
viande de cheval.

« M. D... rappelait ce qu'on dit depuis si longtemps,
que la viande de cheval est complètement perdue pour
l'alimentation publique.

« Sans doute, sous la forme de viande de boucherie et d'aliment direct, l'homme n'en retire en ce moment aucun bénéfice. Mais il ne faut pas perdre de vue que cette viande de chevaux conduits à l'équarrissage est transformée en engrais très utiles à l'agriculture. L'industrie intelligente ne laisse rien perdre, et quand une substance n'est pas apte à être directement employée sous sa forme naturelle, elle se charge de lui faire subir les métamorphoses nécessaires pour les restituer aux besoins de l'homme. Avec de la mauvaise viande de cheval, elle fait des récoltes excellentes ; l'argument des partisans de la viande de cheval ne peut donc être accepté comme un reproche réel et fondé.

« Quoi qu'il en soit de ces observations, le Conseil, en s'appuyant sur les considérations développées dans le rapport dont il vient de vous donner l'analyse, et pensant, d'ailleurs, qu'il ne fallait pas négliger de tenter de nouveaux moyens d'augmenter la somme des produits alimentaires, proposa d'accorder l'autorisation demandée, aux conditions suivantes : 1° avant d'être abattus pour être livrés à la boucherie, les chevaux devront être déclarés sains, par un vétérinaire attaché à l'Administration ; 2° la vente de la viande qui en proviendra sera soumise, pour sa présentation sur le marché et pour son débit, aux prescriptions qui régissent la vente et le débit des viandes ordinaires de boucherie ; 3° une ou plusieurs boucheries spéciales seront établies à cet effet ; une étiquette indiquera très ostensiblement que cette viande est de la viande de cheval ; 4° enfin, l'autorisation, donnée à titre d'essai, sera d'une année, l'Administration se réservant la faculté de la retirer, si des plaintes fondées lui parvenaient sur l'emploi de la viande de cheval. »

Année 1864, page 53.

. . . .

Élevage de volailles avec de la viande de cheval. —
En 1861, le sieur H..... vous a demandé l'autorisation
de prendre, au clos d'équarrissage d'Aubervilliers, la
quantité de viande de cheval qui lui serait nécessaire
pour se livrer provisoirement au Raincy, allée de la
Fontaine, n. 3, et définitivement dans une localité
du département de la Seine, à l'élevage de volailles
avec de la viande provenant de chevaux sains et abattus, soit par suite de vieillesse, soit par suite d'accidents.

« Nous savions, dit M. *Duchesne*, rapporteur de cette
affaire, que de pareils essais d'élevage de volailles
avaient été faits ailleurs, et voici ce que nous avons
appris sur leurs résultats :

« La viande de cheval a été utilisée assez souvent
et même avec avantage pour la nourriture des porcs ;
on a cherché aussi à donner cette même alimentation
à la volaille. Quelquefois la viande de cheval a été
donnée seule, quelquefois elle a été mêlée avec du
grain, du son, des carottes, des betteraves, des pommes
de terre, etc.

« Suivant M. *Prangé*, vétérinaire, il n'y a point
d'inconvénient, au point de vue de la santé, à donner
de la viande aux volailles ; cette nourriture ne communique à leur chair ou à leur graisse aucune propriété
nuisible ; mais, au point de vue économique, il n'y a
jamais avantage à suivre ce procédé ; il n'amène l'engraissement qu'avec une lenteur infiniment plus considérable que celle des plus médiocres procédés par
l'alimentation végétale. M. Reynal, professeur à Alfort,
dans un mémoire (1860) sur l'équarrissage, au point
de vue de l'hygiène publique, dit au contraire, page 32 :
que la volaille, et notamment les canards, s'engraissent
très facilement avec la chair de cheval donnée, soit
hachée, soit coupée en petits morceaux ; mais c'est

surtout le foie que la volaille appète le plus et dont
l'usage est plus favorable à l'engrais que celui de la
chair musculaire.

« Cela dépend peut-être de la plus grande quantité
de sucre qui se trouve normalement dans cet organe.
Quoi qu'il en soit, les canards et les volailles alimentés
de cette manière deviennent tellement gras dans le
court espace de trois semaines à un mois, qu'ils ne
sont presque plus mangeables. J'ai vu, ajoute M. Ray-
nal, des poules porter dans l'abdomen, sous le crou-
pion, des pelotes de graisse qui arrêtaient les œufs
dans l'oviducte.

« A Aubervilliers, on a aussi essayé de nourrir des
canards, en leur donnant seulement de la viande crue,
hachée grossièrement. Ils dévoraient cette nourriture
avec une grande avidité et paraissaient profiter assez
convenablement ; mais, au bout d'un certain temps,
les os des jambes se déformaient et on était obligé
de tuer ces animaux qui ne pouvaient plus marcher.

« Pendant le même temps, on a encore essayé d'élever des poules, en leur donnant, pour toute nourriture, de la viande crue ou cuite, mais de bonne qualité, et voici ce qui a été observé :

« Ces volailles profitaient et paraissaient jouir d'une
bonne santé , elles pondaient et couvaient bien, mais
on perdait une quantité considérable de petits, nourris
aussi avec de la viande ; sur 200, c'est à peine si l'on
pouvait en sauver 60, perte énorme, et certainement
hors de toute proportion avec les pertes ordinaires
que font les fermiers.

« M. Hette, directeur de la Compagnie agricole et
sucrière de Bresles, a tenté aussi l'alimentation des
volailles avec de la viande de cheval, avec du grain et
des carottes, mais il a discontinué ce mode d'alimentation, comme il nous l'écrit dans sa lettre du 10 août 1861.

« Notre honorable collègue, M. Payen, dans son ouvrage sur les substances alimentaires, expose qu'il n'y a aucun danger à introduire, directement ou indirectement, dans l'alimentation des hommes, la chair des poules nourries avec de la viande fraîche ; il pense toutefois que la nourriture avec certaines substances animales peut modifier considérablement le goût et la qualité de ces volailles.

« M. Vatrin, équarrisseur à Metz, a tenté d'élever des volailles avec de la viande seule provenant de son clos d'équarrissage, mais il a été obligé d'y renoncer, parce qu'on trouvait un goût à sa volaille et qu'on refusait de la lui acheter.

« A Aubervilliers, la chair des poules nourries seulement avec de la viande de cheval était plus molle que celle des autres poules. La volaille se conservait moins longtemps, et il fallait la vider très promptement ; la chair était moins délicate. Les œufs avaient la coquille plus unie, plus fragile ; on ne leur trouvait pas cependant un goût différent de celui des œufs ordinaires. En somme, il n'y avait aucun profit à continuer ce genre de nourriture, et on y a renoncé. Aujourd'hui, on élève encore quelques volailles au clos d'équarrissage d'Aubervilliers, mais par le procédé suivant :

« Parmi les viandes de cheval qui sortent des chaudières on choisit les langues (ce sont les parties les moins desséchées) ; on les coupe par morceaux qui sont donnés aux poules une seule fois par jour ; on leur distribue ensuite des grains en suffisante quantité. Plus tard, pour donner à leur chair plus de fermeté et un meilleur goût, on cesse de les nourrir avec de la viande pendant une huitaine de jours avant de les tuer, et on peut alors les manger, dit-on, sans que le goût puisse les distinguer des autres volailles.

« Nous n'avons pas à indiquer les précautions administratives à prendre pour que la viande de cheval provenant du clos d'équarrissage et livrée au sieur H. soit réellement employée à la nourriture des volailles et ne puisse être détournée de cette destination.

« Ces précautions sont déjà prescrites, sans doute, pour la viande provenant du clos d'équarrissage, et destinée aux animaux du Jardin d'acclimatation et à ceux du Muséum d'Histoire naturelle ; mais comme il ressort de ce que nous avons dit plus haut, que la viande destinée à la nourriture des volailles doit être cuite, il serait facile de ne la livrer que cuite, hachée et mélangée avec du son, condition que le sieur H. accepte dès aujourd'hui.

« Nous proposons donc les conclusions suivantes :

« 1° Autoriser l'établissement que veut créer le sieur H. pour l'élevage de la volaille ;

« 2° L'établissement sera éloigné de 100 mètres au moins de toute habitation, afin que les voisins ne soient pas incommodés par les cris d'un si grand nombre d'animaux ;

« 3° Quinze jours au moins avant de livrer ses volailles à la consommation, le sieur H. les séparera de celles qui sont gardées en réserve, cessera complètement de leur donner de la viande, et ne leur donnera plus qu'une nourriture végétale.

« 4° On ne livrera au sieur H. que de la viande de cheval provenant d'animaux abattus pour cause de vieillesse ou pour cause d'accidents. »

Ce rapport fut approuvé par le Conseil, qui ne proposa toutefois qu'une tolérance de six mois en demandant que, pendant ce temps, une Commission suivît les procédés du sieur H. et en appréciât les résultats.

Année 1870, page 175 :

. . . .

4

Abattoirs à chevaux destinés à l'alimentation. — En 1856, le Conseil de salubrité avait été saisi par le Ministère de l'Agriculture, du Commerce et des Travaux publics, de diverses questions relatives à l'introduction de la viande de cheval dans l'alimentation publique; il avait exprimé l'avis qu'il ne fallait négliger aucun des moyens d'augmenter la somme des produits alimentaires et qu'il ne voyait, par conséquent, rien 'qui pût s'opposer à ce que l'on donnât suite au projet.

Plusieurs années s'écoulèrent cependant avant que l'idée dont il s'agit, au sujet de laquelle il s'était produit une certaine sensation dans l'opinion publique, reçût une application pratique. Il y eut bien, en 1856 et 1857, quelques tentatives d'ouvrir dans Paris des établissements spéciaux pour le débit de la viande de cheval ; mais leurs auteurs ne donnèrent pas suite à des projets dont l'exécution présentait, du reste, des difficultés sur lesquelles l'Administration supérieure n'avait pas été à même de se prononcer. On demandait à ouvrir des étaux de boucherie, sans s'être préoccupé tout d'abord de l'abattage des chevaux qui devaient y être débités. Il n'existait point d'établissement où cette opération fût autorisée. Aussi, malgré le zèle des promoteurs de la vente de la viande de cheval, malgré l'intérêt très marqué que prenait à ce projet la Société protectrice des animaux, il se passa plusieurs années encore avant que les demandes d'ouverture d'étaux de boucherie de cheval et de tueries particulières à ces animaux, pussent être accueillies. Ce fut seulement à la fin de l'année 1864 que le Comité supérieur d'hygiène, au ministère de l'Agriculture et du Commerce, posa les bases des prescriptions qui devaient être imposées pour que toute garantie sur la qualité de la viande des animaux abattus fût donnée aux consommateurs et que toute fraude sur la nature de la marchandise fût complètement prévenue. Les diverses mesures relatives à la vente de la viande de cheval pour l'alimentation sont consignées dans l'ordonnance de police du 10 juin 1866, dont voici les termes :

ORDONNANCE CONCERNANT LA VENTE DE LA VIANDE DE CHEVAL POUR L'ALIMENTATION.

Paris, le 9 juin 1866.

Nous,

Préfet de police,

Vu : 1° les lois du 16-24 août 1790 et du 17-22 juillet 1791 ;

2° Les arrêtés des Consuls, des 12 messidor an VIII et 3 brumaire an IX ;

3° La loi du 7 août 1850 :

4° Celle du 10 juin 1853 ;

5° Les demandes à nous adressées à l'effet d'obtenir l'autorisation de débiter de la viande de cheval comme denrée alimentaire ;

6° Les rapports du Conseil d'hygiène publique et de Salubrité, desquels il résulte que la chair provenant de chevaux sains peut, sans inconvénient, être livrée à la consommation ;

7° La lettre de Son Exc. le Ministre de l'Agriculture, du Commerce et des Travaux publics, en date du 17 décembre 1864, relatant l'avis du Conseil supérieur d'hygiène ;

Considérant que l'usage de la viande de cheval,

pour la consommation, s'est introduit en divers pays sans révéler de dangers pour la santé publique ; et que dès lors il n'y a pas lieu de s'opposer aux tentatives qui pourraient se produire, dans le ressort de notre Préfecture, pour la mise en pratique de ce système d'alimentation, sous la réserve de certaines précautions assurant la salubrité des viandes mises en vente,

ORDONNONS ce qui suit :

Art. 1er. Le débit de la viande de cheval, comme denrée alimentaire, est permis aux conditions prescrites par les articles ci-après :

Art. 2. Les chevaux destinés à la consommation publique ne seront abattus que dans les tueries spécialement autorisées à cet effet, et situées sur la circonscription de la Préfecture de Police.

Art. 3. Le transport, la vente et la mise en vente, pour l'alimentation, de la viande de cheval provenant des clos d'équarrissage ou de tueries autres que celles indiquées en l'article précédent, sont prohibés dans Paris et les communes rurales placées sous notre juridiction.

Art. 4. Il ne pourra être procédé à l'abattage des chevaux destinés à la consommation qu'en présence d'un vétérinaire ou inspecteur commissionné à cet effet par le Préfet de Police.

Art. 5. Les chevaux seront soumis à l'inspection du préposé mentionné en l'article ci-dessus, tant avant l'abattage qu'après le dépeçage des viandes. Les viscères seront livrés au même examen, afin de permettre une appréciation complète de l'état de santé de l'animal abattu.

Art. 6. Les viandes ne pourront être enlevées de l'abattoir pour être portées à l'étal, qu'après avoir reçu l'estampille d'inspection du préposé, suivant le mode qui sera prescrit par l'Administration.

Art. 7. Pour faciliter les contre-vérifications qui pourront être faites pendant le transport des viandes ou après leur arrivée au lieu de débit, les animaux ne seront divisés que par moitiés ou par quartiers, et les pieds ne devront en être détachés qu'au moment du dépeçage à l'étal.

Art. 8. Sont considérés comme impropres à la consommation : les chevaux morts naturellement ou abattus en état de fièvre par suite de blessures ; ceux qui sont atteints d'une maladie quelconque, de plaies purulentes ou d'abcès, même au sabot.

Sont également exclus les chevaux dans un état d'extrême amaigrissement.

Art. 9. Lorsque l'appréciation du préposé sera contestée, relativement à l'état de santé d'un cheval à abattre ou à la salubrité de viandes destinées à la vente, il sera procédé à une expertise contradictoire par l'un des artistes vétérinaires désignés comme experts par l'Administration ; et si le rejet est confirmé, les frais de l'expertise resteront à la charge du propriétaire de la marchandise.

Art. 10. Les chevaux et les viandes impropres à l'alimentation seront immédiatement, et aux frais de leur propriétaire, envoyés à l'établissement d'Aubervilliers. Le bulletin descriptif d'envoi, rédigé par le préposé, lui sera représenté après avoir été revêtu du récépissé à destination.

Art. 11. Les viandes ayant reçu l'estampille d'inspection seront transportées directement de l'abattoir à l'étal, dans des voitures closes, à moins que ces viandes soient enveloppées de manière à n'en laisser aucune partie à découvert.

Art. 12. Les étaux affectés au débit de la viande de cheval seront indiqués au public par une enseigne en gros caractères annonçant leur spécialité.

4.

Art. 13. Le colportage de la viande de cheval est interdit. Défense est faite de vendre cette viande partout ailleurs que dans les établissements admis pour ce genre de commerce.

Art. 14. Les restaurateurs et tous autres marchands de comestibles préparés, qui vendront de la viande de cheval cuite ou dénaturée, sans en indiquer clairement l'espèce, ou qui la mélangeront frauduleusement avec d'autres viandes, seront poursuivis correctionnellement, par application de l'article 423 du Code pénal, ou de la loi du 27 mars 1851, suivant la nature du délit.

Art. 15. Les contraventions aux dispositions qui précèdent seront constatées par des procès-verbaux ou rapports, qui nous seront transmis à telles fins que de droit.

Art. 16. Les commissaires de police, le chef de la Police municipale, l'Inspecteur général des Halles et Marchés, et les agents sous leurs ordres, sont chargés, chacun en ce qui le concerne, d'assurer l'exécution de la présente ordonnance, qui sera imprimée, publiée, et affichée.

Le Préfet de police,
J.-M. PIETRI.

Le Conseil de salubrité eut à donner son avis sur deux demandes en autorisation d'ouvrir des tueries pour l'abattage des chevaux destinés à l'alimentation.

Il repoussa l'une de ces demandes et accueillit l'autre. L'administration accorda en outre l'autorisation de substituer dans des établissements où se faisait l'abattage des bœufs, veaux et moutons, l'abattage des chevaux, en se fondant sur ce que les inconvénients résultant du travail, dans les deux cas, n'avaient rien de plus sérieux dans l'un que dans l'autre (1).

ABATTOIR MUNICIPAL D'AUBERVILLIERS. — Cet établissement, dans lequel s'opère annuellement l'abattage de 7 à 8,000 chevaux est, de temps en temps, signalé à l'Administration par les réclamations du voisinage. En 1865, l'Inspecteur appela particulièrement votre attention, Monsieur le Préfet, sur l'inexécution des prescrip-

---

(1) Pendant le dernier semestre de l'année 1866, il a été livré à la consommation 207,500 kil. de viande de cheval dans 22 étaux, et cette viande provenait de l'abattage de 830 chevaux. Le prix de vente s'est établi comme suit :

De 0 fr. 40 c. à 0 fr. 50 c. le kil. pour la 3e catégorie,
    0   60   à 0   80   — pour la 2e   —
    1   »   à 1   20   — pour la 1re   —
                1   50   — pour le contre-filet.
                2   »   — pour le filet.

Ces prix ont été d'environ 50 p. 100 au-dessous du prix de la viande de bœuf.

Dans l'année 1868, il est entré dans la consommation 450,020 kilogrammes de viande de cheval, fournie par l'abattage de 2,339 chevaux.

De ce chiffre, comparé à celui du dernier semestre de l'année 1866, il résulte que si le nombre des chevaux abattus a été plus élevé, le rendement moyen en viande alimentaire par tête d'animal a diminué. En effet, au début de l'introduction de la viande de cheval dans les usages alimentaires à partir du milieu de l'année 1866, le rendement moyen était de 250 kil., tandis qu'il s'est abaissé à 192 kil. en 1868.

Il y a, toutefois, une explication de cette différence qu'il ne faut pas omettre de donner. En 1866, on n'utilisait pas la chair des chevaux maigres pour la fabrication des saucissons ; on n'abattait donc que les chevaux gras, mais cette fabrication s'étant rapidement développée, les chevaux maigres, et par conséquent d'un poids inférieur, ont été recherchés et ont ainsi abaissé notablement le poids moyen du rendement par tête d'animal.

tions administratives imposées au concessionnaire et sur les causes d'insalubrité qui en étaient la conséquence. Ce qui frappa particulièrement le Conseil dans la visite qu'il fit de l'établissement, fut l'odeur fétide répandue par les viandes qui sont mises à sécher, après qu'elles ont été retirées des cuves de cuisson et ainsi préparées pour être vendues comme engrais; les séchoirs, qui étaient fermés par des châssis vitrés, avaient l'inconvénient de concentrer la mauvaise odeur. Le Conseil proposa, en conséquence, de supprimer les châssis des séchoirs, de manière à y établir une ventilation continuelle; il demanda également que l'on veillât à ce qu'au sortir des cuves, les viandes fussent étalées sur des claies et non mises en tas; car, dès qu'elles sont ainsi agglomérées, la fermentation s'y développe : on devait en outre tenir la main à ce que les mesures de précaution prévues dans le règlement relatif à l'abattoir fussent strictement appliquées. Il ajoutait qu'il serait injuste, dans l'appréciation du degré d'insalubrité que peut avoir un pareil établissement, de ne pas tenir compte des autres usines qui l'entourent, et dont les émanations, souvent plus infectes, lui sont néanmoins imputées.

La rigoureuse exécution des prescriptions réglementaires recommandées à l'Inspecteur de la Préfecture donna lieu, de sa part, à plusieurs rapports, dans lesquels, en 1865, il crut devoir signaler de mauvais procédés d'exploitation qui avaient pour résultat d'aggraver l'insalubrité de l'abattoir. Selon ce fonctionnaire, le nombre des cuves destinées à la cuisson des animaux étant insuffisant, des chevaux seraient restés sur le sol des ateliers, dans l'impossibilité où l'on était de les mettre dans les cuves le jour même où ils avaient été abattus. L'eau aurait manqué souvent dans le réservoir appelé le *réservoir du nord*, et, par suite de cette insuffisance d'eau, la propreté de l'établissement aurait laissé beaucoup à désirer.

De son côté, le concessionnaire demandait à se livrer à la dessiccation des viandes cuites provenant des animaux abattus, dans la partie de l'établissement désignée sous le nom de bâtiment du midi, en se fondant sur ce que ces locaux restaient sans emploi et que les frais d'entretien n'en étaient pas moins à sa charge; il priait, en outre, l'administration d'interpréter l'article XV de l'ordonnance de police du 15 octobre 1842. relatif aux heures de travail, et dans lequel il est dit que les équarrisseurs qui emploieront le procédé du concessionnaire, c'est-à-dire la cuisson en vases clos, achèveront l'équarrissage de leurs animaux à 4 heures. en hiver, et à 5 heures en été.

Ces diverses questions, qui touchaient toutes aux bonnes conditions d'exploitation de l'établissement municipal d'Aubervilliers, et par suite à la salubrité et à la propreté qui doivent y être maintenus, furent renvoyées à l'examen d'une Commission composée de MM. Boussingault, Huzard, Chevallier, Lasnier et Guérard, rapporteur.

Le Conseil, adoptant l'opinion de cette commission, ne vit aucun inconvénient à permettre au concessionnaire, ainsi qu'à l'un des équarrisseurs, de pratiquer la dessication des viandes des animaux abattus.

Le nombre des cuves pour la cuisson des chevaux. n'est point suffisant; car, d'après les relevés fournis par le concessionnaire comme par l'Inspecteur, le chiffre des entrées des animaux n'avait point été en croissant depuis 1861, année dans laquelle le matériel avait suffi au service; au surplus, en cas d'urgence, il serait toujours possible de faire deux cuissons dans les 24 heures, une de jour et une de nuit, et, par ce moyen on pourvoirait à toutes les éventualités.

Le Conseil reconnut également, d'après les renseignements qui avaient été recueillis dans l'enquête, que l'eau nécessaire aux diverses opérations de l'abattage, ainsi qu'au lavage de l'établissement, et qui est emmagasinée dans quatre réservoirs en communication entre eux, et montée au moyen d'une machine à vapeur, suffisait aux besoins du service.

Les termes de l'article XV du règlement, où il est parlé des heures de travail, avaient, en effet, besoin d'une interprétation, car, d'un côté, les équarrisseurs entendaient que les limites de 4 et 5 heures, suivant la saison, ne s'appliquaient qu'à l'abattage et au dépeçage, et ils prétendaient avoir le droit de continuer leur travail pour le chargement des chaudières, jusqu'à ce qu'il fût terminé; ce qui les conduit jusqu'à 7 ou 8 heures du soir, sans qu'il soit possible aux ouvriers du concessionnaire, chargés d'opérer le nettoiement, de rien faire avant le départ des équarrisseurs.

Le concessionnaire, à son tour, prétendait que, par les mots *achèvement de l'équarrissage* à terminer dans les limites indiquées à l'article XV, on doit entendre toutes les opérations, y compris le chargement des cuves.

Il a semblé au Conseil que la logique conduisait à l'interprétation donnée par le concessionnaire, sur l'article en litige.

Voici comment s'exprime M. Thomas Grimm, dans le *Petit Journal* du 16 mars 1885, sur l'alimentation par la viande de cheval :

LA VIANDE DE CHEVAL

« Il y a quelque temps, un banquet réunissait aux Frères-Provençaux les membres de diverses sociétés françaises et étrangères qui se vouent à la protection des animaux.

« Personne n'ignore que l'animal que lesdistes sociétés entourent de leurs soins les plus tendres est le cheval.

« Tel est leur attachement pour la plus belle conquête de l'homme, qu'afin de lui épargner les fatigues de la vieillesse, ils n'hésitent pas à recommander la viande de cheval aux classes nécessiteuses et prêchent d'exemple en mangeant leur ami. On ne s'étonnera pas après cela que le filet de cheval braisé figurât sur la carte.

« M. le pasteur Bœdker, membre de la société protectrice hanovrienne, a saisi avec empressement cette occasion de porter un toast à la diffusion de la viande de cheval.

« Entre autres faits signalés par lui à l'honneur du nouveau comestible, il en est un auquel s'attache, à l'en croire, une grande importance physiologique.

« Je ne résiste pas au désir de vous communiquer la chose.

« Un industriel de Hanovre, marié depuis cinq ans, voyait avec douleur son union rester inféconde. L'infortuné croyait bien devoir renoncer pour jamais au doux espoir d'être père, quand, s'étant mis, ainsi que sa femme, au régime de la viande de cheval...

« Je vous vois sourire. C'est pourtant la vérité vraie. L'heureux couple, — demandez plutôt au pasteur Bœdker, — en est actuellement à son quatrième rejeton.

« Voilà donc un fait acquis à la science. Que ne l'a-t-on connu plus tôt !

« Quand on songe à l'influence que quelques tranches de cheval administrées à propos peuvent avoir sur la tranquillité des familles et par contre-coup sur le mouvement de la population, on se sent saisi de respect pour une nourriture aussi intéressante, et tout ami de l'humanité doit être désireux d'en recommander l'usage à ses concitoyens.

« Depuis l'ouverture de la première boucherie à Paris, sous le patronage du comité de la viande de cheval, en 1860, la consommation de cet aliment a toujours été en croissant.

« En 1867, on mangea 2,152 chevaux, 2,421 en 1868, 2,758 en 1869 et près de 30,000 en 1870.

« Au début de l'investissement, il y avait à Paris plus de 100,000 chevaux. Le poids moyen de viande nette étant approximativement de 250 kilog. par cheval, les 30,000 chevaux consommés ont offert une ressource de 7,500,000 kilog. de viande fraîche.

« Le 15 octobre, le ministre du commerce tarifa le prix de la viande de 1re catégorie à 1 fr. 80, de 2e à 1 fr. 40, de 3e à 0 fr. 80.

« Avant la guerre, il y avait à Paris une trentaine de boucheries chevalines, aujourd'hui il y en a une quarantaine.

« La chair de certains chevaux a un goût et quelquefois une fermeté désagréables aux personnes qui en sont à leur premier essai et surtout qui ont un peu d'appréhension.

« Voici le moyen proposé par M. le docteur Jules Guérin pour faire disparaître, autant que possible, ces deux éléments d'infériorité.

« Le cheval, en bœuf à la mode, c'est-à-dire cuit à l'étouffée dans son jus et assaisonné avec divers légumes et quelques épices, constitue une excellente préparation. L'estragon ou le thym, ajoutés à ce mode de cuisson, réalisent la perfection du genre. Préparé de la sorte, un filet de cheval peut rivaliser avec les meilleurs filets de bœuf au madère ou à la provençale.

« Un autre moyen d'attendrir la chair des vieux chevaux, c'est de les abattre et de les saigner à la manière ordinaire, mais de ne les dépecer qu'après refroidissement.

« Quoique plus ferme, chez quelques sujets, que la chair du bœuf, la viande de cheval est plus saine, plus nourrissante et plus propre à fournir un bon bouillon. Celle-là est à celle-ci comme le pain dit de première qualité est au pain dit de deuxième qualité : plus agréable, moins utile.

« M. Decroix, dans une communication faite à la société d'acclimatation, déclare qu'il a expérimenté sur lui-même l'usage de la chair des animaux atteints du farcin et de la morve.

« Il a mangé, affirme-t-il, maintes fois de la viande de chevaux morveux, d'abord cuite, puis saignante, sans ressentir la moindre indisposition, abstraction faite du dégoût, fruit du préjugé.

« Par les études sérieuses et les renseignements pris, il a acquis l'intime conviction que si l'on mourait pour avoir mangé d'un animal malade, nous serions tous morts.

« La cuisson et la digestion, chacune séparément, détruisent les principes malfaisants qui peuvent exister dans la chair. Il y a donc indication de faire bien cuire les viandes suspectes, et il est prudent de ne pas faire usage des viscères des animaux malades, foie, cœur, reins, rate, poumon.

« La viande de cheval a donc été rangée, avec raison, et en parfaite connaissance de cause, dans la série des matières alimentaires ; car celle-ci a toutes les qualités d'une bonne nourriture, et, en outre, le grand avantage de coûter peu cher, ce qui est un grand point pour les consommateurs.

« Il y a dans les campagnes beaucoup de gens qui ne mangent de la viande que trois ou quatre fois par an.

« Au lieu de vendre pour quelques francs, à l'équarrisseur, des animaux morts, le plus souvent, d'accidents ou par suite du grand âge, il serait éminemment préférable de s'en servir comme aliment.

« Pour les préparations culinaires, on peut se servir des indications connues de tous pour la viande de bœuf et l'apprêter en pot-au-feu, en bouilli, en miroton, en hachis, à la mode, en civet, en haricot, en rôti, en pâté, en saucisson.

« La graisse, meilleure que celle de porc, de mouton ou de bœuf, remplace avantageusement le beurre. Elle est d'un emploi excellent pour toutes les fritures.

Nous serions heureux d'avoir pu détruire un préjugé incompréhensible contre cette alimentation.

« La classe ouvrière y trouverait hygiène et économie.

« Ajoutons que la consommation de viande de cheval fait de rapides progrès en Belgique, en Suisse, en Allemagne. A Vienne, en 1853, une émeute éclata pour empêcher des expérimentateurs de se réunir à un repas où on devait mettre le nouvel aliment à l'épreuve, et aujourd'hui la consommation atteint plus de 3,000,000 de kilog.

« Tout nous porte à croire qu'en France, à Paris tout au moins, la viande de cheval aura bientôt cause gagnée ; j'ai vu, en effet, plusieurs enseignes portant ces mots : BOUCHERIE DE VIANDE DE CHEVAL ; de fort belles boucheries, ma foi, notamment sur les hauteurs de Montmartre et de Belleville.

« Or, l'industriel n'est vantard qu'à bon escient. Dès

l'instant qu'il affiche un article, c'est que cet article a des amateurs. »

Enfin, je citerai ce que dit **M. P. Coulier** sur l'*Hippophagie* dans le *Dictionnaire encyclopédique des sciences médicales*, tome quinzième, 1re Série :

« L'Hippophagie est très propablement aussi ancienne que le monde. Nos premiers parents devaient être moins difficiles que nous sous le rapport de l'alimentation ; et il serait surprenant qu'ils n'eussent pas utilisé, au moins d'abord pendant les disettes, puis d'une manière continue, la viande d'un animal qui n'inspire instinctivement aucune répugnance, et qui peut être pour l'alimentation une ressource précieuse par sa qualité et sa quantité. Le cheval à l'état sauvage devait autrefois exciter comme toute autre pièce de gibier la convoitise du chasseur ; et, de nos jours encore, il devient la proie de l'homme dans les vastes plaines de l'Asie, de l'Afrique et de l'Amérique du sud. De là à manger la chair des animaux réduits à la domesticité, il n'y a qu'un pas facile à franchir. Le nom d'Hippophages donné aux Sarmates par Ptolémée et les géographes grecs démontre que l'emploi alimentaire du cheval est loin d'être une nouveauté. De nos jours, il n'est pas difficile de démontrer que l'hippophagie est très fréquente. D'après Mungo-Parck, les nègres font la chasse aux chevaux sauvages, et se nourrissent de leur chair qu'ils aiment beaucoup.

D'après le voyageur Philips, dans le royaume de

Juda, on élève les chevaux comme bétail destiné à la nourriture. M. Lucas, membre de la commission des sciences, qui a séjourné longtemps en Algérie, vers la frontière de Tunis, assure que les arabes et les maures mangent du cheval et du mulet. Lui-même, pendant quatorze mois, a consommé autant de viande de cheval que de viande de bœuf, et il préférait la première parce que les bœufs de ce pays sont petits et mal nourris.

En Amérique, suivant le rapport d'Azara (*Histoire générale du Paraguay*) les chevaux vagabonds des Pampas fournissent la subsistance aux Indiens non soumis, encore plus vagabonds et plus indociles qu'eux. Chez les Patagons et chez les Puelches, M. Alcide d'Orbigny a constaté l'emploi habituel de la chair de cheval. D'après le même auteur, *la viande de jument est préférée à toute autre* (1). On verra plus loin que cette qualité supérieure de la viande de jument a été constatée également en France.

En Bolivie, au Chili, en Araucanie, la viande de cheval est utilisée de même. Partout où la chasse des chevaux sauvages est possible, on s'y livre avec ardeur. D'après M. Gaimard, les chevaux sauvages des Malouines sont excellents, mais les poulains sont meilleurs. L'équipage de l'*Uranie* ayant fait naufrage sur les îles en 1820, trouva dans ce gibier une grande ressource. Beaucoup d'entre nous, dit le célèbre médecin naturaliste, préféraient le cheval aux oies du pays. Nous étions partagés à cet égard. En Asie, d'après Hérodote, toutes les classes de la société en Perse mangent du cheval, de l'âne et du chameau.

(1) *Lettres sur les substances alimentaires et particulièrement sur la viande de cheval*, par Isidore Geoffroy-Saint-Hilaire, Paris, 1856, p. 95. Nous faisons de nombreux emprunts à cette excellente monographie.

Pour fêter l'anniversaire de la naissance, on sert sur la table des riches ces animaux rôtis tout entiers. En Chine, le peuple mange tous les chevaux sans exception. D'après le P. Duhalde « le peuple s'accommode fort de la chair des chevaux, quoique morts de vieillesse ou de maladies. » Pablas parle de la chasse que les Tatars et les Cosaques font aux chevaux sauvages; Hippolyte Cloquet porte le même témoignage pour les Mongoux et les Mantchoux. Beauplan a vu les mêmes faits en Ukraine, et Michaëlis, cité par Huzard, en Pologne.

Parmi les documents curieux qu'on peut citer pour démontrer combien l'emploi de la chair du cheval était fréquent même en Europe, se trouvent deux lettres adressées par deux papes du huitième siècle à saint Boniface, et qui ont été conservées. Pour comprendre la prohibition dont cet aliment est frappé par Grégoire III, il faut savoir que l'usage de la viande de cheval était lié en Germanie à d'anciennes pratiques religieuses qui faisaient obstacle à la propagation du christianisme. Voici le passage de la lettre de Grégoire III : « *Inter cœtera agrestem caballum aliquantos comedere adjunxisti plerosque et domesticum. Hoc nequaquam fieri deinceps, sanctissime frater, sinas, sed quibus potueris, Christo adjuvante, modis, per omnia compesce, et dignam eis impone pœnitentiam. Immundum enim est atque execrabile.* » Quelque temps après, le successeur de Grégoire, Zacharie Ier, renouvelle les mêmes prohibitions qu'il étend au lièvre et au castor. Ces citations suffisent pour établir nettement que de tout temps et dans tous les pays le cheval a servi de nourriture à l'homme sans qu'il semble en être résulté pour celui-ci aucun inconvénient. De nos jours, au commencement du siècle, c'est surtout la nécessité qui imposa transitoirement ce genre de nourriture.

Larrey est un de ceux qui ont le plus encouragé dans les moments difficiles l'usage de cet aliment sur lequel il donne à plusieurs reprises des renseignements dans ses Mémoires. Après la bataille de la Moskowa, « nos blessés, dit-il, furent réduits à la viande de cheval, aux pommes de terre, et aux tronçons de choux qui avec la chair de cet animal servirent quelque temps à faire de la soupe; » et un peu plus loin : « les chevaux surtout, privés de fourrages et constamment au bivouac, périssaient en grand nombre. Souvent on n'attendait pas qu'ils tombassent pour les égorger. La chair de ces animaux, que les soldats faisaient griller au premier feu de bivouac, servait à apaiser la faim qui les tourmentait. » De Smolensk à Krasnoé, pendant les plus mauvais jours de la lugubre retraite de Russie, « un cheval échappé était aussitôt assommé et dépecé presque vivant. Malheur à l'animal qui s'éloignait de quelques pas de son maître ! Le partage qu'on faisait de ce butin devenait quelquefois un sujet de rixe entre les individus de toutes les classes; les femmes elles-mêmes surmontaient tous les obstacles pour en avoir leur part. »

Larrey, pendant toute sa carrière, n'a cessé de se louer pour ses malades de l'hippophagie. « C'est surtout pendant le siège d'Alexandrie, en Egypte, dit-il, qu'on a tiré de cette viande un parti extrêmement avantageux. Non seulement elle a conservé la vie aux troupes qui ont défendu cette ville, mais encore elle a puissamment concouru à la guérison et au rétablissement des malades et des blessés que nous avions en grand nombre dans les hôpitaux. Elle a même contribué à faire disparaître une épidémie scorbutique qui s'était emparée de toute l'armée. On faisait journellement des distributions régulières de cette viande, et fort heureusement que le nombre des chevaux a suffi pour conduire l'armée jusqu'à l'époque de la capitulation... Pour répondre aux objections qui avaient été faites par beaucoup de personnages marquants de l'armée, et surmonter la répugnance du soldat, je fus le premier à faire tuer mes chevaux et à manger de cette viande. »

Après la bataille d'Eylau, Larrey nourrit encore les blessés avec du cheval préparé en bouilli et en bœuf à la mode ; et les consommateurs ne distinguaient presque pas cette viande de celle du bœuf. Après la bataille d'Eslingen, la majeure partie de l'armée française est isolée dans l'île Lobau avec environ 6,000 blessés. Pendant trois jours, les vivres font complètement défaut. « Je leur fis faire la soupe, dit Larrey, avec la chair d'une assez grande quantité de chevaux dispersés dans cette île, et qui appartenaient à des généraux et à des officiers supérieurs. La cuirasse pectorale des cavaliers démontés et blessés eux-mêmes servait de marmite pour la coction de cette viande, et au lieu de sel, dont nous étions entièrement dépourvus, elle fut assaisonnée avec de la poudre à canon. J'eus le soin seulement de faire décanter le bouillon en le versant d'une cuirasse dans une autre à travers une toile, et après l'avoir laissé clarifier par le repos. Tous nos soldats trouvèrent ce bouillon d'une très bonne qualité. Ici, je donnais également l'exemple par le sacrifice de l'un de mes chevaux, et je fis usage de cette même nourriture, avec cette différence que j'avais pu conserver du sel et un peu de biscuit, qui me servit à faire la soupe. Le maréchal Masséna, commandant en chef de ces troupes, se trouva fort heureux de partager mon repas et en parut très satisfait. »

Ainsi l'expérience démontre que l'usage de la viande de cheval est très convenable pour la nourriture de l'homme... Pourquoi ne pas tirer parti, pour la classe indigente et pour les prisonniers, des chevaux que l'on tue tous les jours à Paris? » (Parent-Duchâtelet; *Hygiène publique*, Paris, 1836, tome II, page 188). A côté de l'hippophagie par disette, observée de nos jours chez les peuples, il y a l'hippophagie inconsciente qui est notoirement fréquente, mais dont il est difficile de donner des preuves pour des raisons faciles à concevoir. Les saucissons dits de Lyon et d'Arles, qui paraissent si souvent sur nos tables, sont confectionnés avec de la viande de mulet, d'âne et parfois de cheval. Ce dernier fait n'est donné par Geoffroy Saint-Hilaire que sous réserve ; mais pour l'emploi de la viande de mulet, il est certain ; et d'après M. Chevet la viande d'âne sert au même usage. D'après M. Linden, le savant directeur du jardin zoologique de Bruxelles, la viande de cheval est employée, en assez grande quantité, pour la préparation des saucissons qui se vendent dans tous les pays, sous le nom de saucissons de Bologne. On prépare également, ajoute le même auteur, « un hachis qui se vend sous forme de pâte. » Le nombre et la variété des plats fournis par certains restaurants des grandes villes pour un prix relativement modique est de nature à inspirer des soupçons sur l'origine des denrées premières qu'ils emploient.

Pendant la première moitié de ce siècle, la viande de cheval ne servait ostensiblement qu'à la nourriture des animaux. A l'aide d'une autorisation accordée par la Préfecture de Police, il était permis à tout particulier de faire rentrer dans Paris autant de viande de cheval qu'il en voulait : « Beaucoup de gens, dit Parent-Duchâtelet, profitent de cette permission, et en transportent des quantités assez considérables, qui ne leur coûtent presque rien, puisqu'on ne la pèse jamais, et qu'ils peuvent en remplir une hotte pour la somme de trois sous. » D'après le même auteur qui a consulté à ce sujet les ouvriers équarrisseurs, le muséum d'histoire naturelle consommait autrefois environ vingt chevaux par semaine pour la nourriture des animaux carnassiers. Or, il est certain que deux ou trois chevaux pouvaient amplement suffire à tous les besoins. L'excédent recevait une destination inconnue.

La citation suivante empruntée à un rapport du commissaire de police du quartier Saint-Martin, en 1830, est encore plus explicite. « Il est de notoriété publique que l'on vend à raison de quatre sous la livre chez divers restaurateurs de la capitale, de la viande choisie de cheval nouvellement abattu; que ceux qui ne peuvent ostensiblement faire entrer dans le jour de cette viande vont, à une heure et à un lieu convenu, en jeter la nuit, par-dessus les murs, des morceaux considérables qui sont à l'instant ramassés... Ceci se pratique tous les jours. »

Vers la même époque, la commission sanitaire du quartier de l'Observatoire signala comme cause d'insalubrité une maison encombrée de prostituées, dans laquelle on trouva des masses considérables de chair de cheval que l'on destinait à la nourriture des habitants du quartier.

Il est inutile d'insister davantage pour démontrer qu'à Paris la consommation de la chair de cheval est un fait journalier, qui se passe à l'insu du consommateur, à la santé duquel il ne porte aucune atteinte appréciable, ainsi qu'on pouvait facilement le prévoir par les exemples cités plus haut. De là à régulariser la vente de cette denrée, et à faire profiter plus largement le consommateur de son bas prix, il n'y avait qu'un pas à faire, et un préjugé à vaincre. Dès 1811, Cadet, Parmentier et Pariset demandaient, au nom du Conseil de salubrité, « que la vente de la chair de cheval fût tolérée; que l'on établît pour cela un abattoir affecté spécialement à l'équarrissage, et que l'on désignât des lieux où cette viande serait vendue, après avoir été journellement inspectée et reconnue saine par les agents de la police. » Ces vœux philanthropiques restèrent sans résultats. Une boutique de tripier située au marché Saint-Jean, et où l'on a débité du cheval pour la nourriture des animaux, de 1809 à 1811, fut même fermée en exécution de l'ordonnance de police du 24 août 1811, qui prescrit aux équarrisseurs d'abattre et d'équarrir, dans le jour, les animaux vivants qui leur seraient amenés; de ne dépouiller qu'en présence d'un expert vétérinaire ceux qui seraient morts ou atteints de maladie charbonneuse, et qui leur défend, ainsi qu'à tout autre, *de vendre de la chair de cheval* et d'autres animaux livrés à l'équarrissage. Cette ordonnance provoqua des plaintes nombreuses et la police ne tarda pas à accorder l'autorisation de faire entrer de la viande de cheval à tout individu justifiant de sa moralité et indiquant l'usage qu'il voulait faire de cette viande.

Cette permission fut retirée en 1814, puis accordée de nouveau en 1816, et n'a plus été supprimée. Il paraît que les motifs déterminants de la malencontreuse ordonnance de 1811, étaient la crainte de voir le public attribuer à ce genre d'alimentation, et par conséquent à l'autorité qui l'aurait toléré, les épidémies dues à toute autre cause. Depuis cette époque, l'un des plus ardents défenseurs de l'Hippophagie a été Isidore-Geoffroy Saint-Hilaire, membre de l'Institut et professeur au Muséum d'Histoire naturelle. Ce savant philanthrope a publié sur ce sujet un volume (déjà cité) dans lequel il a exposé, avec lucidité, toutes les raisons qui militent pour qu'on ne perde pas un aliment précieux, alors que la viande fait défaut dans la ration de tant de travailleurs. Il a été aidé dans son œuvre par un grand nombre de savants, médecins et naturalistes, dont les efforts ont été couronnés de succès. Aujourd'hui

(31 décembre 1872), il existe à Paris plus de quarante boucheries de cheval. La viande est vendue à un prix moitié moindre que celle du bœuf, et par morceaux correspondants. Cette vente est l'objet d'une surveillance active de la part de l'administration, et présente toutes les garanties exigées par l'hygiène : encore quelques efforts et le préjugé aura disparu. On peut juger de l'importance de la viande de cheval dans l'alimentation, par le tableau ci-contre, dû à M. Decroix, et emprunté au Bulletin de la Société d'acclimatation (février 1873). Ainsi, en résumé, en 6 ans et demi, près de seize millions de kilogrammes de viande de cheval ont été livrés à la consommation, au grand bénéfice de la classe nécessiteuse. On remarquera, dans ce tableau, la rapide progression des chiffres qui représentent la consommation, et le nombre considérable (65,000) d'animaux qui ont concouru utilement à l'alimentation de la population assiégée. En province, les progrès de l'hippophagie sont également réguliers, bien qu'on ne puisse pas donner à cet égard de chiffres certains. A Beaucaire, on a créé une vaste fabrique de saucissons qui utilise environ 400 chevaux par an. A Paris, on prépare des conserves de cheval qui sont excellentes. On voit, d'après ces documents, qu'en France l'hippophagie peut être considérée comme établie définitivement, et peut rendre d'autant plus de services, qu'en général les épizooties qui attaquent l'espèce bovine respectent le cheval et réciproquement. Telles ont été du moins, la peste bovine et les épizooties chevalines américaine et française. Les autres peuples nous ont suivis et quelquefois précédés dans cette voie. En Allemagne, notamment, la viande de cheval se vend dans des boucheries spéciales, comme en France. En Danemark, tout boucher qui veut abattre un cheval le soumet préalablement à la visite d'un vétérinaire désigné par l'autorité. Ce der-

État des chevaux, ânes et mulets abattus à Paris, pour l'alimentation publique, depuis l'ouverture de la première boucherie, 9 juillet 1866, jusqu'au 1ᵉʳ janvier 1875.

ANNÉES ET SEMESTRES.	CHEVAUX.	ANES.	MULETS.	TOTAL.	POIDS DE LA VIANDE.			
					CHEVAUX.	ANES.	MULETS.	TOTAL.
1866 : 2º semestre............	902	»	»	902(1)	171.380	»	»	171.380(2)
1867. { 1ᵉʳ semestre............	863	26	4	893	163.970	1.300	760	166.030
2ᵉ semestre............	1.206	33	20	1.259	229.140	1.650	3.800	234.590
1868. { 1ᵉʳ semestre............	1.237	63	8	1.308	235.030	3.150	1.520	239.700
2ᵉ semestre............	1.060	34	3	1.097	201.400	1.700	570	203.670
1869. { 1ᵉʳ semestre............	1.284	67	3	1.353	243.960	3.350	570	247.880
2ᵉ semestre............	1.338	65	1	1.404	254.220	3.350	190	257.660
1870. 1ᵉʳ semestre............	1.904	86	2	1.992	361.760	4.300	380	366.440
1870. { 2ᵉ semestre............	»	»	»	»	»	»	»	»
Pendant le siège....	65.000(3)	»	»	65.000	12.350.000	»	»	12.350.000
1871. { 1ᵉʳ semestre............	»	»	»	»	»	»	»	»
1871. 2ᵉ semestre............	1.863	250	17	2.130	353.970	12.500	3.230	369.700
1872. { 1ᵉʳ semestre............	2.073	272	13	2.358	393.870	13.600	2.470	409.940
2º semestre............	2.861	403	10	3.374	562.590	20.150	1.900	584.640
Totaux.........	81.691	1.299	81	83.071	15.521.290	64.390	15.390	15.601.630

(1) Dont quelques ânes et mulets.
(2) Le poids de viande net est calculé à raison de 190 kilogrammes de viande par cheval ou mulet, et 50 kilogrammes par âne, non compris le foie, le cœur, la langue, la cervelle, etc., qui sont livrés à la consommation comme ceux du bœuf.
(3) Pendant les deux sièges, il n'y a pas eu de chiffres exacts ; d'après mes recherches, on a consommé de 60 à 70,000 chevaux.

nier, lorsque l'animal est sain, lui imprime une marque
sur les quatre sabots; ceux-ci ne peuvent, sous aucun
prétexte, être séparés du corps, qu'on divise en quatre
quartiers. De cette manière, l'acheteur est certain
d'acheter de la viande saine, et trouve à son choix, à
la même boucherie, du cheval ou du bœuf. Cette mesure est certainement excellente, surtout dans les pays
où la population n'est pas assez nombreuse pour justifier la création de boucheries spéciales.

Qualités de la viande de cheval.

La viande de cheval se présente tout à fait avec l'aspect de la viande de bœuf, de telle sorte qu'il faut un
examen attentif pour les distinguer. Il m'a semblé qu'en
broyant ces viandes dans un mortier, avec un peu d'acide
sulfurique, on développait dans la viande de cheval
une odeur spéciale, désagréable, qui permet de la distinguer de celle du bœuf. Le cheval rôti paraît presque
aussi bon que le bœuf. Associé au porc, et bien assaisonné, ainsi que le recommande Larrey, il peut faire
d'excellent ragoût. Le bouillon de cheval est aussi bon
que celui de bœuf. Depuis longtemps, je fais préparer,
chaque année, pour le cours de chimie du Val-de-Grâce,
deux pot-au-feu assaisonnés et cuits convenablement,
l'un de cheval et l'autre de bœuf. Il est impossible aux
personnes qui goûtent le bouillon de dire le nom de
l'animal. Cette expérience réussit toujours. Le bouilli
de cheval paraît en général plus dur et plus filandreux,
et se distingue assez aisément. Du reste, comme pour
le bœuf, il y a beaucoup de choix. Un cheval jeune,
mort d'accident, ou convenablement reposé et engraissé
avant sa mort, est nécessairement meilleur.

Les juments et les chevaux hongres sont préférables
aux chevaux entiers, et les animaux jeunes aux vieux.

C'est cette circonstance qui rendra toujours la viande de bœuf supérieure à celle du cheval, qui, en raison des services qu'il rend, n'est sacrifié que lorsque la vieillesse ou la maladie l'ont rendu invalide.

Les salaisons de cheval sont aussi bonnes que celles de bœuf, et bien supérieures à celles du mouton, qui ont le goût de suif. La consistance des substances grasses est huileuse ou butyreuse. Elles sont inodores, et ont un arôme léger et agréable qui rappelle les pommes mûres. Cette graisse peut fort bien remplacer le beurre de cuisine et est supérieure à celle du mouton. Sa consistance fluide permet de la mélanger avec celle du bœuf, convenablement préparée, et de fournir ainsi ce qu'on a appelé pendant le siège le beurre de Paris. Le foie peut faire la base d'une excellente préparation, ainsi que la langue et la cervelle.

Objections faites à l'hippophagie.

De toutes les objections faites à l'hippophagie, la plus importante est sans contredit celle qui se base sur la possibilité de la transmission à l'homme des maladies telles que la morve et le charbon. La valeur de cette objection est telle, qu'il convient de l'examiner avec soin.

Voici les considérations sur lesquelles on peut baser une opinion. Les animaux (chats, chiens, carnassiers du Muséum d'histoire naturelle) auxquels on donne du cheval sans se préoccuper de ces maladies contagieuses, jouissent néanmoins d'une bonne santé. Relativement aux maladies communes au cheval et au bœuf, telles que la phthisie, on ne voit pas pourquoi la contagion par alimentation serait plus possible dans un cas que dans l'autre ; et aucun fait jusqu'à présent ne semble justifier cette assertion. Pendant la Révolution, on tua plus de 300 chevaux morveux à Saint-Germain ; ils furent tous enlevés et mangés par les pauvres de la ville, qui n'en éprouvèrent aucune indisposition. Quelques années après, les professeurs d'Alfort firent abattre dans le bois de Vincennes un grand nombre de chevaux morveux et farcineux. Les habitants des villages voisins les mangeaient tous, à mesure qu'ils y étaient conduits, et il n'en est rien résulté relativement à la contagion. Morand, chirurgien des Invalides, rapporte dans les *Mémoires de l'Académie royale des sciences*, en 1766, que, le 7 octobre 1765, deux bœufs surmenés et malades furent tués, dépecés et préparés par des garçons bouchers qui furent, quelques jours après, atteints de pustule maligne, dont ils faillirent périr. Aucun de ceux qui mangèrent ces bœufs ne fut incommodé. Parent-Duchâtelet rapporte le fait suivant, qu'il tient d'une personne digne de confiance (*loc. cit.*, p. 197). Un chien mordit successivement sept vaches laitières, et périt peu de temps après d'une rage bien confirmée, sous les yeux du médecin lui-même qui a raconté le fait, et après avoir mordu d'autres chiens qui furent tués étant enragés. Au bout d'un certain temps, les vaches, qui avaient continué à fournir du lait, furent atteintes des symptômes de la rage et vendues à deux bouchers qui distribuèrent leur viande aux consommateurs, sans que ni ce lait ni cette viande aient occasionné le moindre accident à toute la population de la petite ville de Montargis.

Ces faits seraient faciles à multiplier ; nous citerons encore les suivants, empruntés à M. Decroix, habile vétérinaire (*loc. cit.*), et qui visent directement la question de contagion due à l'hippophagie. Voici la reproduction littérale du texte : « Pour lever les doutes à ce sujet, j'ai d'abord fait usage de la chair cuite de tous les chevaux morveux ou farcineux qui ont été abattus dans mon service. N'ayant éprouvé aucun accident, j'ai voulu savoir si les amateurs de biftecks saignants ne seraient pas exposés à être victimes du nouvel aliment. Pour résoudre cette autre question, j'ai avalé une dizaine de fois de la viande crue provenant de chevaux atteints des maladies ci-dessus dénommées. Il n'en résulta encore aucune indisposition. Une fois engagé dans cette voie, j'ai voulu savoir si la chair des animaux morts pouvait être nuisible à la santé. J'ai donc mangé, de 1861 à 1871, de la chair cuite de tous les animaux de mon service, morts de n'importe quelle maladie. Résultat : pas d'accident. J'ai voulu savoir si les viandes des bœufs, moutons, veaux, saisies par les inspecteurs de la boucherie, étaient réellement insalubres. Pendant six mois, j'ai obtenu de M. Chevreul, directeur du Jardin des Plantes, d'avoir de la viande saisie et livrée aux bêtes de la ménagerie. Durant cette période, j'ai mangé plusieurs fois par semaine de cette viande, et je n'ai pas éprouvé la moindre indisposition, malgré certaines appréhensions et une répugnance, fille du préjugé. Et maintenant, après une expérience personnelle d'une dizaine d'années et de nombreuses observations recueillies sur les autres, je me crois autorisé à affirmer de la façon la plus absolue, que l'on peut, sans aucun danger, faire usage de la chair cuite, non corrompue, provenant de nos animaux : cheval, bœuf, mouton, morts de n'importe quelle maladie, comme morve, charbon, rage, typhus. »

Il est impossible de citer des expériences plus concluantes; elles ne tendraient à rien moins qu'à supprimer toute intervention du contrôle au point de vue sanitaire, ce qui serait, je crois, une mauvaise mesure. Il n'est douteux aujourd'hui pour personne, que la température de 100 degrés ne prive toutes les matières virulentes de leurs propriétés contagieuses. Il est même probable qu'une température inférieure suffirait, mais nul ne sait exactement quelle est la limite. Lors donc qu'un débris d'animal atteint de maladie contagieuse est soumis, *dans toutes ses parties et jusqu'au centre,* à la température de 100 degrés (comme, par exemple, dans la préparation du pot-au-feu ou du rata des soldats) nul doute que le danger n'ait disparu. Quant au rôti saignant, il n'en est pas de même. La couleur rutilante du sang indique que l'albumine n'est pas coagulée. Les expériences directes prouvent que la température peut ne pas atteindre 60 degrés. Une semblable viande peut-elle conserver des propriétés septiques? La réponse est au moins indécise. L'expérience de M. Decroix, ci-dessus rapportée, démontre que, dans les cas où il a opéré, la viande crue d'animaux farcineux pouvait être ingérée impunément: en serait-il de même sur des femmes, des enfants, et avec toutes les variétés de morve? ce sont là des points non élucidés; et si l'amour de la science peut conduire un savant à tenter sur lui-même de semblables essais, aucune considération ne saurait les excuser quand il s'agit du public. L'autorité agit sagement en surveillant l'abattage et en interdisant la vente des animaux atteints de certaines maladies. Peut-être, dans les cas douteux, serait-il possible de ne pas s'exposer à perdre par excès de timidité une substance alimentaire, et de ne l'exposer à la vente qu'après une cuisson convenable.» (*P. Coulier*).

CHAPITRE IV

Division des muscles du cheval et leurs diverses dénominations. — Muscles sous-cutanés, de la tête, de l'encolure, du dos, des reins, du thorax et de l'abdomen, du bassin, des membres.

Les muscles du cheval sont extrêmement nombreux. Je ne parlerai que des principaux, et encore le ferai-je très sommairement, l'étude de la *myologie* demandant, pour être faite avec un réel profit, le secours d'expériences anatomiques et des développements que ne comporte pas le cadre de cet ouvrage.

Selon les fonctions qu'ils remplissent, les muscles portent différents noms généraux.

On les appelle :

Simples, quand ils sont composés d'une masse uniforme, continue ;

Composés, lorsque leur masse est divisée en une ou plusieurs parties par des tendons ou des aponévroses ;

Congénères, lorsqu'ils concourent à l'exécution d'un même mouvement d'une direction déterminée ;

Antagonistes, lorsque au contraire ils agissent en sens inverse ;

Abducteurs, lorsqu'ils servent à produire l'écartement de deux os ;

Adducteurs, lorsqu'ils en opèrent le rapprochement ;

Fléchisseurs, lorsqu'ils servent à déterminer une flexion ;

Extenseurs, dans le cas contraire, c'est-à-dire quand ils opèrent une tension ;

Abaisseurs, lorsqu'ils abaissent ;

Releveurs, lorsqu'ils relèvent ;

Constricteurs, lorsqu'ils resserrent diverses parties ;

Dilatateurs, lorsqu'ils en produisent la dilatation.

MUSCLES SOUS-CUTANÉS.

Ils sont au nombre de trois, se trouvent immédiatement sous la peau comme l'indique leur nom, entre cette dernière et les autres muscles, et ont pour principale fonction de provoquer ces frémissements de la peau au moyen desquels l'animal se débarrasse des insectes qui l'incommodent.

En outre, ils servent à préparer ou à renforcer le mouvement des autres muscles sur lesquels ils s'appliquent.

Ce sont :

Le muscle sous-cutané de la *face*, le muscle sous-cutané de l'*encolure* et le muscle sous-cutané du *thorax*.

MUSCLES DE LA TÊTE.

Ils communiquent le mouvement aux machoires, aux lèvres, aux paupières, aux yeux, aux oreilles. Ils sont très nombreux. L'un d'eux, la *langue*, est d'une très grande importance : il est le principal siège du *goût* chez l'animal.

MUSCLES DE L'ENCOLURE.

Ils sont également très nombreux et ont pour fonction d'élever ou d'abaisser la tête et de lui faire exécuter tous les mouvements latéraux dont elle est susceptible. Parmi eux un certain nombre sont placés entre chaque vertèbre cervicale pour donner à cette portion de la colonne vertébrale les mouvements dont elle doit être animée dans les diverses fonctions de l'animal. On les nomme muscles *inter-vertébraux*. Les deux principaux, placés l'un entre la tête et la première vertèbre (*atloïde*); et l'autre entre la première et la seconde (*axoïde*), se nomment l'*atloïdo-mastoïdien* et l'*axoïdo-atloïdien*.

Les muscles inter-vertébraux sont recouverts par d'autres muscles qui s'étendent de chaque côté de l'encolure en formant la majeure partie de la masse charnue, et sont divisés en deux parties symétriques par un ligament jaunâtre, solide, d'une très grande force, qui s'étend sur toutes les vertèbres cervicales, de la saillie occipitale aux premières apophyses épineuses des vertèbres dorsales. C'est ce *ligament cervical* qui soutient la tête et aide puissamment aux muscles *abaisseurs* et *releveurs* de l'encolure à exécuter leurs mouvements dans les diverses directions.

Un autre muscle très important de l'encolure est le *mastoïdo-huméral*.

Il sert à la fois à produire les mouvements latéraux de l'encolure et de la tête, et à soulever le *bras*. Il est fixé aux premières vertèbres de la *portion cervicale* et au *temporal*, d'un côté, et à l'*humérus* de l'autre.

MUSCLES DU DOS.

Le principal est l'*ilio-spinal;* il est tendineux, très épais, long et divisé par ses tendons en beaucoup de parties. Il est disposé sur le dos, de chaque côté de la colonne vertébrale, dans la partie à peu près triangulaire circonscrite par les côtes, depuis les vertèbres cervicales jusqu'au coxal, les apophyses épineuses dorsales, et les apophyses lombaires. Il communique divers mouvements de flexion et de contraction au dos, et sert efficacement à favoriser l'action des muscles environnants.

MUSCLES DES REINS.

Les *muscles des reins* ont pour mission de faire effectuer aux membres et aux parties qu'ils commandent des mouvements contraires pour ainsi dire, comme direction, à ceux que font effectuer les *muscles du dos.* Le but poursuivi est naturellement le même : l'ensemble et la corrélation des mouvements de l'animal. En d'autres termes, ces muscles sont les *antagonistes* des premiers. Le principal d'entre eux, le *sous-lomboïcal*, est précisément l'antagoniste du principal des muscles du dos (*dorso-lombaires*), c'est-à-dire de l'*ilio-spinal.*

MUSCLES DU THORAX ET DE L'ABDOMEN.

Ces muscles ont des fonctions multiples et extrêmement importantes. Les uns servent à relier les membres au thorax (*costo-sous-scapulaire*); d'autres donnent le mouvement aux côtes; ceux-ci servent à produire les mouvements pectoraux inspiratoires, ceux-là déterminent les formes extérieures des diverses parties de cette région de l'animal, les ars, etc.

Le thorax est séparé de la cavité abdominale par un muscle aplati et impair qui présente deux parties distinctes, l'une aponévrotique, au centre, l'autre, charnue, à la circonférence. C'est par cette dernière partie que ce muscle, nommé *diaphragme*, est fixé aux côtes, au sternum et aux vertèbres lombaires, divisant ainsi la cavité totale interne de l'animal en deux bien distinctes : celle du *thorax* et celle de *l'abdomen.* La face antérieure du diaphragme, celle qui est dans la cavité thoracique, est tapissée par une membrane nommée *plèvre*, et soutient la base des poumons; la face postérieure est tapissée par une autre membrane nommée *péritoine* et porte contre les viscères abdominaux : l'estomac, les intestins, etc.

Le *diaphragme* est percé d'ouvertures donnant passage à divers canaux, ramifications nerveuses, etc., notamment à l'œsophage, à l'aorte postérieure et à la veine cave postérieure.

Quatre muscles fort importants composent la cavité abdominale et lui donnent la forme qu'elle affecte extérieurement. Ils sont reliés et puissamment aidés dans leurs fonctions par un cordon fibreux qui rattache les coxaux au sternum.

MUSCLES DU BASSIN.

Ces muscles concourent à la formation des *organes génitaux*, de l'*anus* et de la *queue*, etc. Ils sont compris dans deux régions : la région *périnéale* et la région *coccygienne*. C'est au moyen des muscles *sacro-coccygiens* supérieurs, inférieur et latéral, et de l'*ischio-coccygien* que la queue peut exécuter des mouvements dans tous les sens.

MUSCLES DES MEMBRES.

Ces muscles communiquent le mouvement aux membres de l'animal ; ils sont les organes de la locomotion. Pour le cheval et pour certains autres animaux, ils sont la source des principaux moyens de défense contre les attaques de leurs ennemis.

Neuf de ces muscles forment la jambe ; ils diffèrent de volume, de forme et de longueur. Plusieurs descendent jusqu'au pied, auquel ils communiquent des mouvements de flexion et d'extension. Trois d'entre eux se réunissent par leur extrémité inférieure et constituent ainsi un cordon tendineux d'une grande puissance donnant le mouvement au jarret. Trois autres commandent le pied de la même manière. Un grand nombre d'autres petits muscles et de tendons partant de ceux de la jambe entourent les surfaces du pied et s'attachent aux divers os qui le composent.

Généralement parlant, les muscles de la jambe sont *musculeux* réellement dans leurs parties constituant le *bras* et l'*avant-bras*, et ils sont plutôt *tendineux* à partir du genou jusqu'au pied.

Comme je l'ai dit au commencement du chapitre III, page 35, le muscle est un composé de filaments très minces, nommés *fibres*, et reliés par des matières complexes. Or ce qui constitue presque totalement le muscle, c'est la fibre. Par conséquent, à volume égal, plus un muscle aura de fibres, plus il sera puissant.

La structure du muscle est subordonnée à des questions d'origine, de climat, de nourriture, etc.; ainsi le cheval du Nord a des muscles plus gros que le cheval du midi; mais il y a plus de fibres dans ces derniers.

CHAPITRE V

APPAREIL DE LA RESPIRATION

Respiration. — Le Poumon. — Surface totale du poumon. — Circulation du sang dans les poumons.

La RESPIRATION est l'acte dans lequel, au moyen de *l'aspiration* et de *l'expiration* successives de l'air atmosphérique, les êtres organisés restituent les éléments vitaux à leur sang vicié par la circulation.

Le sang, après avoir parcouru l'immense réseau des artères et des veines, revient au cœur d'où il est parti, et le muscle le renvoie dans les poumons pour qu'il s'y revivifie. De là, il revient au cœur à l'aide d'un mécanisme que j'expliquerai au chapitre VI, *Appareil de la circulation.*

L'organe essentiel de la respiration est le POUMON (fig. 11).

Comme on le voit, il se compose d'un vaisseau cylindrique A que l'on nomme TRACHÉE-ARTÈRE et dont l'origine est située au fond de la cavité buccale. Ce cône se divise d'abord en deux rameaux, puis chacun de ces deux derniers en une infinité d'autres. On donne le nom de BRONCHES à ces ramifications. Une substance particulière composée uniquement d'innombrables alvéoles enveloppe les bronches et constitue le poumon proprement dit, cette substance légère, très volumineuse et de couleur rosée que l'on voit à l'étal des bouchers.

Chaque petit filament des bronches, tube microscopique, est terminé par une de ces alvéoles. Ces dernières sont des culs-de-sac piriformes ayant environ

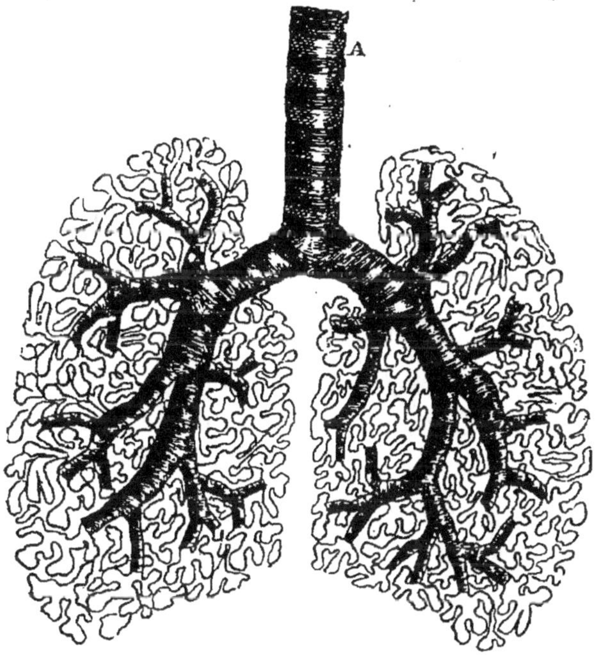

Fig. 11.

1/8 de millimètre de diamètre, et dont le nombre s'élève, chez l'homme, à environ dix-huit millions.

Et encore, malgré son volume si exigu, cette alvéole n'est pas un simple petit sac piriforme. Elle présente à l'intérieur une foule de petites cloisons laissant au centre un espace vide, et se subdivise ainsi en un nombre assez considérable d'alvéoles secondaires, ou vési-

6

cules. La figure 12 donne la coupe d'un de ces culs-de-sac à un grossissement de près de 400 fois au diamètre ; le canal **A** est l'extrémité d'un rameau des bronches.

La surface totale représentée par le nombre réellement infini des surfaces d'alvéoles microscopiques est, pour l'homme, de 150 mètres carrés. Par conséquent, dans le poumon une nappe de sang qui serait représentée par une étendue encore plus grande chez le cheval est soumise à l'action revivifiante du sang.

Le sang est transporté dans les poumons par l'artère pulmonaire et ses branches, et c'est là qu'il reçoit l'impression de l'air qui y est amené par la trachée-artère et ses innombrables ramifications.

En y arrivant, le sang est chargé d'acide carbonique. Ce gaz est rejeté au dehors et remplacé par l'oxygène provenant de l'air atmosphérique.

Sa couleur était noirâtre, brune. En sortant des poumons il reprend sa couleur rutilante, qui différencie le *sang artériel* du *sang veineux*, c'est-à-dire celui qui, partant du cœur pour aller porter la vie dans les organes, circule dans les *artères*, de celui qui, ayant accompli sa mission, revient au cœur par les *veines* pour s'y revivifier, et y acquérir de nouveau ses propriétés vitales.

L'air est introduit dans la trachée-artère par la bouche et les naseaux, au moyen du mécanisme spécial de la cavité thoracique où sont contenus les poumons.

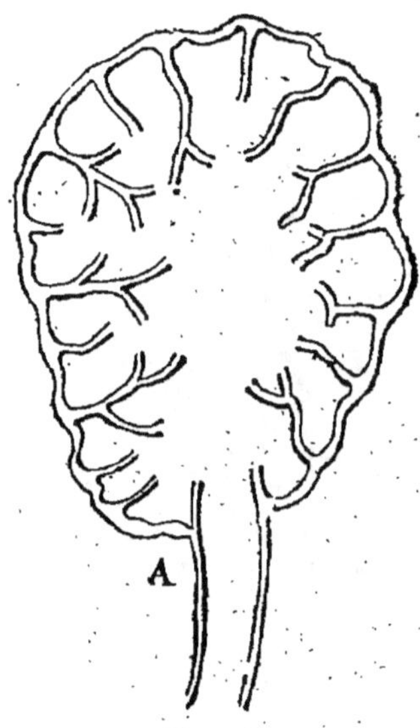

Fig. 12.

Ceux-ci s'appliquent contre les côtes, le sternum et la colonne vertébrale. Quand les muscles, par un mouvement indépendant de la volonté de l'animal, agissent sur les côtes et dilatent la cavité, les poumons suivent ce mouvement, se dilatent eux-mêmes, et acquièrent une capacité plus grande dans laquelle l'air se précipite. C'est l'*aspiration*.

L'instant d'après, quand les muscles cessent d'agir, l'élasticité dont sont doués les côtes et les poumons leur fait reprendre leur volume primitif. Les poumons chassent alors l'air qui y était entré, absolument comme une éponge pressée dans les mains restitue l'eau dont elle s'était remplie. C'est ce qu'on appelle l'*expiration*.

Seulement, l'air expiré n'est pas du tout semblable à l'air aspiré. Ce dernier a exactement les principes constitutifs de l'air extérieur. L'autre a perdu presque tout son oxygène et ne se compose plus que d'azote, d'acide carbonique et de vapeur d'eau.

Plus la poitrine de l'animal est vaste, plus son poitrail est large, plus les poumons sont volumineux : plus la respiration est aisée et fructueuse, plus le sang est revivifié, et plus le cheval sera apte à rendre les services qu'on attend de lui sous le rapport du *fond* et de la *vitesse*.

Chez les animaux dont la poitrine est étroite et ne contient qu'un appareil respiratoire restreint, la fatigue vient vite à la suite d'une respiration courte et difficile.

CHAPITRE VI

APPAREIL DE LA CIRCULATION

Cœur. — Petite circulation. — Grande circulation. — Artères. — Veines. — Vaisseaux capillaires. *— Cœur droit, cœur gauche.*

L'appareil de la circulation est composé des organes au moyen desquels le sang est porté dans toutes les parties du corps, à l'état sain, et ramené ensuite au contact de l'air dans les poumons quand ses propriétés ont été épuisées dans ce trajet.

Il se compose du CŒUR, des ARTÈRES, des VEINES, et d'un SYSTÈME CAPILLAIRE qui met en communication les *artères* et les *veines*.

CŒUR. — Le cœur est un réservoir musculaire composé de quatre cavités nommées : les deux supérieures *oreillettes*, les deux inférieures *ventricules*. Le ventricule et l'oreillette du même côté communiquent ensemble par une sorte de valvule.

Comme nous l'avons vu dans le chapitre précédent, il y a pour ainsi dire deux circulations dans le corps de l'animal : 1º celle qui se fait du cœur aux poumons et des poumons au cœur, et 2º celle qui se fait du cœur à toutes les parties du corps, et de ces dernières au cœur.

La première est dite *petite circulation;* la seconde prend le nom de *grande circulation.*

La figure 13 montre une coupe théorique du cœur suffisante pour l'explication de ces deux circulations.

Les cavités OD et OG sont les deux *oreillettes,* la droite et la gauche.

Les cavités VD et VG sont les deux *ventricules,* le droit et le gauche.

L'oreillette droite et le ventricule droit communiquent ensemble par une espèce de canal ou valvule en forme d'entonnoir. Il en est de même pour l'oreillette et le ventricule gauche; mais les deux systèmes ne communiquent pas directement entre eux et forment pour ainsi dire deux appareils distincts, deux cœurs spéciaux; on les appelle souvent, en physiologie générale, le *cœur veineux* et le *cœur artériel;* ou bien, et plus communément même, le *cœur droit* et le *cœur gauche.*

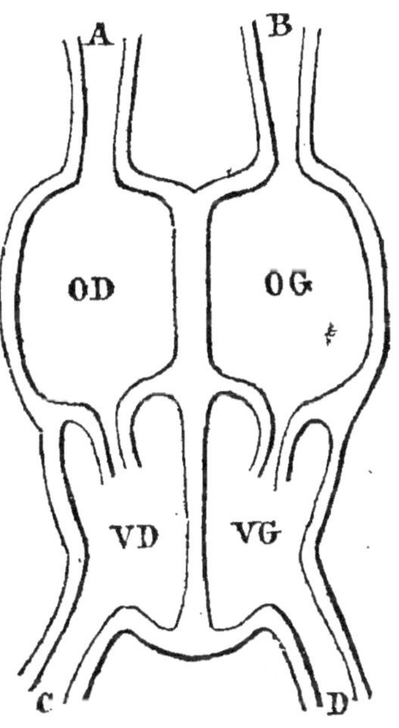

Fig. 13.

C'est le *cœur droit* qui reçoit le sang ayant déjà parcouru le corps de l'animal et par conséquent dépouillé de ses principes vivifiants. Il fait affluer ce sang *veineux* dans les poumons où l'air lui cède de l'oxygène et où il se débarrasse de son acide carbonique. Des poumons, le sang passe dans le *cœur gauche,* d'où il est chassé dans l'organisme, à travers

les artères. Arrivé à l'extrémité de ces derniers vaisseaux, le sang passe dans le réseau des *capillaires* qui
lui donne accès dans les veines, et il revient ainsi dans
le *cœur droit* pour recommencer le même trajet.

Le canal A (fig. 13) est la *veine cave supérieure*, ame-
nant le sang veineux de tout le corps dans l'oreillette

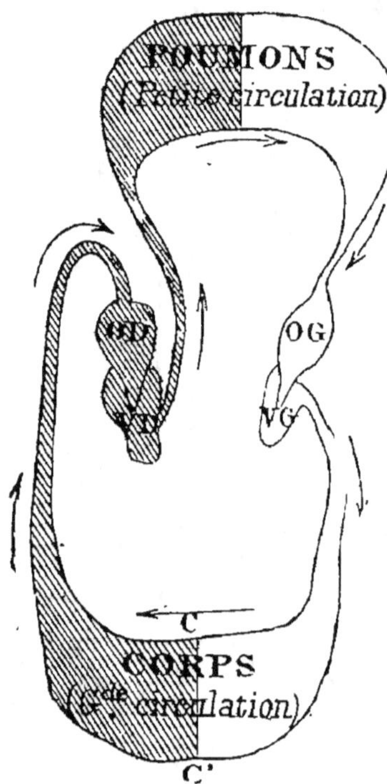

Fig. 14.

droite. De cette cavité,
le sang passe dans le
ventricule droit, au-des-
sous de l'oreillette ; puis,
entrant dans l'*artère pulmonaire* C, il est chassé
dans les poumons où il
subit le travail occa-
sionné par l'influence
de l'air atmosphérique.
Des poumons il passe
dans le *cœur gauche* par
la *veine pulmonaire* B
qui l'introduit dans l'*o-
reillette gauche* et, de là,
dans le ventricule du
même côté, d'où il est
chassé dans les conduits
de la *grande circulation*
par l'*artère aorte* D.

La figure théorique
14 fera comprendre net-
tement, et sans la moin-

dre difficulté, je l'espère, le mécanisme de cette double
circulation.

La partie de gauche *de la figure* (circulation du *sang
veineux*) est distinguée de la partie de droite (circulation
du sang artériel, c'est-à-dire *revivifié*) par des hâchures.
J'ai divisé et séparé complètement les deux cœurs,

le *droit* et le *gauche*, pour en bien démontrer les fonctions particulières.

L'oreillette gauche de l'organisme, OG, chasse le sang artériel dans le ventricule gauche, qui le chasse dans l'artère aorte, qui le distribue dans tout le réseau artériel du corps de l'animal.

Au point CC' sont les *capillaires*, qui serviront d'intermédiaires entre les artères et les veines. Le sang franchit ces canaux microscopiques et entre dans les veines. Il est dès lors impropre, ou à peu près, à ses fonctions normales. L'oxygène lui fait défaut, et il n'aspire plus qu'à recouvrer cet élément essentiel à son efficacité vitale. Il circule dans les veines suivant le sens des flèches, et entre dans l'oreillette droite par la veine cave supérieure. Il passe de là dans le ventricule droit, et va aux poumons par l'artère pulmonaire. Revivifié par son contact avec l'air et le travail chimique qui en est la conséquence, le sang entre de nouveau dans le cœur gauche, et ainsi de suite.

Il est inutile, n'est-ce pas, que j'insiste sur la qualité purement *théorique* des figures que je viens de tracer et d'expliquer. Il ne faudrait pas s'imaginer que *le corps lui-même* de l'animal est divisé en deux parties symétriques dont l'une, celle de droite par exemple, est affectée à la circulation du sang veineux, et celle de gauche à la circulation du sang artériel : ce serait une erreur impardonnable, et qui ferait regretter l'emploi des figures de ce genre. Il faut bien se pénétrer de ceci : tous les vaisseaux servant à la circulation du sang, qu'ils soient *artériels, capillaires* ou *veineux*, existent en nombre infini dans toute la masse musculaire du corps de l'animal, mêlés, croisés, se touchant, se côtoyant, formant en un mot un vaste réseau de petits canaux dans lesquels le sang circule en suivant mille directions diverses qui toutes tendent définitivement à deux directions uniques : celle qui conduit au cœur et celle qui a ce muscle pour point de départ.

Circulation du sang dans les vaisseaux. — Comment se fait la circulation du sang dans les vaisseaux? Je vais l'expliquer succinctement, en prenant pour point de départ l'*oreillette droite* du cœur. Du reste, le mouvement est le même pour l'oreillette gauche : les deux cœurs se comportant identiquement de la même façon.

Le cœur est un muscle contractile doué d'une grande puissance. Mais ses diverses cavités ne fonctionnent pas ensemble. Les *oreillettes* sont au repos pendant les 4/5 du temps que dure une révolution cardiale. Pendant ces 4/5 de temps, elles reçoivent purement et simplement le sang qui leur arrive, veineux ou artériel. Leur capacité étant plus grande que celle des ventricules, elles reçoivent ainsi passivement une quantité considérable du liquide qu'elles chassent tout à coup, par une contraction extrêmement rapide, instantanée, dans les cavités inférieures. Cette contraction dure à peine un quart ou un cinquième de la révolution cardiale. Dans ce mouvement, il devrait se produire une sorte de recul dans la colonne sanguine des veines, et le sang devrait tout aussi bien être rejeté dans ces dernières que lancé dans les ventricules, mais la structure même du cône des oreillettes qui pénètre dans les ventricules, comme aussi la pléthore de sang qui garnit les veines, s'opposent à ce recul; d'un autre côté, au moment de la contraction, les ventricules sont absolument vides et le sang s'y porte naturellement, trouvant là un passage libre, plutôt que de retourner en arrière.

Dès que le ventricule est plein, le contact du liquide excite son irritabilité naturelle et détermine en lui une contraction violente. Il lance le sang dans le courant de la *grande circulation*, c'est-à-dire dans le corps tout entier. Ici, la contraction n'est pas aussi rapide que nous l'avons vu pour l'oreillette; en effet, l'oreillette lance le sang dans le ventricule, cavité vide en ce moment, tandis que le dernier le lance dans les artères, toujours pleines du liquide vital. Il y a donc une pression énorme à exercer. Ainsi la *systole ventriculaire* dure beaucoup plus longtemps que la *systole auriculaire*. C'est pour cette raison que la substance des ventricules est beaucoup plus épaisse que celle des oreillettes. Les premiers organes ont à exercer des efforts bien plus considérables que les seconds pour communiquer le mouvement au sang qui remplit leurs cavités.

ARTÈRES. — L'artère est le vaisseau spécial qui transmet à l'organisme le sang provenant directement du cœur. Elle se compose de trois membranes spéciales (fig. 15), dont la mitoyenne est la plus intéressante en raison de ses propriétés musculaires et élastisques. Dans les artères qui partent directement du cœur ou en sont le plus rapprochées, le *tissu élastique* domine; l'artère est largement ouverte, en raison d'ailleurs de son volume. Plus loin, dans les artères qui arrivent à avoisiner le *réseau capillaire,* c'est le *tissu musculaire* qui domine.

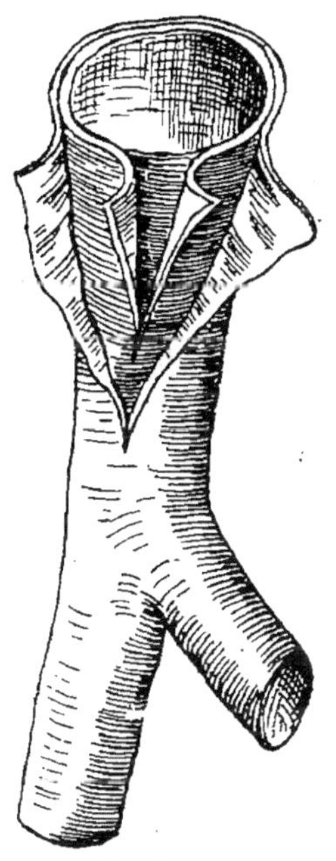

Fig. 15.

L'artère a généralement la forme, non pas d'un cylindre parfait, mais d'un canal aplati, plus ou moins ouvert, et dont la section a la forme d'une ellipse irrégulière, comme le représente la figure 16. Dans les artères avoisinant le cœur, cette forme se rapproche beaucoup plus du cercle.

Veines. — La structure des veines est à peu de chose près celle des artères. La veine succède au réseau capillaire et reçoit de lui le sang artériel vicié pour le porter jusqu'au cœur où, de là, il passe aux poumons. Cependant le *tissu élastique* y est en bien moins grande quantité, ce qui fait que, vides de sang, après la mort de l'animal par exemple, les veines n'ont aucune tendance à affecter la forme cylindrique. Au contraire, dans ce cas, et surtout lorsqu'une incision a permis à l'air d'y pénétrer, les artères tendent immédiatement, en vertu de leur élasticité, à affecter cette forme.

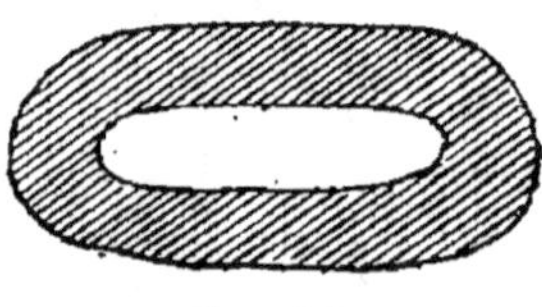

Fig. 16.

Les veines ont une propriété toute particulière : elles peuvent se dilater considérablement, sous l'afflux du sang. En outre, elles sont affectées, surtout celles de dimensions ordinaires, c'est-à-dire celles qui sont à une certaine distance du cœur, de valvules qui s'opposent au retour du sang en arrière, vers les *vaisseaux capillaires*.

Certaines d'entre elles affectent la consistance et l'élasticité des artères. Leurs parois sont inextensibles et imcompressibles, et la circulation du sang s'y fait sans aucune entrave ; de même qu'un gros vaisseau artériel, elles restent ouvertes et à peu près cylindriques lorsqu'on les incise.

Capillaires. — On nomme capillaires, je l'ai déjà dit, les canaux microscopiques qui font communiquer les dernières ramifications des artères, les *artérioles*, avec les dernières ramifications des veines, les *veinules*. Leur calibre est extrêmement exigu et laisserait passer à peine un globule sanguin (0,007 de millimètre) ; certains sont même plus petits ; mais le globule du sang étant éminemment élastique, sa forme s'allonge et, sous le choc de la pulsation cardiaque, il franchit quand même l'étroit passage. Les capillaires des parties externes du corps sont relativement beaucoup moins ténus que ceux des parties internes.

Ainsi, les capillaires de la peau peuvent s'étudier bien plus facilement que ceux du cerveau ou du poumon.

CHAPITRE VII

APPAREILS DE LA NUTRITION ET DE LA DIGESTION

Aliments. — *Bouche.* Lèvres. Langue. Joues. Gencives. Palais. Voile du palais. Glandes salivaires. Salive. Dents. Barres. — *Arrière-bouche* ou *pharynx.* — Œsophage. Estomac. Intestins. Mésentère. Foie. Pancréas. Rate. Epiploon. — *Travail de la digestion.* — Mastication. Insalivation. Déglutition. *Digestion stomacale.* Suc gastrique. Chyme. *Digestion intestinale.* Chyle. Lymphe. Défécation. — *Sang.* — *Chaleur animale.*

L'appareil de la nutrition a pour objet de transformer les substances extérieures, absorbées par l'animal, en substances propres à l'assimilation, c'est-à-dire au renouvellement, à la reconstitution des parties atrophiées par les fonctions vitales.

Ces matériaux extérieurs, absorbés par l'animal, prennent le nom d'ALIMENTS.

La privation des aliments amène l'état particulier nommé INANITION. Cet état produit la perte graduelle du poids des parties constitutives du corps; le refroidissement vient ensuite, faute de phénomènes chimiques; puis enfin la mort survient.

Le besoin du renouvellement des substances constitutives du corps est plus ou moins prononcé selon la classe des animaux. Tel être pourra être privé de nourriture pendant un temps relativement long; tel autre mourra s'il n'est pas sustenté fréquemment, c'est-à-dire s'il n'a pas à manger pendant un ou deux jours. La voracité de certains animaux est proverbiale.

D'ordinaire, les animaux meurent quand ils ont perdu, par le manque de nourriture, les 4/10 de leur poids normal. Cependant, comme je viens de le dire, ils résistent plus ou moins à la privation d'aliments. Les animaux à sang froid résistent à cette privation trente fois plus longtemps que les animaux à sang chaud. Au bout de deux ou trois jours au plus, un oiseau meurt de faim, quelquefois au bout d'un jour seulement ; et Claude Bernard cite, *de visu*, un crapaud qui a vécu pendant *trois ans* sans aucun aliment.

C'est dans le sang que l'animal trouve les éléments nécessaires à la reconstitution de ses organes appauvris par le travail musculaire. Dans les opérations qui s'en suivent, le sang lui-même perd ses propriétés. Il les recouvre sous l'action pulmonaire et sous l'action digestive. Les aliments étant introduits dans l'économie par l'appareil digestif, ou *appareil de la nutrition*, ils y subissent un travail qui en élimine les parties inutiles pour diriger dans les diverses parties du corps, au moyen du véhicule sanguin, tous les éléments assimilables.

L'appareil de la nutrition est très complexe. Il se compose d'organes nombreux contenus, pour la majeure partie, dans la cavité abdominale. Ces organes sont : la bouche, le pharynx, l'œsophage, l'estomac, les intestins, le mésentère, le foie, le pancréas, la rate et l'épiploon. L'ensemble de ces divers organes compose ce que l'on appelle le TUBE INTESTINAL.

Avant d'étudier la transformation que subissent les aliments dans la suite des divers actes de la nutrition, je vais succinctement décrire les organes servant à ce phénomène essentiel.

Bouche.

Bouche. — Elle se divise en *bouche* et *arrière-bouche*, et est formée par la cavité comprise entre l'extrémité des lèvres et la première vertèbre cervicale. Elle comprend les lèvres, la langue, les joues, les gencives, le palais, le voile du palais, les dents, les barres, et les conduits excréteurs des glandes salivaires.

L'arrière-bouche proprement dite est formée par la cavité existant entre le voile du palais et la première vertèbre cervicale. On appelle communément cette partie le *pharynx*.

La peau intérieure de la bouche prend le nom de *membrane muqueuse;* elle se continue dans toute l'étendue du tube intestinal dont elle tapisse les parois.

Lèvres. — Il y en a deux, la lèvre supérieure et la lèvre inférieure. Elles ont chez le cheval une propriété très remarquable que les autres genres d'animaux n'offrent point. Chez lui elles sont préhensiles, c'est-à-dire elles lui servent à saisir ses aliments comme les mains chez l'homme et les quadrumanes, comme les pattes antérieures chez le rat et d'autres animaux de même genre, comme la prolongation nasale chez l'éléphant. La lèvre supérieure surtout est douée de cette propriété.

Le point où les deux lèvres se réunissent, à droite et à gauche de la tête, se nomme *commissure des lèvres*.

Langue. — C'est le principal organe du *goût* chez l'animal, la langue est un composé de fibres musculaires d'une extrême vivacité et d'une grande sensibilité. Elle est recouverte d'un épithélium composé d'un grand nombre de papilles nerveuses, ou houppes, destinées à percevoir le goût des aliments et à faire appéter ou refuser telle ou telle substance nutritive. Cet organe est logé entre les branches de la mâchoire inférieure et tient à l'os hyoïde par sa partie interne ou postérieure.

C'est au moyen de la langue et de la partie mobile des joues que le cheval hume les liquides, malaxe ses aliments pendant la mastication et enfin pousse dans l'œsophage le *bol alimentaire*, c'est-à-dire le produit de la mastication.

JOUES. — Ce sont les deux parties latérales et supérieures de la tête. Leurs parties flexibles poussent, aidées par la langue, les aliments dans la région des dents molaires après qu'ils ont été tranchés par les incisives ; elles servent également, comme je l'ai déjà dit, à l'introduction des boissons dans l'œsophage, au moyen et avec l'aide de la langue et des lèvres.

GENCIVES. — C'est un prolongement de la membrane muqueuse. Elles entourent la partie libre des dents, celle qui sort des alvéoles, et elles revêtent ces dernières dans toute leur étendue.

PALAIS. — La partie supérieure et interne de la bouche est constituée par le palais, ou *voûte palatine*. C'est contre cette voûte et les parois internes des joues que les aliments, broyés par les dents, sont malaxés par la partie molle des joues et par la langue. En arrière du palais se trouve le

VOILE DU PALAIS. — Repli membraneux et épais qui sépare la bouche de l'arrière-bouche ou pharynx.

GLANDES SALIVAIRES. — Il y en a trois de chaque côté. Ce sont de menus organes qui sécrètent la salive. Ce liquide, de nature alcaline, est mélangé aux aliments triturés, y occasionne un commencement de solution ou de travail chimique, et aide considérablement au travail ultérieur de la digestion. Les glandes salivaires sont : la *maxillaire*, la *sub-linguale* et la *parotide;* cette dernière surtout est importante; le conduit qui centralise pour ainsi dire les excrétions de ses organes constitutifs débouche dans la cavité buccale au niveau de la troisième molaire supérieure.

La salive provenant des trois sortes de glandes que je viens d'énumérer n'est pas identiquement semblable, mais il n'y a pas lieu, ici, de s'étendre en de plus amples développements sur ce sujet tout particulier. Je me contenterai de dire que ce liquide est clair, légèrement visqueux et composé d'eau en majeure partie. Sa réaction est légèrement alcaline ; quand l'animal est à jeun, elle est plutôt acide. J'ai dit qu'elle lubréfie le bol alimentaire et en facilite ainsi la déglutition ; elle est considérablement aidée dans ce commencement du travail alimentaire par le mucus que sécrètent les glandes situées à la base de la langue, dans le pharynx et dans le voile du palais. En outre, en raison même de son caractère légèrement gluant, elle emprisonne dans la masse du bol alimentaire des globules d'air qui concourent plus tard au phénomène de la digestion.

Dents. — Les dents sont des os petits et de forme particulière qui servent à broyer les aliments et à préparer ainsi l'œuvre de la digestion avant que ces dernières n'entrent plus avant dans le tube digestif ; je répéterai ici ce que j'ai déjà dit au chapitre II, page 20 :

Elles sont au nombre de *quarante*, divisées également entre chaque mâchoire et, dans chacune, disposées symétriquement de chaque côté de l'axe longitudinal de la mâchoire ;

C'est-à-dire :

24 MOLAIRES ; 12 à la mâchoire supérieure, près de l'articulation ; 6 de chaque côté ;

4 CANINES OU CROCHETS ; 2 à chaque mâchoire, placées latéralement comme les *molaires ;*

12 INCISIVES ; 6 à chaque mâchoire et placées à la partie antérieure.

Nous nous occuperons plus spécialement des dents, et surtout des *incisives*, quand nous étudierons le moyen d'apprécier l'âge du cheval.

BARRES. — On nomme *barres* l'espace libre du maxillaire, de chaque côté de la mâchoire, qui s'étend entre les molaires et les crochets; chez la JUMENT, les barres comprennent l'intervalle existant entre les molaires et les incisives.

C'est la partie de la bouche qui reçoit le mors et en subit l'impression.

PHARYNX. — Le *pharynx* est pour ainsi dire l'antichambre de l'œsophage qui, lui, est le couloir conduisant le bol alimentaire de la bouche à l'estomac.

C'est une cavité très irrégulière, très souple et douée d'une grande consistance. Elle est tapissée en partie par des glandes qui sécrètent un mucus aidant la salive à la malaxation des aliments dans la bouche. Dans le pharynx s'ouvrent divers conduits : ceux des fosses nasales, celui du larynx, etc.

Œsophage.

L'œsophage est un conduit flexible, musculo-membraneux, qui fait communiquer directement le pharynx à l'estomac. Il est situé entre la trachée-artère et les vertèbres cervicales, et arrive à l'estomac en traversant la cloison qui sépare la cavité thoracique de la cavité abdominale, cloison nommée DIAPHRAGME.

Estomac.

L'ESTOMAC est une poche dans laquelle les aliments ayant subi une préparation préliminaire par la mastication et sous l'influence de la salive et des mucus buccaux demeurent plus ou moins longtemps, selon qu'ils sont plus ou moins attaquables par le travail stomacal. Les liquides y séjournent à peine. Les solides y restent d'autant plus longtemps qu'ils sont moins digestifs.

Cet organe est placé à peu près horizontalement, contre le diaphragme, et dans la partie antérieure du bas-ventre. Il présente diverses particularités : deux courbures spéciales, dites *petite courbure* et *grande courbure*, situées l'une en avant, l'autre en arrière, et deux autres renflements nommés *culs-de-sac*, l'un à droite, l'autre à gauche ; ce dernier est le plus volumineux.

Il communique à l'œsophage par une ouverture nommée *ouverture œsophagienne* ou *orifice cardiaque*, et à l'intestin grêle par une seconde ouverture qui prend le nom de *pylore*. Ces deux ouvertures sont situées dans la *petite courbure* de l'estomac.

Deux parties générales doivent enfin être considérées dans l'estomac :

Le tissu lui-même *musculo-membraneux* de l'organe, ou *élément moteur*, et la *partie sécrétoire* ou épithéliale.

Le tissu membraneux, composé d'une tunique charnue assez faible, est animé, sous l'influence des aliments, de contractions lentes qui amènent peu à peu ces derniers de l'ouverture cardiaque au pylore. L'appareil est établi de manière à s'opposer complètement au recul des bols alimentaires ; aussi le vomissement est-il extrêmement rare chez le cheval ; il n'est déterminé alors que par des phénomènes exceptionnels. Ces mouvements *péristaltiques*, en d'autres termes ces contractions lentes et douces, font subir aux aliments le contact des parois de l'estomac, parois contenant une grande quantité de menus vaisseaux cylindriques qui sécrètent un suc spécial désigné sous le nom de *suc gastrique*.

C'est la partie *sécrétoire* ou *épithéliale*.

A l'aide de ce liquide, les aliments subissent un premier travail chimique qui se continue dans le reste du canal digestif.

Intestins.

L'INTESTIN fait immédiatement suite à l'estomac, auquel il communique par le pylore, sorte d'entonnoir musculo-membraneux.

Cet organe est très long et de grosseur variable.

Habituellement il a de 28 à 30 mètres de longueur, du pylore à l'anus. Règle générale : l'intestin présente une longueur évaluée à dix-huit ou dix-neuf fois la taille du cheval, mesurée du garrot à la partie inférieure du sabot.

Les subdivisions de l'intestin sont les suivantes :

1° L'INTESTIN GRÊLE, d'environ vingt-deux mètres de longueur. C'est la plus longue partie de l'organe, et c'en est en même temps la plus étroite. Il se compose de trois parties distinctes :

Le *duodénum*, qui part du pylore et reçoit les liquides sécrétés par le foie et le pancréas ;

Le *jéjunum*, fraction la plus longue de l'intestin grêle, nommée ainsi parce que, habituellement, elle est à peu près vide, les aliments allant s'accumuler dans l'iléon ; il est à gauche de l'abdomen.

L'*iléon*, dernière partie de l'intestin grêle, communiquant directement avec le gros intestin.

2° Le GROS INTESTIN, ainsi nommé à cause de son volume bien plus considérable que celui du premier. Il présente également trois divisions :

Le *cæcum* ;

Le *côlon*, partie la plus considérable du gros intestin ;

Et le *rectum*, aboutissant directement à l'*anus*.

Mésentère.

On nomme MÉSENTÈRE les replis et ligaments formés autour des intestins, dans la cavité abdominale, par le

PÉRITOINE. Ce sont ces replis du péritoine, le mésentère, qui soutiennent les diverses parties des intestins.

Le PÉRITOINE est lui-même une membrane large, séreuse et lisse, qui tapisse tout l'intérieur de la cavité contenant les intestins.

Foie.

Le FOIE est une glande très considérable, située entre le diaphragme et l'estomac, à droite. Elle se compose elle-même de deux glandes qui se pénètrent réciproquement, la glande biliaire et la glande vasculaire sanguine. Cet organe, d'une substance molle et toute criblée d'innombrables cellules, a pour fonction de recevoir le sang veineux et d'en extraire la bile, qui est déversée dans le duodénum par un conduit spécial nommé *canal cholédoque*.

Les cellules du foie ont une forme polyédrique très irrégulière et, comme pour celles du poumon, leur diamètre moyen est fort petit. Il mesure environ 1/35 de millimètre. Ces cellules se groupent et forment des lobules qui reçoivent les dernières ramifications de la *veine porte*. Elles donnent elles-mêmes naissance à une innombrable quantité de petits *canaux* excréteurs extrêmement resserrés, formant une membrane du genre de celle nommée ÉPITHÉLIUM (*membrane épithéliale*).

Ces canaux portent le nom de *canaux biliaires*, et sécrètent la *bile*.

Outre les ramifications extrêmes de la *veine porte*, le foie reçoit aussi des faisceaux de nerfs, et les ramifications de l'*artère hépatique*. Il en sort les *veines sushépatiques* et des canaux lymphatiques.

Cette glande volumineuse contient une foule de substances diverses. Outre la bile, on y trouve une matière analogue à l'amidon (*glycogène*), des corps gras, de la glucose, de la xanthyne, de la tyrosine et divers autres produits azotés, du sucre, etc.

J'ai dit que la principale matière sécrétée par le foie est la BILE.

Ce liquide est généralement brun-verdâtre, filant, visqueux, d'une odeur légèrement musquée et d'une saveur très amère.

Sa densité varie entre 1,02 et 1,05.

Il est abondamment sécrété par le foie. Celui des cochons d'Inde, par exemple, sécrète une quantité de bile égale à près de deux mille fois son propre poids en vingt-quatre heures (Riche, *Chimie médicale*).

Pancréas.

Le PANCRÉAS est une glande que l'on assimile généralement aux *glandes salivaires;* aussi la désigne-t-on quelquefois, en physiologie, sous le nom de *glande salivaire abdominale.*

Elle est située à la région sous-lombaire et affecte, comme les glandes salivaires, la forme de grappes volumineuses, constituées par de petits lobules. Ces derniers sont formés de petites vésicules affectant à peu près la forme ronde.

Le pancréas a pour principale fonction de sécréter un liquide particulier qui porte le nom de *suc pancréatique* et qui se rend comme la bile dans le duodénum par un conduit spécial nommé *canal pancréatique.*

Le *suc pancréatique* est un liquide à peu près incolore, limpide et légèrement visqueux. Sa saveur est salée. Sa densité est très variable. L'alcool, les acides et la chaleur le font coaguler.

C'est surtout pendant la digestion que les fonctions du pancréas sont exaltées et que le suc pancréatique est abondamment sécrété; c'est deux ou trois heures après le repas que le maximum de sécrétion a lieu ; elle est presque nulle avant et après cette période.

Rate.

La RATE est une glande lymphatique sanguine attachée à l'estomac par l'un des replis de l'*épiploon*. Son influence sur le travail de la digestion est encore peu définie. Elle paraîtrait cependant avoir pour principale fonction la formation des *globules blancs* du sang. En effet le sang artériel qui parcourt cette glande contient, en y entrant, un globule blanc sur environ 220 globules rouges. Au contraire, le sang veineux qui en sort contient de 3 à 4 globules blancs pour la même quantité de globules rouges.

Épiploon.

L'ÉPIPLOON est la portion libre et flottante du péritoine, membrane tapissant la cavité abdominale et formant des replis nommés *mésentère.*

Anus.

L'ANUS est l'extrémité du tube digestif opposée à la bouche.

C'est l'extrémité extérieure du *rectum ;* l'orifice par lequel sortent les aliments qui, après avoir subi tout le travail de la digestion, n'ont pu être absorbés par les divers organes qu'ils ont traversés.

Cette portion de l'intestin est entourée d'un muscle portant le nom générique de sphincter, au moyen duquel elle est constamment fermée, et ne s'ouvre que pour rejeter les excréments au dehors lorsque leur accumulation dans le rectum provoque leur sortie.

Travail de la digestion.

Nous allons maintenant passer en revue les transformations que subissent les aliments dans leur trajet à travers les diverses parties du tube digestif.

Mastication. — L'animal ayant saisi l'aliment au moyen de ses lèvres, dont j'ai déjà expliqué les qualités particulières (page 110), les introduit dans sa bouche où ils subissent un premier travail, celui de la mastication; c'est la mâchoire inférieure surtout qui opère ce travail. A cet effet, elle oscille autour de son point d'attache avec la mâchoire supérieure et, chez les animaux qui broient leurs aliments (comme chez le cheval), elle constitue un levier du deuxième genre. Chez les ruminants, la mâchoire offre un mouvement de *latéralité* très remarquable, par exemple chez le bœuf. Il est à remarquer en outre que, chez les animaux qui se nourrissent habituellement de viande, l'acte de la mastication n'est pas extrêmement développé. En effet la viande est facilement digérée par l'estomac. Au contraire, chez les animaux se nourrissant exclusivement d'aliments du système végétal, la mastication doit être complète, car alors il s'agit de séparer les parties essentiellement nutritives des enveloppes cellulaires qui les soustrairaient à l'action des sucs gastriques. Les anciens, qui connaissaient parfaitement cette particularité, disaient: *prima digestio fit in ore* (1).

Ainsi, les carnivores ont une mâchoire inférieure animée seulement d'un mouvement d'abaissement et d'élévation: ils n'ont qu'à déchirer simplement leur proie; aussi leurs condyles ne se meuvent-ils que suivant leur axe général transversal. Les omnivores ont une mâchoire inférieure animée d'un double mouvement de haut en bas et en même temps latéral; seulement, le premier est plus développé que le second, cela se conçoit; il en est ainsi pour l'homme et beaucoup d'animaux se nourrissant indifféremment d'aliments

____

(1) *La principale digestion se fait dans la bouche.*

végétaux ou de viande. Chez les HERBIVORES enfin, le mouvement de *latéralité* est considérable, le condyle étant à peu près plat et ayant une grande mobilité dans tous les sens.

INSALIVATION. — Les aliments, broyés par les dents, qui ont dans cette fonction de puissants auxiliaires dans la langue et les parties molles des joues, c'est-à-dire dans les parties musculaires avoisinant les *commissures* des lèvres (voir page 110), ne pourraient être dirigés plus avant dans le tube digestif s'ils n'étaient lubréfiés par un liquide quelconque, de nature mucilagineuse.

La *salive* et les *mucus* de la bouche préparent le bol alimentaire à son entrée dans le pharynx et l'œsophage. Nous savons déjà que ces liquides sont sécrétés non-seulement par les *glandes salivaires*, mais par une foule d'autres glandes disséminées sur les parois internes des joues (*glandes molaires*), des lèvres, de la langue, de la voûte et du voile du palais.

La quantité de salive sécrétée dépend de la nature de l'animal. Elle est surtout abondante pendant la mastication, mais cependant elle continue toujours avant et après cette opération, quoique d'une manière très faible.

DÉGLUTITION. — Les aliments étant réduits à l'état de *bol* alimentaire par le travail de la langue, des joues, et des liquides sécrétés par les glandes buccales, ce bol, parvenu à l'état où il peut être dégluti, se place au milieu de la langue. La pointe de celle-ci s'élève et s'appuie contre la voûte du palais. Dans ce mouvement, le bol alimentaire est chassé en arrière et glisse uniformément vers l'arrière-bouche. En même temps le pharynx s'élargit et s'élève, humant pour ainsi dire la pelote alimentaire, qui s'engage dans cet entonnoir et glisse dans la cavité œsophagienne, entraînée ou plutôt attirée par le mouvement successif des fibres musculaires circulaires de cet organe. Le bol alimentaire passe ainsi, par un mouvement indépendant de la volonté de l'animal, dans l'œsophage, dont les fibres musculaires circulaires opérant le même mouvement de contraction successif, le même mouvement péristaltique, le forcent à descendre jusqu'à l'estomac.

Pendant que la pelote alimentaire s'engage dans le pharynx, les voies respiratoires qui aboutissent à cette cavité sont obstruées par l'abaissement d'une membrane nommée *épiglotte* et en même temps par l'ascension du larynx contre la base de la langue. Si ce phénomène n'avait pas lieu, les aliments pourraient être ingérés dans la trachée-artère et y produire des désordres qui seraient promptement suivis de la mort par asphyxie.

Les aliments franchissent le *cardia* ou *ouverture œsophagienne*, ou *ouverture cardiaque*, et sont introduits dans l'estomac.

Digestion stomacale. — Comme je l'ai dit (page 113), l'estomac reçoit les aliments déjà réduits à l'état de bouillie plus ou moins liquide par le travail buccal, et il les soumet à un deuxième travail représenté par des pressions lentes et ondulatoires qui les poussent peu à peu vers le pylore pour les introduire dans l'intestin grêle.

Ici a lieu le premier acte de la digestion réelle. Tout ce que nous avons vu jusqu'ici n'était qu'une simple préparation à cet acte essentiel.

La muqueuse de l'estomac est tapissée par une quantité innombrable de glandes affectant sensiblement la forme cylindrique, qui sécrètent un mucus spécial nommé SUC GASTRIQUE.

Aussitôt que les aliments pénètrent dans la cavité stomacale, la muqueuse est fortement sensibilisée, se gonfle, prend une teinte sanguine, et sécrète abondamment le suc gastrique, corps acide dont voici l'analyse, d'après M. Schmidt, chez la plupart des animaux :

Matière organique......................	17,12
Acide chlorhydrique libre...............	3,05
Chlorure de potassium..................	1,12
— sodium..................	2,50
— calcium..................	0,62
— ammonium..................	0,47
Phosphate de chaux....................	1,73
— magnésie..................	0,23
— fer..................	0,08
Eau....................................	973,08
	1000,00

Sous l'influence de ce liquide, les aliments se transforment dans leur majeure partie et prennent le nom de CHYME.

C'est une pâte d'un blanc sale, visqueuse, homogène, d'une odeur nauséabonde et d'une saveur acide.

Quand les aliments sont arrivés à cet état, ils sont propres à subir la chylification.

DIGESTION INTESTINALE. — Les contractions péristaltiques de l'estomac, du cardia au pylore, font passer les aliments dans l'intestin grêle *par ondées* pour ainsi dire. Ils s'accumulent dans la première partie de cet intestin, dans le *duodénum*, où ils subissent le travail qu'occasionnent en eux la bile, le suc pancréatique et d'autres humeurs, et se transforment enfin en CHYLE.

Le chyle est un liquide d'apparence lactescente que des vaisseaux spéciaux pompent dans l'intestin. Absorbé par les villosités qui tapissent ces derniers, il est transporté dans les ganglions du *mésentère* où il rencontre le sang qui lui fait subir une première transformation. De là il passe dans le *canal thoracique*, puis dans la *veine cave antérieure*, et enfin se déverse dans le torrent de la circulation pulmonaire où il contribue à rendre au sang les éléments que ce dernier a perdus dans le cours de la *grande circulation* (page 102).

Quand l'animal est à jeun, le chyle est jaunâtre ; c'est principalement pendant le cours de l'alimentation qu'il présente l'aspect lactescent dont j'ai parlé plus haut, surtout quand cette alimentation se compose de corps dans lesquels l'élément gras domine.

Il contient d'ailleurs toujours des corps gras en suspension, ainsi que des globules du sang, divers corps granuleux, et certains globules à noyaux, appelés spécialement *globules du chyle.*

Dans le travail de la circulation, le chyle se mêle à un autre liquide dont l'importance est considérable dans l'organisme, à la LYMPHE, ou *liquide lymphatique.*

La lymphe est un liquide dont la saveur est légèrement salée, et dont l'apparence est opaline. Elle renferme divers sels et, en suspension, des globules spéciaux dits *globules de la lymphe.*

Elle contient les mêmes éléments que le chyle, quoique en proportions différentes. Ainsi, les matières grasses sont en plus notable quantité dans le chyle, comme on peut le voir par le tableau suivant établi par le physiologiste Rées pour le chyle et la lymphe d'un âne :

	Chyle.	*Lymphe.*
Eau	90,237	96,386
Albumine	3,516	1,200
Fibrine	0,370	0,120
Extrait soluble dans l'eau	1,233	1,319
— — et l'alcool	0,332	0.240
Sels divers	0,711	0,585
Matières grasses	3,601	traces
	100,100	100,000

DÉFÉCATION. — Pendant le travail de la digestion, tel que nous venons de le suivre, la substance entière des aliments n'a pas été assimilée à l'organisme. Certaines parties, plus ou moins réfractaires, ont pu impunément traverser toute l'étendue du tube digestif et arriver enfin jusqu'au *gros intestin*. Là elles se forment en pelotes plus ou moins caractérisées chez certains herbivores, et nommées *crottes* ou *crottins*. Elles sont sèches, fusiformes et très régulières chez les gazelles, les moutons, les lapins, etc. ; chez le cheval elles sont irrégulières, friables et affectées d'une odeur caractéristique bien reconnaissable.

Quand ces pelotes sont accumulées dans le rectum, elles déterminent dans cette partie une sensation réflexe particulière, le sphincter de l'anus se relâche, l'extrémité anale de l'intestin se dilate, et les pelotes sont déféquées successivement.

Maintenant que nous avons vu l'aliment parcourir l'appareil général de la nutrition et y subir le phénomène de la digestion, nous allons parler succinctement du produit déterminé par les différentes opérations qu'il a subies, c'est-à-dire du sang.

Sang.

Le SANG est un *tissu cellulaire discontinu avec substance intercellulaire liquide ;* cette définition, la meilleure jusqu'à ce jour, est donnée par les histologistes les plus autorisés (Frey, Rouget, Küss).

C'est non seulement le liquide nourricier du corps, l'élément qui s'assimile les produits alimentaires propres à la nutrition, au développement ou à la conservation des organes ; c'est non seulement le réactif au moyen duquel, dans l'appareil respiratoire, l'air atmosphérique est décomposé et abandonne au profit de l'organisme animal son oxygène ; mais c'est encore un agent *dépurateur*.

Le sang parvenu à certaines surfaces y prend ce qui lui est nécessaire pour sa reconstitution ; parvenu à d'autres surfaces, et chargé des déchets de l'organisme qu'il a entraînés dans le torrent de la circulation, il abandonne ces substances devenues inutiles, qui sont excrétées au dehors.

Quand il sort des poumons le sang a une couleur *rouge vermeil*. Il parcourt alors la deuxième moitié de la *petite circulation* (page 102). Il entre immédiatement dans le *cœur gauche*, par l'oreillette gauche, est chassé dans le ventricule du même côté, et est lancé dans l'immensité des vaisseaux de l'organisme. Dans cette première moitié de sa *grande circulation*, il circule dans les artères. De là, passant dans les *vaisseaux capillaires*, il arrive dans les *veines*, chargé des déchets dont j'ai parlé, et il parvient dans le *cœur droit* à l'état de sang veineux, possédant une couleur *rouge brun*. Le ventricule droit du cœur le chasse dans le poumon où il subit le contact et l'action chimique de l'air. Il redevient alors sang vermeil, ou artériel, et recommence son voyage vivifiant au travers de l'organisme.

Cependant il ne faudrait pas croire que le sang est divisé ainsi en deux sortes de qualités bien distinctes; les échanges et les assimilations qui en modifient la nature ne se font pas rigoureusement de la même manière dans toute l'économie animale, et le liquide n'est pas toujours exactement artériel ou veineux, eu égard à sa coloration et aux éléments qu'il contient. Cette division en sang *artériel* et sang *veineux* indique simplement les deux points extrêmes de l'échelle des modifications que subit le sang dans son parcours.

Le sang a une température variant entre 37 et 38 degrés centigrades. Il possède une odeur *sui generis*, plus développée, paraît-il, chez le mâle que chez la femelle. Sa saveur est légèrement salée. Sa densité moyenne est de 1,055, et varie entre 1,045 et 1,075. Il est donc plus lourd que l'eau, et, selon les animaux

d'où on l'extrait, il se mélange plus ou moins rapidement avec ce liquide, ou descend assez promptement
dans les parties inférieures du récipient.

Dès qu'il est enlevé du circuit de la circulation par
un moyen quelconque, c'est-à-dire dès qu'il est extrait
du corps de l'animal, le sang perd sa fluidité, devient
visqueux, et se divise en deux matières spéciales nommées, l'une, le CRUOR OU CAILLOT, l'autre, le SÉRUM OU
LIQUOR.

La première de ces parties est solide; la seconde
liquide.

Le cruor se compose d'une infinité de petits globules
microscopiques, rouges pour la plupart, mais dont
cependant beaucoup sont blancs. Je l'ai dit plus
haut (page 118), il y a environ 220 globules rouges
pour 1 blanc dans le sang artériel, tandis que le sang
veineux, celui surtout qui sort de la rate, présente
3 ou 4 globules blancs pour la même quantité de globules rouges.

Ainsi, le sang se compose de deux parties bien distinctes : une partie solide nommée *cruor*, et une partie
liquide nommée *sérum*. Elles sont en quantité à peu près
égales, à l'état de santé, et l'on peut encore définir
le sang par ces mots : *Une quantité quelconque de
cruor tenue en suspension dans une quantité à peu près
égale de sérum.*

Cependant, pendant l'élaboration alimentaire, les
proportions de ces deux parties constitutives varient
considérablement, et je ne donne là qu'une moyenne
dans les nombreuses analyses faites à divers moments
du travail digestif circulatoire.

CRUOR OU CAILLOT. — Il se compose de *globules rouges*
et de *globules blancs*.

Les *globules blancs* ont généralement de *huit à neuf
millièmes de millimètre* de diamètre. Ils sont un peu

plus gros que les globules rouges, ronds et aplatis et ressemblent beaucoup aux *globules de la lymphe*, dont j'ai parlé dans l'article de la *digestion intestinale* (page 123), et que l'on trouve surtout dans les glandes lymphatiques.

Dans certaines maladies, principalement dans celles qui intéressent les ganglions lymphatiques, le foie et la rate, ces globules augmentent considérablement en nombre, et arrivent souvent à former le quart ou le tiers de la masse globulaire sanguine.

Cette variation dans la proportion des globules blancs et rouges dépend aussi beaucoup de l'état physiologique de l'animal. Quand le cheval est vieux, les globules blancs diminuent. Dans l'état d'abstinence, ils diminuent également. Au contraire, dans l'âge moyen et surtout après les repas, le nombre des globules rouges augmente.

Les *globules rouges*, ou proprement les *globules sanguins*, ont la forme de disques microscopiques plats et légèrement bombés sur leur périphérie ; par conséquent ils sont creux à leur centre, de chaque côté. Leur diamètre moyen est de *un cent-cinquantième de millimètre* et leur épaisseur de *un six-centième de millimètre*.

Un litre de sang en contient environ cinq trillions (5,000 000,000 000). Un *millimètre cube* en contient donc 5,000,000.

Ces globules, comme d'ailleurs les globules blancs, sont élastiques, et leur forme se moule parfaitement, sous l'effort des contractions du cœur, dans les vaisseaux microscopiques où ils sont poussés, quoique leur diamètre soit toutefois plus considérable que la lumière de ces vaisseaux.

Ce sont les *globules rouges* qui, arrivés dans les parties extrêmes du poumon, se chargent de l'oxygène de l'air pour le répandre ensuite dans l'organisme. C'est par conséquent le globule rouge qui se charge, dans la circulation, de l'acide carbonique dégagé par le travail chimique de l'économie. Ces globules sont donc la partie essentielle du sang, *l'organe du sang*.

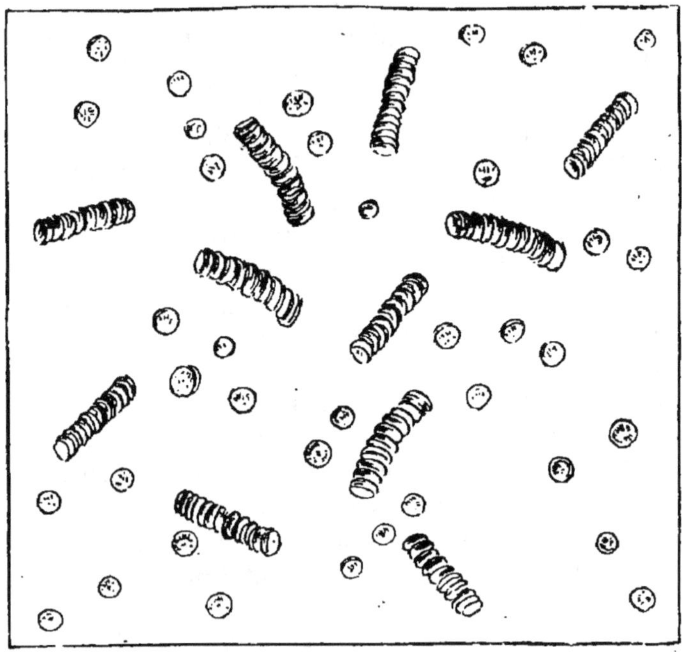

Fig. 17.

La figure 17 montre la conformation et le groupement ordinaire des globules du sang.

Sérum ou liquor. — C'est un liquide contenant environ *un dixième* d'albumine dont une partie, la *fibrine*, se coagule spontanément quand elle est soustraite, comme je l'ai dit plus haut, au courant de la circulation. Quant à l'albumine proprement dite, c'est seulement sous l'influence de certains réactifs chimiques ou de la chaleur qu'elle se coagule.

Le sérum peut être considéré comme un liquide contenant en dissolution de l'albumine mélangée à des sels particuliers, des gaz, des matières extractives et des graisses.

Le sérum provenant des artères est moins aqueux que celui qui provient des veines.

Celui de la jument l'est un peu plus que celui du cheval.

Dans certaines maladies, la proportion varie en quantités plus ou moins notables.

La fibrine, spontanément coagulable, emprisonne dans ce phénomène les globules du sang, les lie entre eux, en forme une masse compacte, et constitue ainsi, le *caillot*. Si l'on soumet le caillot et le sérum à l'influence de la chaleur ou de certains acides, la coagulation s'accentue encore davantage, parce que, alors, la majeure partie de l'albumine constituant le sérum se prend elle-même en masse sensiblement solide ou gélatineuse.

Le sang circule dans les artères, les capillaires et les veines avec des vitesses très différentes. Plus le réseau est considérable, comme dans les capillaires, moins la vitesse est grande; plus au contraire le réseau est moindre, et constitué seulement par quelques gros vaisseaux, plus cette vitesse est accélérée. De même, quand une rivière s'élargit, l'eau y coule avec plus de vitesse que lorsque ses rives s'escarpent et se rapprochent; aussi le réseau capillaire a-t-il été nommé par quelques physiologistes le *lac de la circulation*, ou le *lac du torrent sanguin*.

Dans les capillaires, le sang parcourt en moyenne *un millimètre* ou un *demi-millimètre par seconde*. Dans la carotide, au contraire, il parcourt environ *trente centimètres* par seconde; et dans l'artère aorte, *quarante-quatre* centimètres.

Les lois qui régissent la vitesse de la circulation sanguine sont très approximativement les deux suivantes, d'après les recherches de *Poiseuille* sur l'écoulement des fluides liquides à travers des tubes de diamètres très petits :

1° *Les quantités écoulées sont entre elles comme la quatrième puissance des diamètres;*

2° *Ces mêmes quantités sont en raison inverse de la longueur des conduits.*

Cependant ces lois sont loin d'être générales. Elles pourraient servir de mesure rigoureusement absolue si les conduits étaient *droits;* mais les sinuosités qui les constituent sont infiniment nombreuses et présentent autant d'obstacles sans cesse renouvelés à la circulation du sang et des autres liquides qui les traversent.

En résumé, la circulation totale du sang dans le corps du cheval s'opère dans un intervalle de temps variant entre 35 et 40 secondes, un peu plus d'une demi-minute.

Quelle est la quantité de sang qui entre dans la composition d'un corps, et circule dans l'organisme d'un animal?

Ceci est une question délicate et que d'éminents professeurs ont essayé de résoudre par différents procédés.

On admet généralement cependant, — et d'après la moyenne des méthodes employées à cette étude, — que le sang entre, *en poids*, dans l'organisme pour $\frac{1}{13}$ ou $\frac{1}{14}$.

« L'évaluation de la masse totale du sang, dit *Küss* dans son Cours de Physiologie (1), paraît au premier abord plus facile à réaliser, mais présente aussi de grandes difficultés pratiques. On admet généralement aujourd'hui que l'organisme *humain* renferme en moyenne *cinq* à *six* litres de sang.

Pour évaluer cette masse liquide on avait essayé de *saigner un animal à blanc* (Herbst, Haidenhain), mais il reste toujours dans les vaisseaux une quantité de sang difficile à apprécier

Une injection complète du système vasculaire, destinée

(1) *E. Küss*, Cours de Physiologie professé à la Faculté de médecine de Strasbourg.

à en mesurer la capacité, ne donne pas des résultats plus recommandables.

Un moyen plus simple et en même temps plus ingénieux est celui qu'a employé *Valentin* : il consiste à *calculer la quantité de sang d'après la dilution que lui fait subir l'injection d'une quantité d'eau déterminée*, étant connue la proportion de solide et de liquide qu'il contenait d'abord.

Supposons, pour fixer les termes, qu'on ait constaté que le sang d'un animal contient, à un moment donné, *quatre parties de liquide* pour *une de solide*, proportion obtenue par l'analyse d'une première saignée. On introduit aussitôt dans le système vasculaire une quantité d'eau égale à celle du sang qu'on avait retiré, puis on pratique une deuxième saignée, qui, naturellement, donnera un liquide sanguin plus dilué que celui que l'on a obtenu par la première. Si par exemple la première saignée était de dix grammes, et qu'après avoir injecté dix grammes d'eau, la deuxième saignée amène du sang deux fois plus aqueux, il sera facile, par une simple proportion, de calculer le sang que contenait primitivement l'animal.

Il y a encore bien des objections à faire à cette méthode, vu les échanges rapides qui se produisent dans le court espace de temps qui sépare les deux saignées, entre le sang et les tissus qu'il baigne ; en effet, de suite après une saignée, la masse du sang tend à se reconstituer aussitôt, en empruntant aux tissus ambiants leurs éléments liquides.

Une meilleure méthode est celle du LAVAGE, de Welker.

Un animal est décapité.

On recueille tout le sang qui s'en écoule, et on mesure le pouvoir colorant des liquides.

On divise alors le cadavre en fragments, et, par un lavage complet, on en retire tout le sang qu'il contient.

En comparant alors le pouvoir colorant de l'eau sanguinolente ainsi obtenue au pouvoir colorant du sang déjà extrait, on peut facilement calculer quelle est la proportion du sang contenu dans cette eau, et on obtient ainsi l'expression de la totalité de la masse sanguine dans le corps de l'animal.

Mais il y a encore ici de nombreuses causes d'erreur, parmi lesquelles il suffit de signaler celle qui tient à ce que le lavage enlève non seulement le sang, mais encore la matière colorante des muscles, celle de la moelle des os spongieux, de la rate, etc. ; matières colorantes qui dérivent de celle du sang, mais qui, attribuées à ce liquide, donnent à l'évaluation de sa masse une valeur supérieure à ce qu'elle est en réalité.

Cependant on admet en général, d'après les résultats fournis par cette méthode, que le poids total du sang est en moyenne la 13ᵉ partie du poids total du corps de l'animal, ce qui ferait donc 5 kilogrammes de sang pour l'homme, en supposant son poids moyen de 65 kilos.

Du reste, la masse du sang est très variable selon les circonstances.

L'état de jeûne ou d'absorption digestive est ce qui influe le plus sur cette quantité, et, dans ces cas, il peut y avoir des variations du *simple* au *double ;* c'est ce qu'a directement constaté *Claude Bernard* en décapitant deux chiens, dont l'un était à jeun, et l'autre en plein travail d'absorption. C'est ce qu'il a démontré indirectement en faisant voir qu'il faut, pour faire périr un animal en digestion, une dose de poison (strychnine, par exemple) double de celle qu'il faut pour le tuer quand il est à jeun.

Il est vrai que dans ce cas il faut tenir compte non-seulement de ce que l'organisme en général est gorgé de liquides, mais de ce que les éléments anatomiques eux-mêmes sont saturés et bien moins disposés à l'absorption de la substance toxique.

Un fait plus significatif est celui signalé par *Collard de Martigny* :

Sur un lapin à l'état ordinaire, il faut enlever *trente grammes* de sang pour amener la mort par hémorrhagie ; au bout de trois jours d'inanition, il suffit d'enlever *sept grammes* pour obtenir le même résultat.

On comprend quelle importance a ce fait pour le praticien, au point de vue des saignées pratiquées au début d'une maladie, ou après plusieurs jours de diète.

De nombreuses analyses du sang, soit sur l'homme, soit sur les animaux, ont été faites par divers savants.

Les résultats moyens sont ceux-ci :

CAILLOT	Fibrine.		3	
	Globules	Hématosine..	2	130
		Matières albumineuses..	125	
	Eau			790
	Albumine..			70
SERUM	Oxygène			
	Azote			
	Acide carbonique			
	Matières extractives			
	Graisse phosphorée			
	Cholestérine			
	Séroline			
	Acide margarique			
	Chlorure de sodium			
	— potassium			
	Chlorhydrate d'ammoniaque			
	Carbonate de soude			10
	— chaux			
	— magnésie			
	Phosphate de chaux			
	— soude			
	— magnésie			
	Sulfate de potasse			
	Lactate de soude			
	Sels à acides gras fixes			
	— — volatils			
	Matière colorante jaune			

$$1000$$

8

Chaleur animale.

Le travail de la digestion et les combinaisons qui en sont le résultat, le phénomène de la respiration et la circulation du sang, sont les sources de la chaleur ANI-MALE.

La température intérieure du corps du cheval, ou de tout autre animal, n'est pas la même que celle de l'air ambiant.

Un thermomètre soigneusement placé sous l'*ars* y marquera presque toujours une température constante variant de 35 à 38 degrés centigrades quoique l'air ambiant soit à $+$ 40° ou à $-$ 15°.

En effet, jusqu'à un certain point, la température des animaux supérieurs, c'est-à-dire des mammifères et des oiseaux, est à peu près indépendante de la température ambiante.

Pour les autres groupes du règne animal, la température suit assez facilement celle du milieu où ils vivent; aussi les désigne-t-on quelquefois sous le nom d'animaux à *température variable*, tandis que les premiers prennent le nom d'animaux à *température constante*.

Plus communément cependant, quoique moins justement, on désigne les premiers sous le nom d'*animaux à sang chaud* et les seconds sous celui d'*animaux à sang froid*.

Ces expressions n'ont qu'une portée relative, mais indiquent cependant d'une manière générale le classement de ces deux grandes divisions du règne animal, au point de vue de la température interne.

Non-seulement l'économie animale produit de la chaleur; mais elle possède des moyens efficaces pour résister aux influences de la température extérieure et pour éliminer la chaleur qui pourrait être en excès, ce

qui arrive fréquemment, surtout dans certaines maladies.

Le *carbone* et l'*hydrogène* que contiennent les aliments sont *brûlés* par l'oxygène fourni par l'acte de la
respiration dans les organes pulmonaires. Que ce mot
brûlé ne vous surprenne pas : c'est là une véritable
combustion. La combustion n'est, en effet, qu'une com-
binaison d'un corps quelconque avec l'oxygène. L'acte
qui s'opère silencieusement dans les poumons d'un
animal, dans le silence de l'écurie, est le même que
celui qui a lieu dans un bâtiment dévoré par un incen-
die. Il est moins grandiose, moins terrible, voilà tout.
Il est incontestablement plus utile. Dans ces deux phénomènes, le principal agent comburant est l'OXYGÈNE.
Dans tous les deux, cet oxygène est emprunté à
l'air.

Le sang, continuellement échauffé par cette combustion pulmonaire, comme aussi par diverses autres ac-
tions chimiques qui ont lieu dans le corps, et plus
spécialement dans le foie, porte cette chaleur dans
toutes les parties du corps de l'animal, l'y distribue
et l'y régularise. Il résulte de ce principe que plus
la circulation est active, plus la chaleur développée est
considérable.

C'est à la surface du corps que la température est
le plus variable. C'est là que se font les déperditions
de chaleur qui ont pour but d'équilibrer la production
calorifique interne.

Cependant la production peut être enrayée par des
causes diverses et nombreuses, pendant que la déperdition suit son cours normal, déterminé surtout par la
température du milieu. Il résulterait de cet état de
choses que, dans certains cas, l'animal pourrait souffrir
considérablement, et se trouverait même incapable de
vivre si le *rayonnement* du calorique était régulier, ou

du moins peu en rapport avec la quantité de chaleur développée ordinairement dans l'intérieur du corps.

Aussi la structure des parties externes du corps est-elle éminemment disposée pour s'opposer à ce rayonnement et en diminuer les effets. La constitution particulière de la peau est un des principaux obstacles à cette dangereuse déperdition; sous le tissu dermique se trouvent en outre de nombreuses cellules contenant des matières adipeuses, des graisses, fort mauvaises conductrices de la chaleur; enfin, le corps entier est recouvert de poils dont le feutrage, l'ensemble, forme une véritable couverture autour des diverses parties des membres.

On ne saurait croire combien une mince couche de poils peut retarder le rayonnement du calorique. C'est là surtout qu'éclate la prévoyance de la nature pour tout ce qui intéresse l'animal. L'air, très mauvais conducteur du calorique, est emprisonné dans les intervalles des poils et n'y subit aucunement les ondulations de l'air extérieur. Il est pour ainsi dire fixé à la surface de la peau de l'animal, et représente une épaisseur gazeuse égale à l'épaisseur pileuse du corps. L'épaisseur de la couche des poils étant de cinq millimètres, par exemple, l'air ambiant qui les environne peut avoir une température de — 10°, quoique la surface épidermique soit à 0° ou même à une température supérieure.

Il est certain qu'il y a cependant rayonnement; mais la production de la chaleur interne étant constante et très active, elle parvient toujours, à moins d'un froid intense et tout particulier, à s'opposer au refroidissement des tissus musculaires sous-cutanés.

Les animaux à sang chaud résistent fort longtemps aux oscillations de la température. L'homme est celui qui présente au plus haut degré cette qualité essentielle. Il peut vivre dans les climats les plus opposés et sous les latitudes les plus diverses. Il peut exister à des hauteurs tellement différentes que la pression atmosphérique y soit la moitié de ce qu'elle est au niveau de la mer. Il faut dire cependant qu'à ces diverses latitudes ou à ces hauteurs extrêmes, la nourriture n'est plus la même. Il en est de même pour le cheval et pour les autres animaux.

CHAPITRE VIII

APPAREIL DE L'INNERVATION

De la sensibilité chez les animaux et les plantes : La *sensitive*. — La plante-bourreau. — Encéphale, moelle épinière, nerfs. — *Des sens :* la vue, l'ouïe, l'odorat, le toucher et le goût.

Nous connaissons maintenant tous les matériaux qui concourent à la formation du corps du cheval. Nous en avons d'abord admiré les parties solides, *la charpente ;* nous avons vu avec quelles admirables précautions la nature a disposé ces organes osseux en raison de leurs fonctions ; nous avons ensuite étudié les organes musculaires qui communiquent le mouvement à ces divers rouages. Puis nous avons suivi la marche d'un aliment dans cet organisme. Nous avons vu comment cet être, le CHEVAL, ne tenant aucunement au sol, comme un zoophyte ou une plante. — comme une éponge ou une rose, — peut cependant s'assimiler, comme ces deux êtres, les produits de la nature et les transformer en sa propre substance.

Et, à ce sujet, nous ne saurions trop admirer les magnifiques procédés qu'emploie la nature pour assurer l'alimentation des êtres et la conservation des espèces.

Il y a des phénomènes naturels qui ont lieu journellement sous nos yeux, et auprès desquels nous passons indifférents, distraits, sans daigner leur accorder un regard, un moment d'attention. Nous dédaignons de nous arrêter à l'examen d'un phénomène tellement extraordinaire qu'auprès de lui tous les opéras d'Auber ou tous les vaudevilles de *feu Scribe* ne sont non-seulement rien, mais moins que rien.

Voici une petite plante dont la fleur est complètement négligeable. Elle est si petite et vit si peu de temps qu'il n'y a réellement pas lieu de s'en occuper; elle est cependant assez agréable, de couleur rouge ou violet clair.

Sa tige est armée de petites pointes, absolument comme la rose et beaucoup d'autres plantes moins poétiques; ses feuilles offrent l'apparence de la fougère. Leur couleur est le vert ordinaire, ni trop clair ni trop foncé. Rien ne la distingue donc, au premier abord, de la plante que le passant distrait ou affairé foule au hasard le long du chemin.

Cependant cette plante, la SENSITIVE, a une importance énorme au point de vue de la physiologie générale. Elle établit d'une manière à peu près irréfutable ce principe : que *la Nature ne fait rien brusquement;* qu'il y a des gradations infinitésimales dans son action et dans son mode de procréer.

Ainsi la SENSITIVE est un intermédiaire entre l'*animal* et la *plante*, au moins au point de vue du SYSTÈME NERVEUX.

Touchez du bout du doigt une des feuilles de cette petite plante, que vous laisseriez de côté si je ne vous la signalais; que vous fouleriez peut-être aux pieds si je ne vous disais les enseignements qu'elle présente...

Immédiatement toutes les feuilles du rameau que vous avez touché se rabattent, tombent, s'appliquent symétriquement les unes contre les autres, et aussitôt après, le rameau lui-même se rabat contre la tige et paraît mort.

Si le contact a été un peu brutal, tous les rameaux avoisinant celui que vous avez touché partagent l'émotion de ce dernier et en présentent les effets : ils rabattent brusquement leurs feuilles, puis leurs tiges, et conservent cette apparence de frayeur, si je puis m'exprimer ainsi, jusqu'à ce que le danger ait été écarté, c'est-à-dire pendant un temps plus ou moins long, selon le degré de force du rameau. Alors, et successivement, les feuilles se relèvent lentement, les rameaux se redressent ensuite, et la plante reprend son aspect primitif.

Dans le LANGAGE DES FLEURS, la *sensitive* est l'emblème de la *pudeur* et de la *sensibilité*.

C'est une espèce du genre *Mimosa* (Mimosa pudica).

Elle est *annuelle*, et j'en donne un dessin dans la figure 18.

La nature et l'étrangeté des habitudes de cette plante n'ont pas échappé aux botanistes, qui tous en ont décrit plus ou moins succinctement les contractions, les dilatations, les *émois*, etc.

Je crois faire un véritable plaisir à mes lecteurs, en citant cet extrait d'un auteur dont j'ignore le nom, mais dont la plume est fort élégante (1) :

« La SENSITIVE doit son nom à la singulière faculté qu'elle a de se montrer sensible au moindre attouchement; on voit alors ses rameaux articulés fléchir, se rapprocher de leurs tiges, et toutes les folioles se coucher les unes contre les autres et s'éloigner, comme par pudeur, de l'objet qui les a touchées. Ces mouve-

_____

(1) *Dictionnaire universel des Connaissances humaines.*

ments s'exécutent au point d'insertion du pétiole avec la tige et des folioles avec le pétiole ; il existe à chaque insertion une très petite glande, qui est le point le plus irritable ; il suffit de la toucher avec la pointe d'une épingle pour faire fermer la feuille ou la foliole.

« La sensitive est une des plantes chez lesquelles on observe une sorte de *sommeil*.

« Vers le soir, — ou même quand le ciel se couvre, — elle plie ses rameaux, ses feuilles, et semble tomber endormie ; elle se relève et s'épanouit avec le retour du

Fig. 18. — *Mimosa pudica.*

jour. Ses feuilles ne sont dans leur état complet d'épanouissement qu'éclairées par la lumière directe : un nuage qui passe devant le soleil suffit pour en changer la direction.

« On est parvenu à changer les heures du sommeil de la sensitive, à la faire *dormir* en plein jour et *veiller* pendant la nuit, en la mettant dès le matin dans une chambre noire, et en la portant le soir dans une pièce très éclairée.

« D'après les expériences du docteur *Bretonneau*, de Tours, la sensitive, comme les animaux, perdrait sa sensibilité sous l'action du chloroforme.

« Le docteur *Leclerc* est même parvenu à l'endormir avec du laudanum.

« La sensitive est aussi offensée par des mouvements très brusques, tels que ceux d'une voiture qui roule rapidement sur le pavé ; cependant elle s'y habitue quand ils deviennent fréquents.

« On a fait jusqu'ici des efforts inutiles pour expliquer les phénomènes qu'offre cette plante singulière. Plusieurs savants ont supposé que certains végétaux étaient pourvus, à l'instar des animaux, d'*un système nerveux*, et doués d'une véritable sensibilité. »

Qui n'a pas entendu parler de cette plante, vivant sous les régions équatoriales, et dont la fleur, large et brillamment colorée, attire les nombreux insectes des forêts, non-seulement par ses couleurs éclatantes, mais encore par l'asile large et sûr qu'elle semble leur offrir?...

La mouche imprudente s'introduit dans le calice de la fleur.

Aussitôt la corolle se referme violemment ; les pointes acérées dont sa surface intérieure est armée percent de mille dards l'insecte maladroit. Celui-ci se défend, s'agite, lutte contre la mort, et chacun de ses mouvements irrite encore la sensibilité de la fleur dont les contractions sont en raison directe des mouvements de sa victime.

Quand l'insecte est enfin immobile, la fleur s'apaise, se calme, reprend peu à peu sa première position — et elle attend une nouvelle proie. — Les naturalistes se demandent, — et ils se font beaucoup de questions de ce genre, — si cette plante ne tire pas sa nourriture non-seulement du sol, mais encore du suc des malheureux insectes qui, trompés par son apparence anodine, viennent se réfugier dans son calice. La question est encore pendante ; mais cependant, comme ce fait est parfaitement établi : que la nature ne fait rien en vain, et que chaque action dans les êtres a une raison, un principe, un but, il est impossible d'admettre que la fleur dont il s'agit écrase et pressure les insectes sans en tirer un profit quelconque.

Les plantes de ce genre sont d'ailleurs assez nombreuses. En France nous avons : la *Dionée attrape-mouches*, la *Droscra rotundifolia*, l'*Aldrovanda vesiculosa*, l'*Utriculaire*, la *Grassette*, etc., etc. En Amérique : le *Carica papaya*. En Afrique : le *Nepenthes distillatoria*, etc.

Autre fait. Plus important et plus lugubre, celui-là, mais qui me paraît rentrer dans le domaine de l'imagination, dans l'attirail volumineux des trucs à sensation imaginés par ces fabricants de récits de voyages *qui n'ont jamais quitté le coin de leur feu.*

(Du reste la plante dont il s'agit n'est mentionnée dans aucun ouvrage de botanique.)

Il existerait donc dans les Indes une plante particulière, de la famille du bananier, dont le tronc est large, puissant, développé, et dont les feuilles, qui s'étendent au loin, sont charnues, nerveuses, et armées de forts piquants sur leur surface intérieure. C'est le *Journal des Voyages* qui nous fait ce récit. Au sommet de cet arbre, dans l'espèce de cône creux formé par ses feuilles extrêmes, existent d'autres organes qui ont au plus haut degré la faculté rétractile. Aussitôt qu'un corps étranger tombe au milieu de cette agglomération de feuilles, au milieu de ce gouffre, toutes les parties environnantes se redressent, animées d'un spasme subit, saisissent ce corps, l'enveloppent, le pressent, l'immobilisent s'il est animé, et lui ôtent la vie. Bientôt le corps est broyé, trituré, et ses substances assimilables sont saisies par la plante.

L'homme ne fait pas autre chose quand, à l'affût, il attend une proie qu'il fusille, ou qu'il prend dans des filets, puis la tue et la dévore, après lui avoir, bien entendu, fait subir les préparations culinaires que la civilisation lui impose.

Or, dans les pays où vit cette plante fantastique, les naturels lui ont dévolu les fonctions réservées chez nous à l'exécuteur des hautes œuvres.

Quand un naturel est condamné à mort, on le saisit, on le hisse et on le dépose, pieds et poings liés, dans le cœur du végétal.

Aussitôt les feuilles voisines se redressent, et leurs puissantes nervures s'emparent du misérable. Les efforts qu'il fait pour échapper à une mort terrible ne font qu'exalter la sensibilité de la plante. Bientôt les feuilles plus éloignées se redressent et se recourbent vers la victime ; puis elles s'appliquent étroitement sur lui et le broient comme le feraient les orbes redoutables du boa constrictor. Soudain le sang filtre à travers les intervalles des feuilles, puis il coule abondamment. Les cris du malheureux se confondent avec le sinistre bruissement des tiges mortelles. Bientôt le silence se fait, le mouvement disparaît, la plante s'immobilise et reste ainsi longtemps au repos. Elle semble digérer.

Puis les organes reprennent leur position normale lentement, posément ; et il ne reste plus au cœur du végétal qu'une bouillie informe, restes de la proie qu'on lui a livrée. Si ce n'est vrai, c'est bien trouvé.

Quoi qu'il en soit, il y a donc quelque chose, en dehors de l'organisme particulier de la plante ou de l'animal, qui lui donne le mouvement, qui commande à ces organes, qui les fait mouvoir, les fait agir, leur communique la vie.

Cette force, ce *quelque chose*, a chez les animaux un organe spécial au moyen duquel il exerce sa puissance et son activité ; c'est le SYSTÈME NERVEUX, l'APPAREIL DE L'INNERVATION.

L'appareil de l'innervation comprend l'*encéphale*, la *moelle épinière* et les *nerfs* qui en sont l'épanouissement.

Encéphale. — L'encéphale comprend deux parties bien distinctes : le *cerveau* et le *cervelet*.

Le *cerveau* est constitué par une masse médullaire et pulpeuse qui occupe presque toute la cavité du crâne. Il est partagé en deux parties par une ligne allant de l'avant à l'arrière ; ces deux parties se nomment les *lobes* cérébraux.

Le cervelet, de même substance, occupe la cavité occipitale, au-dessous du cerveau, et sert de trait d'union entre cet organe et la moelle épinière qui, du reste, n'en est que le prolongement. Le cerveau et le cervelet contiennent deux substances de couleur différente : l'une, extérieure et grise, qui prend le nom de *substance grise* ; l'autre, intérieure et blanche, nommée *substance blanche*. Le cerveau et le cervelet sont contenus en outre dans une membrane triple qui prend le nom générique de *méninges* ; les trois sous-membranes des méninges se nomment : l'extérieure, *dure-mère* ; la mitoyenne, *arachnoïde* ; et la dernière, celle qui est en contact avec la substance cérébrale, la *pie-mère*. Ces membranes accompagnent également la moelle épinière dans tout son parcours.

M. Frémy, qui a analysé la substance cérébrale, lui donne la composition suivante :

Eau		88
Albumine		7
Corps gras { Margarate / Oléate / Cérébrate / Oléophosphate } de soude		
{ Cholestérine / Margarine / Oléine }		5
		100

MOELLE ÉPINIÈRE. — La moelle épinière est constituée par un gros cordon de substance semblable à la matière cérébrale, mais dont la disposition est inverse : la *substance blanche* est à l'extérieur, et la *substance grise* à l'intérieur. Ce cordon, légèrement aplati, est logé dans la colonne vertébrale et se termine par un faisceau de nerfs très nombreux, vulgairement nommé *queue de cheval*. De la moelle épinière, et sur tout son parcours, s'échappent de nombreuses ramifications nerveuses par les ouvertures ménagées dans les vertèbres. Les nerfs partant de la *substance grise* président aux *mouvements musculaires* de l'animal; ceux émanant de la *substance blanche* donnent la *sensibilité* à ses organes. En raison des fonctions différentes de ces deux sortes de nerfs, il arrive parfois qu'un membre frappé de *paralysie* conserve néanmoins la *sensibilité*, et *vice versa*.

NERFS. — Les nerfs sont des cordons fibreux, des tubes cylindriques, enveloppés d'une membrane élastique, transparente et amorphe, dans lesquels se trouve une substance de même nature à peu près que la substance cérébrale. Au sortir de la colonne vertébrale, les ramifications nerveuses, au nombre de cinquante-trois de chaque côté, ont un volume assez fort; elles se divisent ensuite et se subdivisent à l'infini dans toutes les parties du corps, comme d'ailleurs les artères et les veines. Les parties du corps les plus petites, les plus microscopiques, contiennent toutes une petite artère qui y apporte une gouttelette de sang, une veinule qui la remporte, et un nerf qui y détermine la sensibilité. Ainsi, enfoncez une aiguille d'une finesse extrême dans n'importe quelle partie de l'organisme de l'animal, et instantanément une douleur s'y fera sentir.

Plus le cheval est nerveux, plus il est brillant, plus

il a d'ardeur. Le développement du système nerveux chez le cheval de course lui donne les brillantes qualités de *vitesse* qu'on lui connaît; mais il ne saurait lui donner les qualités de *fond* sans lesquelles un cheval n'est, à proprement parler, bon à aucun service réellement utile. Je l'ai déjà dit au commencement de cet ouvrage, un tel cheval n'est qu'un instrument de jeu comme les cartes, le billard, le crocket, etc. — Dans une lutte avec un autre cheval, avec un cheval ayant toutes les qualités du cheval de guerre ou du cheval de trait, il l'emportera certainement avec facilité. Mais que la course continue; qu'elle se transforme en marche forcée de trente, quarante ou cinquante kilomètres, le cheval de parade sera épuisé avant d'avoir atteint le milieu du parcours, tandis que son camarade, moins brillant mais plus sérieux et incontestablement plus solide, poursuivra tranquillement sa carrière.

Des sens.

Les SENS sont les facultés spéciales au moyen desquelles le cheval est en relation avec les objets qui l'entourent.

Pour s'exercer, les sens ont des *organes*.

Les sens sont au nombre de cinq, savoir :

La VUE,

L'OUÏE,

L'ODORAT,

Le TOUCHER,

Et le GOUT.

§1. — LA VUE.

La vue est le sens qui fait que le cheval sait qu'autour de lui des corps existent ; le sens au moyen duquel il dirige sa marche et cherche sa nourriture. Ce sens s'exerce au moyen d'un organe spécial, admirable instrument d'optique, à *foyer variable*, et dont la figure 19 donne les principales parties.

L'œil est constitué par un épanouissement d'un faisceau nerveux nommé nerf optique. Cet épanouissement forme une matière molle et extrêmement sensible aux rayons lumineux, qui y dessinent l'image des

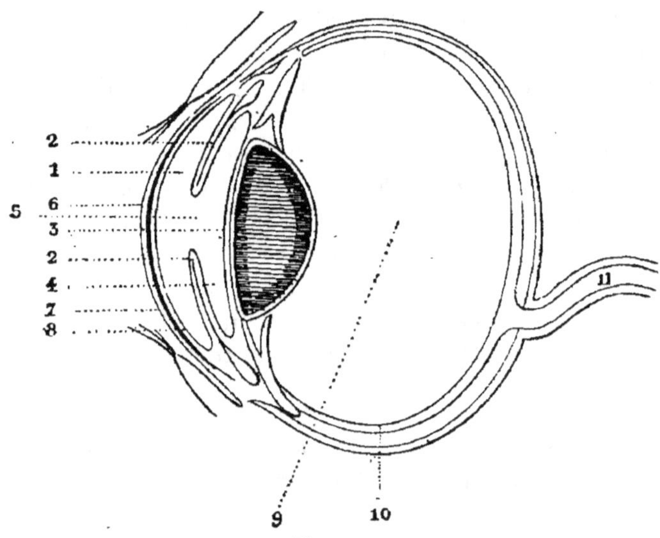

Fig. 19.

1, Chambre antérieure.
2, Iris.
3, Cristallin.
4, Chambre postérieure.
5, Pupille.
6, Cornée.

7, Sclérotique.
8, Choroïde.
9, Corps vitré.
10, Rétine.
11, Nerf optique.

objets extérieurs, image immédiatement transmise au cerveau par le cordon du nerf optique. Cet épanouissement prend le nom de rétine, et s'applique sur un corps rond occupant le centre et la plus grande partie de l'œil, et que l'on appelle le *corps vitré*. Il est parfaitement transparent. La rétine elle-même est entourée par une membrane bleuâtre, nommée *choroïde*, qui l'enveloppe complètement et est percée de deux ouvertures, l'une postérieure, donnant issue au nerf optique; l'autre antérieure, pour laisser passer le faisceau lumineux venant de l'extérieur. Cette dernière ouverture prend le nom de *pupille*. A cette ouverture, ronde, s'adapte une sorte de membrane, ronde également et percée à son centre; cette membrane se dilate ou se contracte de façon à agrandir ou à diminuer l'orifice circulaire formé par elle, et par conséquent à laisser entrer plus ou moins de rayons lumineux. C'est cette membrane, l'*iris*, qui donne au centre de l'œil sa couleur. Le milieu en est invariablement noir : c'est l'obscurité de l'intérieur de l'œil qui s'y montre, de même que les fenêtres d'une maison paraissent noires, vues de l'extérieur. Enfin, une dernière enveloppe, la *sclérotique*, contient toutes les parties que je viens d'énumérer. A son centre antérieur, vis-à-vis de la pupille, cette membrane porte une sorte de substance transparente et bombée, semblable à un verre de montre. En la traversant, les rayons lumineux commencent déjà à être infléchis. Cette partie de l'œil se nomme la *cornée lucide*.

Derrière la pupille, en avant du *corps vitré*, se trouve une véritable lentille, bi-convexe, d'une substance molle et transparente, remplissant surtout dans l'œil les fonctions des lentilles bi-convexes de nos appareils d'optique. On la nomme le *cristallin*.

Entre le cristallin et la cornée, la cavité antérieure de l'œil est divisée, comme on le voit, par l'iris et la pupille en deux chambres particulières. Ces deux chambres sont remplies d'un liquide spécial, onctueux, transparent, faisant lui-même fonction de lentille, comme le cristallin. Ce liquide prend le nom d'*humeur aqueuse*.

Les différentes densités des substances qui forment

le *cristallin*, la *cornée* et l'*humeur aqueuse* donnent à l'œil la singulière propriété de l'achromatisme.

Divers muscles commandent l'œil et lui font exécuter des mouvements dans tous les sens. En outre, il peut diminuer de diamètre, d'avant en arrière, et par conséquent la rétine s'approche ou s'écarte du cristallin.

D'un autre côté celui-ci peut varier dans son épaisseur, et toutes ces causes font que le foyer produit par le faisceau lumineux est tantôt avancé, tantôt reculé. Il en résulte que, suivant l'éloignement de l'objet que considère le cheval, son œil se dilate ou se contracte pour s'approprier à la vision du moment; c'est absolument comme lorsque, ayant à considérer un objet fort éloigné ou rapproché, on raccourcit ou on allonge les tubes d'une lunette d'approche, d'une jumelle, etc.

Cependant, les divers organes qui forment l'œil peuvent ne pas être bien constitués; diverses courbures peuvent être exagérées ou trop faibles. Dans le premier cas, le cheval voit fort mal de loin, mais il voit très bien de près. On le dit alors *myope*. Ce vice de conformation ôte au cheval beaucoup de son assurance, de sa valeur, et le rend craintif, peureux, ombrageux. Dans le cas contraire, lorsque les surfaces courbes n'ont pas l'inclinaison voulue et se rapprochent d'une surface plane, le cheval voit mal de près, mais très bien de loin. On le dit alors *presbyte*. Ce défaut ne présente pas les inconvénients du premier et n'empêche pas le cheval de rendre de bons services.

Outre les parties essentielles à la vue que je viens de décrire, l'œil en comprend encore d'autres qui assurent son bon fonctionnement; ce sont les *paupières*, les *muscles du globe*, l'*appareil lacrymal*, le *corps clignotant*, le *coussinet oculaire* et la *gaine oculaire*.

Les PAUPIÈRES sont au nombre de deux, placées l'une au-dessus de l'autre, et elles s'ouvrent et se ferment

ensemble. Elles recouvrent complètement la face antérieure du globe de l'œil et protègent cet organe contre
les corps étrangers qui pourraient l'atteindre. Dans
le sommeil, alors que l'animal est absolument isolé
des objets qui l'entourent et qu'il a pour ainsi dire
perdu momentanément l'instinct de la défense et de la
conservation, les paupières se ferment irrésistiblement
et d'elles-mêmes.

La muqueuse qui tapisse intérieurement les paupières
se nomme *conjonctive*. Aux bords extérieurs existe une
rangée de poils lisses et raides, les *cils*, qui servent de
première défense à l'œil contre les menus corpuscules
circulant dans l'air ; les points où les deux paupières se
réunissent, de chaque côté de l'œil, en d'autres termes
les *commissures* sont dites *angle nasal* ou *interne*, pour
la commissure du côté du chanfrein, et angle *temporal*
ou *externe*, pour l'autre.

Les *muscles du globe de l'œil* sont au nombre de sept,
et ils lui impriment tous les mouvements qu'il est susceptible de faire dans toutes les directions.

L'*appareil lacrymal* se compose d'une glande placée
sous l'arcade orbitaire et qui sécrète les larmes, ame-
nées entre les paupières et le globe de l'œil par les *canaux hygrophthalmiques*. Après avoir lubréfié l'œil et
favorisé le glissement des paupières, le liquide lacrymal se rend à l'angle interne et passe dans la cavité nasale par le canal lacrymal.

Le *corps clignotant* est pour ainsi dire une troisième
paupière, plus petite et située à l'angle interne de l'œil.
Douée d'une très grande sensibilité, cette partie des
paupières se porte en avant au moindre danger et con-
court avec elles à défendre le globe oculaire de toute
atteinte fâcheuse.

Le *coussinet oculaire* est une couche graisseuse et d'une
certaine épaisseur sur laquelle repose le globe de l'œil.

Enfin la *gaine oculaire* est un appareil fibreux destiné à relier ensemble les sept muscles de l'œil et à assurer la régularité des mouvements de ce dernier.

§ 2. — L'OUÏE.

L'oreille est l'organe au moyen duquel le cheval exerce le sens de l'OUÏE, c'est-à-dire perçoit l'existence du son, des bruits qui se font autour de lui. Cet organe est double, comme celui de la vue, et est situé au sommet de la tête, à droite et à gauche.

Il se compose de trois parties principales : *l'oreille externe*, le *tympan* ou *oreille moyenne*, et le *labyrinthe* ou *oreille interne*.

L'OREILLE EXTERNE comprend la *conque* et le *conduit auditif.* La conque est cette partie visible et mobile, ayant la forme d'un cornet ouvert longitudinalement en avant, que l'on nomme communément l'oreille. Extérieurement, la peau de ce cornet est fine, recouverte de poils très doux, et laissant même voir courir sous sa substance le réseau des veines. Intérieurement, la peau en est beaucoup plus épaisse, comme aussi les poils en sont plus épais et plus longs. C'est cet appareil qui reçoit d'abord les ondes sonores et les dirige ensuite dans l'axe du conduit auditif. Selon la direction d'où vient le bruit qui éveille l'attention du cheval, celui-ci dirige l'appareil de côté et d'autre pour recueillir la plus grande somme possible d'ondes sonores. Des muscles spéciaux président à tous ces mouvements.

Le *conduit auditif* est le prolongement interne de la conque jusqu'à une membrane nommée *tympan.*

L'OREILLE MOYENNE OU TYMPAN se compose d'une cavité creusée dans la masse du temporal, et séparée de l'oreille externe par le *tympan*, dont je viens de parler. Cette membrane est fibreuse, mince, et vibre avec la plus grande facilité au moindre choc des ondes sonores.

Ses vibrations se communiquent à l'air contenu dans la cavité qu'elle recouvre et qui prend le nom de *caisse*. Cette dernière communique avec l'arrière-bouche par la *trompe d'Eustache*, sorte de petit canal, et par deux autres ouvertures avec l'oreille interne. En outre, la *caisse* contient quatre petits os que leur forme particulière a fait nommer le *marteau*, l'*enclume*, l'*os lenticulaire* et l'*étrier*.

Le LABYRINTHE, OU OREILLE INTERNE, est aussi situé dans le temporal et fait suite à la caisse. Il se compose de trois parties distinctes et communiquant ensemble : le *limaçon*, le *vestibule* et les *canaux, demi-circulaires*. Cette partie de l'oreille est tapissée par une membrane sécrétant un liquide séreux spécial, nommé *lymphe de Cotugno*, et dans laquelle aboutissent les épanouissements du nerf auditif. Le sens de l'ouïe est extrêmement développé chez le cheval.

§ 3. — L'ODORAT.

Le sens de l'*odorat* a pour organe spécial le *nez* et ses accessoires. L'intérieur des cornets nasaux est tapissé par une membrane particulière qui prend le nom de *membrane pituitaire* et qui reçoit directement les épanouissements du *nerf olfactif* dont le point de départ est au cerveau.

C'est au moyen de ce sens que l'animal, après avoir flairé ses aliments, reconnaît s'ils sont aptes à le nourrir. Il lui sert également à reconnaître l'approche de la jument.

§ 4. — LE TOUCHER.

C'est le sens au moyen duquel le cheval perçoit le contact des corps étrangers. Il s'exerce au moyen de la peau et est d'autant plus exalté que cette dernière est plus fine et moins recouverte de poils. La peau est une membrane qui enveloppe entièrement le corps du cheval ; elle se compose de deux feuillets distincts appliqués l'un sur l'autre : l'extérieur, nommé *épiderme*, est mince, solide et peu sensible ; l'intérieur, nommé *derme*, est la peau proprement dite. C'est lui qui reçoit la multitude infinie de vaisseaux qui y apportent la vie et les ramifications nerveuses qui en transmettent la sensibilité au cerveau. La peau est en outre criblée d'une foule d'ouvertures microscopiques dont les unes donnent passage aux poils, les autres aux pores sudorifiques, et enfin d'autres encore lui permettent d'absorber les substances liquides qui sont en contact avec elles.

§ 5. — LE GOUT.

C'est le sens au moyen duquel le cheval perçoit la saveur des aliments dont il compose sa nourriture.

La *langue* est le principal organe de ce sens et elle est aussi en communication avec le cerveau, sous ce rapport, par un nerf nommé *nerf lingual*. Le palais est lui-même recouvert de papilles auxquelles aboutissent des ramifications nerveuses portant au cerveau la sensation des saveurs.

Le goût est peu développé chez le cheval ; et le cheval domestique possède ce sens à un bien moins haut degré encore que le cheval sauvage.

EXTÉRIEUR DU CHEVAL

CHAPITRE IX

DES PROPORTIONS DU CHEVAL

Divers procédés d'appréciation des proportions du cheval. Procédé de M. Lebeaud. — Appréciation de M. Lemichel. — Des *aplombs*: aplombs des membres antérieurs ; aplombs des membres postérieurs.

Une machine ne peut avoir un bon fonctionnement qu'autant que tous ses organes sont dans un rapport rigoureux les uns envers les autres. Tout ce qui les compose doit être mathématiquement coordonné et approprié au travail que l'on en exige. Il en est de même du cheval. Les dimensions quelconques étant données pour le corps, il faut que les membres ne dépassent pas une certaine longueur : il ne faut pas non plus qu'ils soient trop courts, trop maigres ni trop gros ; il ne faut pas que la tête soit trop grosse ou trop petite, que le cou soit trop massif ou trop grêle ; il faut qu'une harmonieuse proportion règne dans toute la structure de l'animal.

De cette harmonie dépend la majeure partie de ses qualités.

Les Arabes prétendent qu'un cheval est excellent lorsqu'il peut manger devant lui sans écarter l'une des jambes de devant pour porter sur l'autre le poids du corps. En effet, cela indique que l'encolure est longue, et que par conséquent il y a une longueur approximativement égale entre le garrot et le bout des lèvres, et entre le garrot et l'extrémité de la queue. Cette mesure générale est adoptée par beaucoup de cavaliers et elle a ce mérite de pouvoir être prise rapidement, d'un simple coup d'œil.

Cependant divers auteurs sont allés beaucoup plus loin, et, prenant pour unité de mesure la *tête du cheval*, ils s'en servent pour affirmer ou pour nier les bonnes proportions de toutes les autres parties du corps. *Bourgelat* principalement s'est fait le propagateur de cette théorie, qu'explique de la manière suivante M. Lebeaud dans son *Manuel du vétérinaire* (1) :

« La longueur de la tête est la mesure que l'on prend pour point de comparaison des autres dimensions. Dans un cheval bien conformé, cette longueur égale celle de l'encolure, la hauteur des épaules, l'épaisseur et la largeur du corps ; cette même longueur, moins la fente de la bouche, égale la longueur, la largeur et la hauteur de la croupe, la longueur latérale des jambes postérieures, la hauteur perpendiculaire de l'articulation du tibia à terre, et la distance du sommet du garrot à l'insertion de l'encolure dans le poitrail. Deux tiers de la longueur de la tête égalent la largeur du poitrail ; un tiers de la longueur est égal à la largeur de la tête et à la largeur latérale de l'avant-bras.

« Les *deux-neuvièmes de la tête* entière donnent l'élé-

(1) Librairie encyclopédique Roret, rue Hautefeuille, 12.

vation perpendiculaire de la pointe du coude au-dessus du niveau de la pointe du sternum, la hauteur du milieu de la courbure du dos au niveau de la pointe du garrot, la largeur latérale des jambes postérieures, la distance des avant-bras d'un ars à l'autre. Un *sixième de la longueur de la tête* égale l'épaisseur de l'avant-bras, le diamètre de la couronne des pieds de devant, la largeur de la couronne et des boulets des pieds de derrière, celle des genoux et l'épaisseur des jarrets. Un *douzième* donne l'épaisseur des canons de devant; la distance du coude au pli du genou égale celle de ce pli à terre, celle de la rotule au pli du jarret, et celle de ce pli à la couronne. Le *sixième de la longueur de la tête* égale la largeur du canon de l'avant-main vu latéralement, et celle du boulet vu de face. Le tiers de cette mesure est à peu près la largeur du jarret; le quart, la longueur et la largeur du genou.

« L'intervalle des yeux, d'un grand angle à l'autre, égale la largeur latérale de la jambe de derrière; la moitié de cette mesure égale la largeur latérale du canon de derrière et la largeur latérale des boulets de devant. Enfin, la différence de hauteur de la croupe relativement au sommet du garrot est aussi égale à la moitié de l'intervalle des yeux.

« Trois longueurs de tête égalent la hauteur totale du cheval, du toupet à terre; deux longueurs et demie égalent cette hauteur prise du sommet de la tête au garrot, et égalent aussi la longueur du corps, de la pointe du bras à celle de la fesse.

« Il ne faut pas croire cependant que ces proportions soient toujours exactes, ni que leur appréciation soit purement oiseuse : le fait est qu'elles influent beaucoup sur la bonté de l'animal. La longueur excessive de la tête ou de l'encolure a fort mauvaise grâce, rend en outre le cheval lourd à la main, et le fait porter bas.

Celui dont le corps est trop court a les mouvements rudes, les reins raides, le trot peu allongé, la bouche ordinairement dure, et il tourne difficilement. Quand, au contraire, le cheval est trop long, les reins sont faibles, il est ensellé, le bercement est très prononcé et les efforts de reins fréquents.

« Le cheval bas sur son devant, surchargé par la charge du train de derrière, ne peut se détacher du terrain, butte facilement, fatigue la main du cavalier, sans cesse obligé de le soutenir, et le met à chaque instant en péril de tomber. Si le train de devant est plus haut que celui de derrière, le cheval trotte sous lui et fait peu de chemin ; la trop grande facilité qu'il a à enlever le train de devant, tandis que celui de derrière a de la peine à quitter le terrain, le porte à se défendre, à se cabrer, et le rend sujet à tomber à la renverse, *à se renverser*.

« Les jambes trop chargées ou trop grêles ont aussi de nombreux inconvénients.

« Tels sont les principaux rapports qui doivent exister entre les proportions d'un cheval bien conformé. On ne peut pas espérer, sans doute, les trouver tous réunis chez le même individu ; mais quand on rencontre, sinon la totalité, au moins les plus essentiels de ces rapports, il est rare que le cheval ne joigne pas la bonté à la beauté. Un peu d'habitude suffit pour mesurer les proportions à vue d'œil sans le secours d'aucun instrument.

« Ce n'est pas assez qu'un cheval soit *beau* et *bien fait*, il faut encore qu'il soit d'une taille qui le rende propre au service auquel on le destine, et que les proportions respectives des diverses parties de son corps soient en rapport avec sa taille, sans quoi l'on ne pourra trouver dans ses mouvements l'harmonie et l'aplomb qu'ils doivent avoir.

« Un cheval de selle ordinaire doit avoir de 1 mètre 49 à 1 mètre 51 centimètres, mesurés perpendiculairement de la pointe du garrot à terre : les chevaux de troupe doivent avoir environ 19 centimètres dans les chasseurs, 22 à 24 centimètres dans les dragons, et 27 à 29 centimètres dans les cuirassiers. Les chevaux de carrosse doivent avoir de 1 mètre 29 centimètres à 1 mètre 73 centimètres. On tient peu de compte de la longueur; cependant il faut qu'elle soit en rapport avec les autres dimensions, et que la longueur de la selle remplisse bien la courbure du dos.

« La jument doit être un peu plus longue que le cheval. »

Divers autres auteurs n'admettent pas cette mesure générale ayant pour unité la tête du cheval. M. Eug. Lemichel, dans son *Cours d'Hippologie* professé à l'École de Saint-Cyr, s'exprime ainsi :

« Au fond, le cheval se réduit à des leviers et à des puissances qui les font mouvoir. C'est une locomotive qui doit fonctionner au gré de chaque cavalier; ce qu'elle ne fait bien qu'à certaines conditions de supériorité de chacun de ses rouages et de leur bon agencement général.

« Partant de ce principe peu poétique, mais incontestable, nous dirons avec M. Richard, que les proportions rigoureuses admises avant lui étaient peu conformes à la perfection réelle du cheval; que souvent même elles étaient vicieuses, en condamnant l'étendue de certaines régions, dont l'excès ne serait qu'une plus grande beauté.

« Comment concevoir, dit-il judicieusement, *que la hauteur de l'épaule mesurée du coude au sommet du garrot doive être de la longueur de la tête?* Suivant les lois physiques et physiologiques, cette hauteur n'est *jamais trop grande*, puisqu'elle dépend de celle des côtes, ainsi que de la proéminence du garrot. L'obliquité de cette partie est aussi, sans restriction, une autre condition de sa meilleure conformation. De même pour la croupe, la cuisse, le jarret, qui ne sauraient avoir trop d'étendue, et que cependant les règles anciennes assujettissent à certaines limites.

« Trouverons-nous jamais un boulet trop large, un tendon trop détaché? Ce serait contredire les lois élémentaires de la dynamique. Sans citer d'autres exemples, nous pensons avoir suffisamment prouvé que le système des *proportions mathématiques* est inapplicable.

« La physiologie et la mécanique, d'accord avec l'observation, nous apprennent qu'une tête carrée est généralement belle, parce que ses cavités nasales sont plus larges et son crâne plus développé. Si, d'autre part, le cheval a une encolure longue, souple, bien musclée, un garrot très élevé, un dos court et large, un rein dans les mêmes conditions, une croupe longue, bien nourrie, moyennement oblique; si sa poitrine est haute et profonde, son flanc arrondi, son épaule très oblique, son avant-bras à muscles bien dessinés, son genou large, ses tendons très détachés et forts, le paturon court, moyennement incliné, le pied bon; si encore les fesses sont bien culottées, la jambe accentuée, le jarret large; quel que soit l'excès de ces qualités physiques, nous serons certains d'avoir trouvé le cheval modèle, léger et gracieux du devant, énergique et puissant du derrière; surtout s'il possède en plus la force morale que l'on nomme vulgairement *l'âme*, que les amateurs appellent le *sang* et que, suivant les idées que nous avons émises, nous dirons être l'*excellence nerveuse*.

« Mais nous rencontrerons très rarement toutes ces perfections réunies chez un même animal. La mauvaise origine, les croisements mal compris, les modes vicieux d'élevage et bien d'autres causes rendent presque introuvables les chevaux sans reproches. Presque tous ont leur côté faible, qu'il faut nécessairement pardonner, quand il n'est pas de nature à nuire notablement aux services que nous voulons obtenir. »

DÉFAUTS DE PROPORTIONS. — Le même auteur énumère ainsi les défauts de proportions que peut présenter le cheval :

« *Entre le corps et les membres* les défauts de proportion sont :

« L'excès de hauteur des membres, que l'on exprime en disant que le cheval est *haut perché* ou qu'*il passe beaucoup d'air sous son ventre*. Il annonce un tempérament nerveux et ne promet qu'un mauvais service.

« Leur brièveté, qui fait dire que le cheval est *trapu, près de terre*. Elle n'est un vice que sous le rapport des allures. On la rencontre ordinairement avec le tempérament sanguin, qui donne les meilleurs chevaux de troupe.

« Enfin, leur faiblesse relative, qui est un indice de prompte usure.

« Les défauts de proportions entre l'*avant-main*, le *corps*, et l'*arrière-main* proviennent :

« *Dans l'avant-main :*

« 1° De son manque de hauteur par rapport à l'arrière-main. Alors il se trouve surchargé, tant par l'inclinaison du corps en avant, que par le déplacement de la selle dans le même sens. De plus, l'angle scapulo-huméral, restreint par cette conformation, ne peut s'ouvrir assez pour porter le pied aussi loin que l'exige la projection imprimée par le redressement de l'angle coxo-fémoral. Il en résulte infailliblement des chutes, si le cavalier ne rétablit pas l'équilibre en modérant l'action prépondérante de l'arrière-main.

« 2° L'avant-main, quoique assez élevé, peut encore n'être pas en harmonie avec l'arrière-main par le manque d'obliquité de son épaule. Dans ce second cas, comme dans le précédent, c'est au cavalier habile à soulager la partie faible de son cheval.

« *Dans le corps :*

« Les défauts de proportions consistent :

« 1° Dans sa longueur, toujours accompagnée d'une grande faiblesse ; nous avons dit pourquoi.

« 2° Dans sa brièveté qui n'a, comme celle des membres, que l'inconvénient de ralentir les allures. En compensation, elle augmente la force, condition si favorable aux fatigues de la guerre, que nous la considérons comme une qualité de premier ordre.

« *Dans l'arrière-main :*

« Les défauts de proportions résultent :

« 1° De son excès de hauteur, dont nous avons vu les conséquences graves en étudiant l'avant-main trop bas.

« 2° De son manque d'élévation, qui nuit à la rapidité des allures en ne chassant pas assez énergiquement. Ce défaut, quand il est faible, ainsi qu'un jeu inférieur de l'angle coxo-fémoral comparé à celui de l'angle scapulo-huméral, donne au cheval beaucoup de grâce et de sûreté. Son avant-main irait plus loin que ne peut le pousser son arrière-main. En action, son membre antérieur est tendu bien avant de poser à terre. On dit alors que le cheval *steppe*.

« Mais l'accord parfait entre l'angle postérieur qui donne l'impulsion et l'angle antérieur qui la reçoit est, sans aucun doute, plus avantageux pour la vitesse. Il utilise toute la force existante. Cependant, nous avouons notre faible pour une légère inégalité des angles en faveur de l'antérieur. La supériorité de l'avant-main avantage le cavalier, il n'exige pas de sa part la même précision. »

DES APLOMBS.

On nomme APLOMBS la direction que prennent les membres sous le corps.

Quand les membres tombent perpendiculairement sous le tronc, et se meuvent dans une direction bien parallèle à l'axe du corps, les aplombs sont dits *bons*.

Ils sont dits *mauvais* quand ils ne tombent pas perpendiculairement, quand ils se meuvent dans un plan oblique à l'axe du tronc.

Les membres du cheval, au point de vue des aplombs, doivent être considérés *de profil* ou *par derrière*.

1° MEMBRES ANTÉRIEURS.

Examinons d'abord les aplombs des membres antérieurs, vus *de profil*. Pour que l'aplomb soit régulier il faut qu'il satisfasse aux deux conditions suivantes :
1° *La verticale abaissée sur le sol, de la pointe de l'épaule, doit tomber devant le sabot, à dix ou quinze centimètres de distance de la pince;*

2° La verticale abaissée sur le sol du tiers postérieur de la partie supérieure et externe de l'avant-bras doit partager le genou, le canon et le boulet en deux parties sensiblement égales et tomber derrière les talons, à environ huit ou dix centimètres de distance (fig. 20).

Quand la première verticale tombe trop près du sabot le cheval est dit *campé du devant* (fig. 21).

Si au contraire elle est beaucoup trop écartée de la pince, on dit que le cheval *est sous lui du devant* (fig. 22). Le premier défaut nuit à la régularité et à la rapidité des allures ; l'avant-main est un peu allégé du poids qu'il devrait supporter, mais l'arrière-main est surchargé d'autant. C'est le contraire qui a lieu dans le deuxième cas ; en outre, le cheval est sujet à atteindre ses pieds de devant avec ceux de derrière, à *forger*.

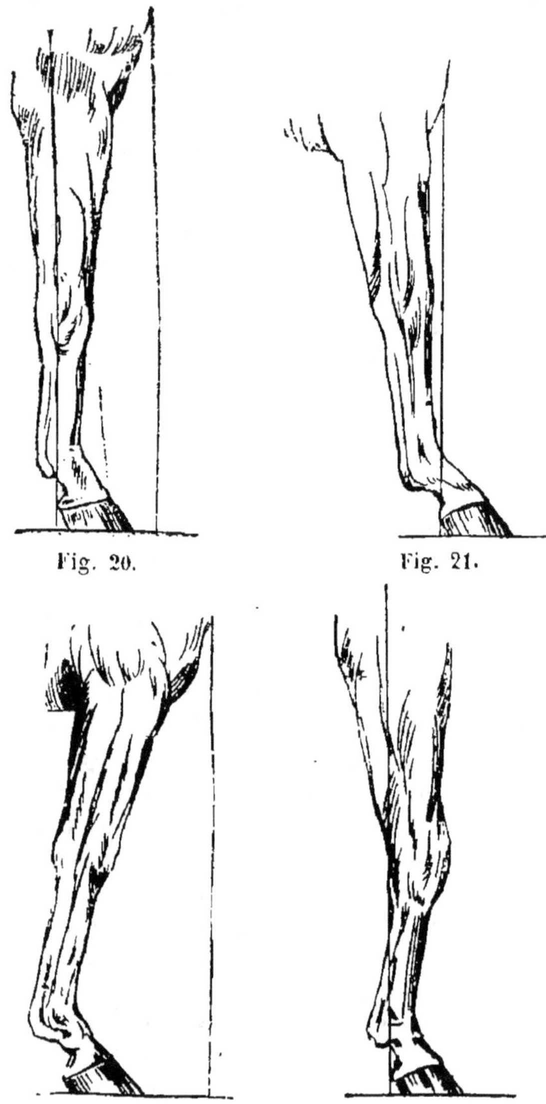

Fig. 20.   Fig. 21.

Fig. 22.   Fig. 23.

Quand la deuxième verticale ne suit pas les parties

voulues des membres de l'animal, plusieurs cas peuvent se présenter : ou bien le genou est en avant de cette ligne, et alors il est dit *brassicourt* ou *arqué* (fig. 23); ou bien il est en arrière, il est dit *creux* (fig. 24). Si les talons sont trop près de cette verticale, le cheval est dit

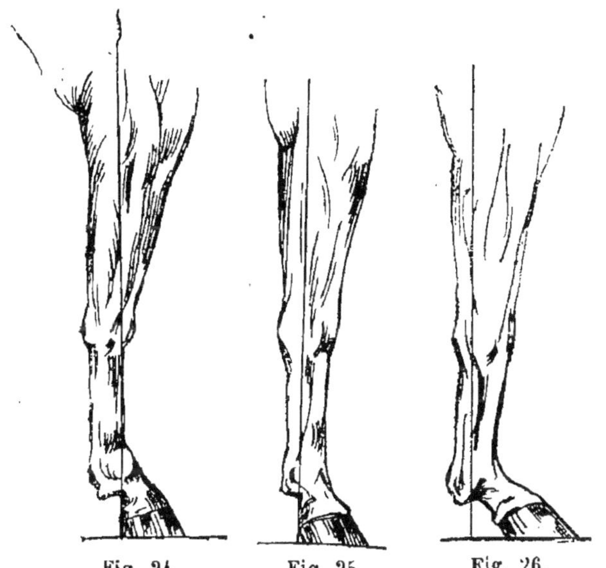

Fig. 24.   Fig. 25.   Fig. 26.

court et droit-jointé (fig. 25); et si les talons en sont trop éloignés, il est dit *long et bas-jointé* (fig. 26).

Considérons maintenant les membres *de face*.

Pour que l'aplomb soit régulier, il faut qu'il satisfasse aux deux conditions suivantes :

1° *La verticale abaissée sur le sol, de la pointe de l'épaule, doit partager le membre en deux parties égales* (fig. 27) *dans l'axe longitudinal.*

Si le membre est situé dans l'intérieur de cette verticale, le cheval est dit *serré du devant* (fig. 28).

Dans le cas contraire, on le dit *ouvert du devant* (fig. 29).

2° La verticale abaissée sur le sol, de la partie la moins large de l'avant-bras, doit partager le membre en deux parties sensiblement égales (fig. 27).

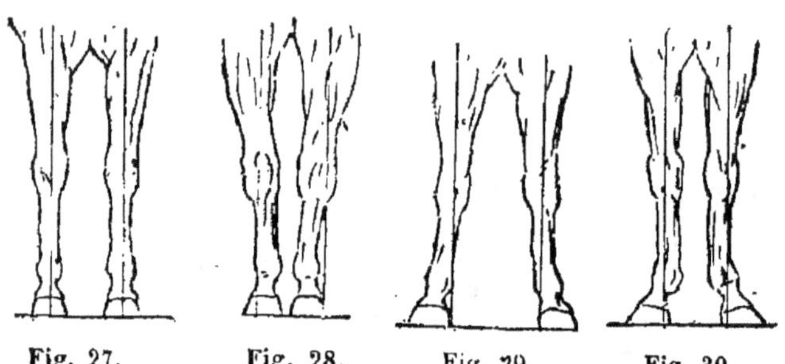

Fig. 27.   Fig. 28.   Fig. 29.   Fig. 30.

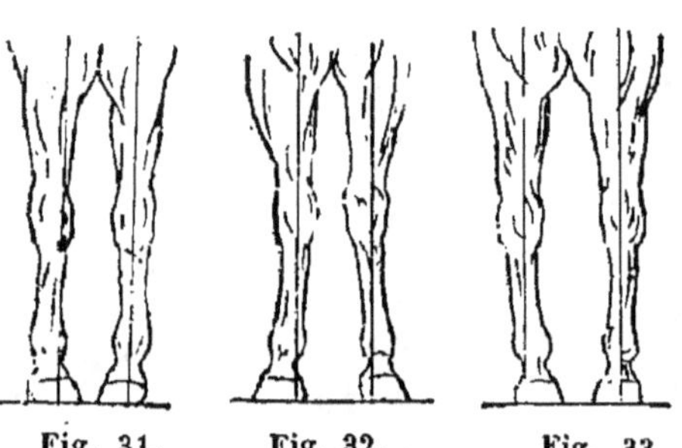

Fig. 31.   Fig. 32.   Fig. 33.

Si le membre est en dehors de cette ligne (fig. 30), on dit que le cheval est *panard*.

Si les genoux sont tournés en dedans, forçant ainsi les pinces à se rapprocher, le cheval est dit *cagneux* (fig. 31).

Si c'est seulement le genou, et non le pied, qui se porte en dedans de la verticale, le cheval est dit *genou de bœuf* (fig. 32).

Et si le genou, seul, se porte en dehors, le cheval est dit *cambré* (fig. 33).

2° MEMBRES POSTÉRIEURS.

Voyons-les également *de profil* et *de face.*
Pour que, *vu de profil*, l'aplomb des membres posté-

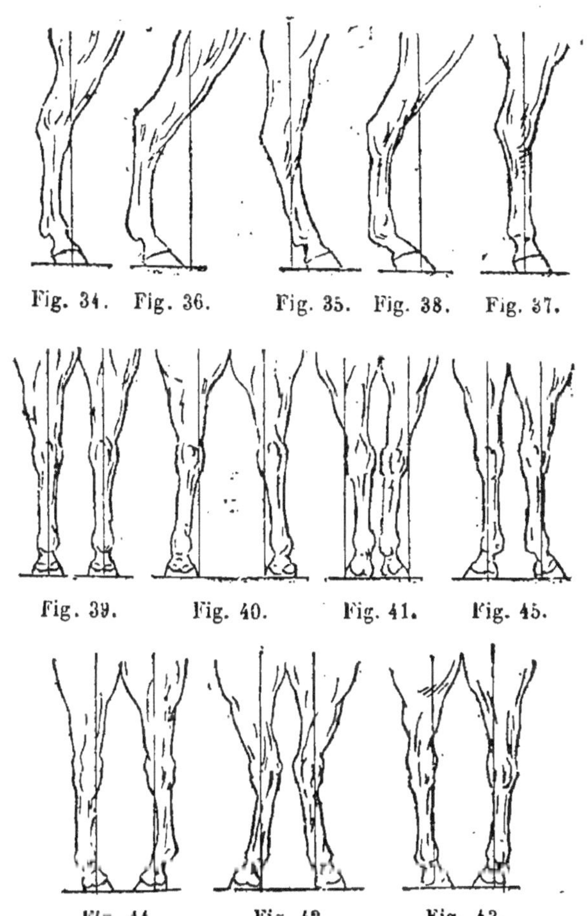

Fig. 34.   Fig. 36.   Fig. 35.   Fig. 38.   Fig. 37.

Fig. 39.   Fig. 40.   Fig. 41.   Fig. 45.

Fig. 44.   Fig. 42.   Fig. 43.

rieurs soit régulier, il faut qu'il réponde à la condition
suivante :
La verticale abaissée sur le sol, du centre de l'articula-

*tion coxo-fémorale, partage le pied en deux parties sensi-
blement égales* (fig.34).

Si cette ligne tombe derrière le talon, on dit que le
cheval est *sous lui de derrière* (fig. 35); si au contraire
elle tombe devant le pied, le cheval est dit *campé du
derrière* (fig. 36).

Si cette verticale passe vers le milieu du boulet, le
cheval est dit *court et droit-jointé* (fig. 37); si au contraire le boulet s'en écarte notoirement, on dit que le
cheval est *long et bas-jointé* (fig. 38).

Vus *par derrière*, pour que les aplombs des membres
postérieurs soient réguliers, il faut qu'ils satisfassent
aux deux conditions suivantes :

1° *La verticale abaissée sur le sol, de la pointe de la
fesse, doit entrer légèrement dans la pointe du jarret, et
partager le pied en deux parties dont l'interne est plus
faible que l'externe* (fig. 39);

2° *La verticale abaissée sur le sol, de la pointe du jarret, partage le canon, le boulet et le pied en deux parties
sensiblement égales.*

Si le membre du cheval est en dehors de la première
de ces deux verticales, l'animal est dit trop ouvert du
derrière (fig. 40).

Si au contraire le membre est en dedans de cette
ligne, l'animal prend la qualification de *serré du derrière* (fig. 41).

Si les jarrets seulement sont en dedans de la verticale, le cheval est dit *clos* ou *crochu* (fig. 42).

Et si les jarrets sont, au contraire, en dehors de la
verticale, l'animal est dit *trop ouvert* (fig. 43).

D'un autre côté, si le membre est tourné en dedans
de la deuxième verticale, le cheval est *cagneux de derrière* (fig. 44); et, dans le cas contraire, on le dit *panard de derrière* (fig. 45).

CHAPITRE X

DÉNOMINATIONS ET PROPORTIONS PARTICULIÈRES DES DIVERSES PARTIES DU CORPS DE L'ANIMAL.

§ 1. — DE LA TÊTE.

La configuration de la tête est au cheval ce que la configuration du visage est à l'homme. Il est rare, chez nous, que la laideur et la difformité de la face soient accompagnées d'un heureux caractère ou de brillantes qualités. Il en est de même chez le cheval, le seul peut-être de tous les animaux qui partage avec le chien le don d'avoir une *physionomie* dans laquelle nous pouvons lire.

La tête du cheval doit être large à sa partie supérieure et étroite vers le bas. Elle doit affecter la forme d'une pyramide quadrangulaire ; l'œil doit être placé à fleur de tête, mobile et doux ; les oreilles doivent être courtes et mobiles ; la peau doit être fine, recouverte de poils courts et fins et laisser voir sous son tissu le réseau des veines et des artères.

Il est rare, je l'ai déjà dit, de trouver chez un même individu la réunion de toutes ces heureuses conditions ;

aussi les têtes non régulièrement conformées sont nombreuses. Elles ont reçu les noms généraux ci-après :

Tête de brochet, tête de lièvre, tête de rhinocéros, tête busquée, tête camuse, tête grosse, tête grasse, tête de vieille, tête moutonnée, etc., etc.

La *tête de brochet* est extrêmement étroite au front et au chanfrein, et les joues sont peu développées.

La *tête de lièvre* a les oreilles très rapprochées; les naseaux sont petits et rétrécis; le niveau médian de la face, du sommet du front aux lèvres, est fortement convexe.

La *tête de rhinocéros* présente une assez grande dépression vers le milieu du chanfrein. Rarement cette conformation est naturelle ; elle provient presque toujours de l'appui exagéré de la muserolle sur les chairs et a pour inconvénient de rétrécir les cavités nasales, ce qui fait que le cheval est prédisposé à *corner*.

La *tête busquée* ressemble à la tête de lièvre, avec courbe du chanfrein plus prononcée.

La *tête camuse* est tout le contraire de la tête busquée : le chanfrein, au lieu d'être convexe, est concave.

La *tête grosse* présente un développement osseux peu en rapport avec le reste de la charpente de l'animal.

La *tête grasse* présente un développement charnu anormal.

Ces deux variétés rendent l'avant-main lourd et, dans le second cas, l'animal est sujet à des maladies des yeux.

La *tête de vieille* est amaigrie, sèche et osseuse ; c'est son apparence particulière qui lui fait donner ce nom. Elle appartient généralement aux chevaux vieux et usés.

La *tête moutonnée* présente une forte courbure convexe au front.

En outre, la tête prend diverses qualifications suivant la manière dont elle est reliée à l'encolure.

Quand la gouttière parotidienne est bien dessinée, convenablement évidée et large, la tête est dite *bien attachée*.

Si la gouttière est trop profondément accusée, la tête est dite *mal attachée* ou *décousue*.

Et enfin, dans le cas contraire, c'est-à-dire si le sillon parotidien manque, si les chairs de la tête se continuent

Fig. 46. — Tête horizontale.

dans le même plan avec celles du commencement de l'encolure, la tête est dite *plaquée*.

Les têtes peuvent encore être : *lourdes, sèches, décharnées, petites, longues, courtes, maigres,* etc. ; nous ne nous arrêterons pas à les décrire.

Enfin la tête est portée de différentes façons par le cheval : *horizontalement, verticalement,* ou dans une position *qui tient le milieu* entre ces deux dernières.

Dans le premier cas, on dit que le cheval *porte au vent*. Il est alors bien placé pour fournir la plus grande somme de vitesse (fig 46), car l'air afflue avec facilité dans les naseaux et les poumons. En outre, l'arrière-main est soulagé, en raison de ce que le centre de gravité du corps est reporté beaucoup plus en avant.

A
G
E
V
D
J
S
P
C
10 9 1 2 3 11
17 16 12 14 13 8 7 6 5 15
42 19 18
21 43 25 24 30 31 33 32 23
45 26 28 29 27
46 47
48 34
36 35 C 35 36 35
37 39 37 39 40 32 39
38 40 38 40 38 40 o

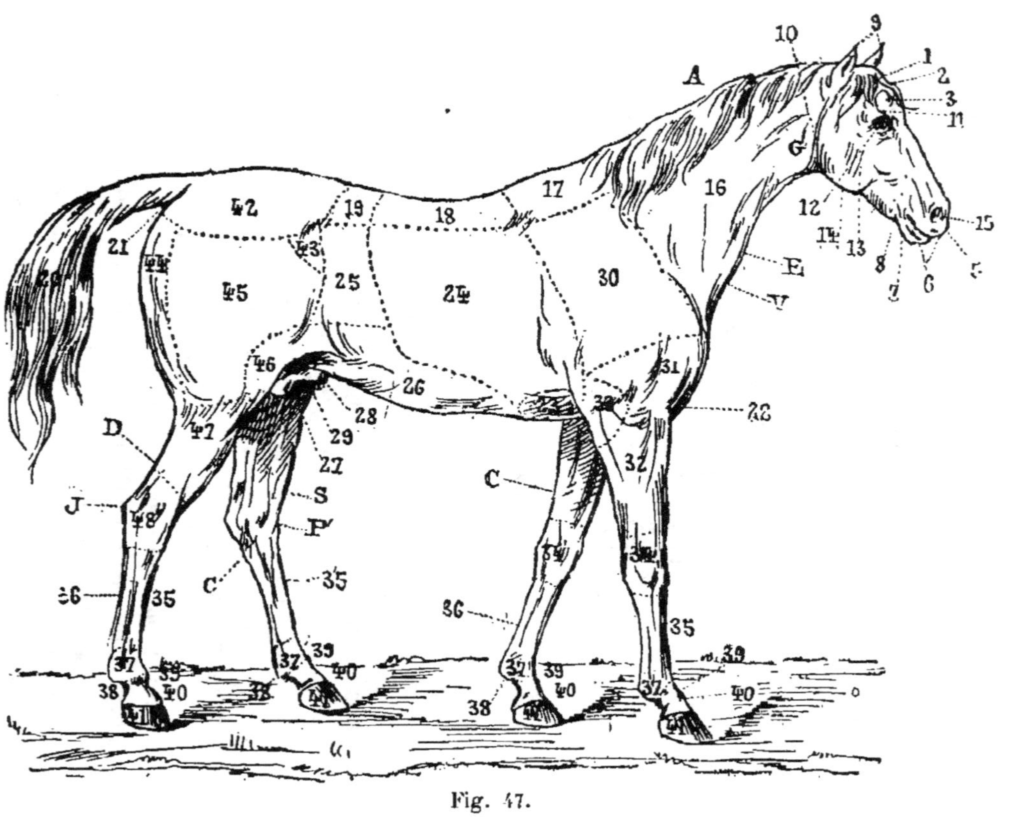

Fig. 47.

Fig. 47.

1, Nuque.
2, Toupet.
3, Front.
4, Chanfrein.
5, Bout du nez.
6, Lèvres.
7, Menton.
8, Barbe.
9, Oreilles.
10, Région parotidienne.
11, Salières.
12, Yeux.
13, Joues.
14, Ganache.
15, Naseaux.
16, Encolure.
17, Garrot.
18, Dos.
19, Rein.
20, Queue.
21, Anus.
22, Poitrail.
23, Passage des sangles.
24, Côtes.
25, Flanc.
26, Ventre.
27, Testicules.
28, Pénis ou Verge.
29, Fourreau.

30, Epaules.
31, Bras.
32, Avant-bras.
33, Coude.
34, Genou.
35, Canon.
36, Tendon.
37, Boulet.
38, Fanon.
39, Paturon.
40, Couronne.
41, Pied.
42, Croupe.
43, Hanche.
44, Fesse.
45, Cuisse.
46, Grasset.
47, Jambe.
48, Jarret.
A, Crinière.
G, Gorge.
E, Gosier.
V, Gouttière jugulaire.
C, Châtaigne.
S, Saphène.
P, Pli du jarret.
J, Pointe du jarret.
D, Corde du jarret.

Quand le cheval porte la tête *verticalement* (fig. 48) le centre de gravité est au contraire rejeté vers l'arrière-main. L'animal a des allures gracieuses et élégantes,

Fig. 48. — Tête verticale.

des allures de manège et de cirque; mais il respire plus difficilement, car le sommet de la trachée-artère est

Fig. 49. — Tête bien portée.

comprimé. Dans ce cas, et lorsque la position verticale de la tête est encore exagérée, on dit que le cheval est *encapuchonné.*

Dans la position intermédiaire, la tête est placée dans les meilleures conditions. L'animal respire bien et le mors repose naturellement sur les barres; l'arrière-main n'est pas surchargé et toutes les fonctions des membres s'exécutent sans effort et naturellement. On dit alors que la tête est *bien portée* (fig. 49).

Décrivons maintenant les diverses parties constitutives de la tête :

La nuque

est la partie située entre le sommet de la tête et la naissance de l'encolure.

Le toupet

est l'extrémité antérieure de la crinière ; c'est une touffe plus ou moins abondante de crins qui flotte sur le front, entre les deux oreilles. Chez certaines races, le toupet tombe jusque sur les naseaux et couvre les yeux de l'animal. Dans ce cas, il est bon de le diviser en deux ou trois flocons que l'on tresse et qui sont rejetés de chaque côté de la tête sur les joues.

Le front

est la partie supérieure et antérieure de la tête, du sommet au niveau des yeux ; large et bien conformé, il indique chez le cheval une supériorité de race et d'excellentes qualités.

Le chanfrein

est cette partie antérieure de la tête, s'étendant du niveau des yeux aux naseaux ; il peut être *plat, busqué, camus*, etc. Il faut qu'il soit droit et large ; dans ces conditions, le cheval respire aisément et possède des qualités sérieuses de vitesse et de fond.

Le bout du nez

part de l'extrémité inférieure du chanfrein et se termine au bord de la lèvre supérieure. Cette partie est extrêmement musculeuse et nerveuse, mobile surtout. Elle sert au cheval pour prendre ses aliments et les amener sous les dents.

La bouche

est située à l'extrémité inférieure de la tête, et se compose des diverses parties énumérées ci-après :

1° *Les lèvres* ; à l'état normal, quand le cheval est en pleine santé et encore vigoureux, elles sont en contact. Dans la vieillesse, l'usure ou la maladie, la lèvre inférieure pend.

2° *Les dents*, dont nous avons déjà parlé à propos du squelette, et dont nous nous occuperons encore à propos de la recherche de l'âge du cheval. Elles sont au nombre de quarante, divisées également entre chaque mâchoire, et, dans chacune, disposées symétriquement de chaque côté de l'axe longitudinal de la mâchoire, c'est-à-dire :

24 *molaires* : 12 à chaque mâchoire, près de l'articulation, 6 de chaque côté.

4 *canines* ou *crochets* : 2 à chaque mâchoire, placées latéralement, comme les molaires.

12 *incisives* : 6 à chaque mâchoire, placées à la partie antérieure.

3° *Les barres* sont cette partie des branches des maxillaires qui s'étendent, chez le cheval, des *molaires* aux *canines* et, chez la jument, des *molaires* aux *incisives*. Cette partie est vide et reçoit le mors. Si les barres sont basses, plates ou arrondies, la chair qui les recouvre est peu sensible à l'effet du mors, et on dit que la bouche est *dure* ; dans le cas contraire, si les barres sont hautes, minces, *tranchantes*, l'effet du mors s'y fait vivement sentir, et l'on dit alors que le cheval a la bouche sensible.

4° *Le palais* est la voûte de la cavité buccale.

5° *Le canal* est cette partie intermédiaire des deux maxillaires où est logée la langue.

6° La *langue* est ce muscle, logé dans le canal, qui sert au cheval à malaxer les aliments que les dents broient, et à pousser le bol alimentaire dans l'arrière-bouche. Elle est dite *pendante* quand l'animal la laisse en partie hors de la bouche, et *serpentine* lorsqu'il l'agite continuellement au dehors, principalement quand il est bridé.

7° Le *voile du palais* est une cloison qui sépare la bouche de l'arrière-bouche.

Le menton

est une pelote située entre la lèvre inférieure et

La barbe.

C'est la partie située au-dessous du point de jonction des branches du maxillaire, en arrière du menton. Après elle vient

L'auge.

C'est le creux formé, sous la tête, par les deux branches du maxillaire entre la barbe et

La gorge.

C'est la partie de la tête située au-dessus de l'auge, à la jonction de la tête et de l'encolure, contre le larynx et la partie supérieure de la trachée-artère. Trop comprimée par la jugulaire de la bride, elle occasionne des toux fréquentes chez le cheval.

Les oreilles

ont été décrites à propos du sens de l'ouïe. Elles sont au nombre de deux et placées de chaque côté du sommet de la tête. L'étude de leurs mouvements indique généralement le caractère de l'animal. S'il les porte continuellement en avant, par à coups fébriles et violents, il est ombrageux, défaut provenant non-seulement du caractère spécial, mais encore, souvent, de la myopie. Quand il les porte en arrière, il indique presque toujours l'intention d'attaquer ou de se défendre. Selon la position qu'elles affectent, les oreilles sont dites *oreilles de cochon*, si elles pendent en dehors, etc. — Le cheval qui a de grandes oreilles, surtout si elles sont *oreilles de cochon*, est dit *oreillard*.

Les parotides.

C'est la partie de la tête située au-dessous des oreilles, et correspondant aux glandes salivaires parotides.

Les tempes.

C'est la partie de la tête qui se trouve au-dessus de l'œil, entre le front et les joues.

Les salières

sont situées au-dessus des yeux, de chaque côté du front. Profondes, elles sont communément un signe de vieillesse; cependant, chez des chevaux jeunes et vigoureux, les salières présentent souvent cette conformation défectueuse.

L'œil

a été suffisamment décrit quand nous nous sommes occupés de la *vision*. Il faut que cet organe soit clair, transparent, vif, bien conformé, ni trop gros ni trop petit, parfaitement en rapport avec les dimensions de la tête ; mobile et sain.

Caché sous des paupières épaisses qui ne le laissent pas voir entièrement, l'œil est dit *petit* ou *gros*, ou *œil de cochon*.

Quand au contraire il est saillant et trop découvert, il est dit *gros* ou *œil de bœuf*.

S'ils ne présentent pas le même volume, précisément

par un trop fort développement de l'une des paupières,
les yeux sont dits *inégaux*.

Et si l'iris présente des taches marbrées, ils sont dits
vérons.

Les joues

sont deux larges surfaces situées de chaque côté de la
tête. La partie supérieure doit être solide, unie, dure et
sèche. La partie inférieure, qui s'étend jusqu'à la commissure des lèvres, est légèrement arrondie, et présente parfois une boursouflure due à ce que l'animal
accumule dans cette partie de la bouche une certaine
quantité d'aliments broyés qu'il y conserve, et qui ont
pour moindre inconvénient de communiquer à son ha-
leine une odeur fétide. On dit, dans ce cas, que le cheval *fait magasin* ou *fait grenier*.

Les ganaches

sont formées par les deux branches du maxillaire et
c'est dans leur intervalle que se trouve l'auge. Elles
sont bien placées quand leur écartement est assez grand,
sans pourtant être exagéré. Quand elles sont grosses et
trop écartées, on dit que le cheval est *chargé de ga-
naches*.

Les naseaux.

Orifices des cavités nasales. Ils doivent être roses à
leur partie intérieure, légèrement humides, larges, mobiles et très dilatables, surtout quand le cheval est à
une allure vive. Au repos, elles doivent être immobiles.

L'encolure

est comprise entre la tête et le garrot; c'est le cou du
cheval. Elle présente deux *extrémités*, deux *bords* et
deux *faces* ou *côtés;* l'extrémité antérieure est reliée à
la tête; l'extrémité postérieure est reliée au garrot, au

poitrail et aux épaules. Le bord supérieur porte la crinière ; le bord inférieur contient la trachée-artère et la veine jugulaire.

Fig. 50. — Encolure droite.

Inutile d'expliquer ce qu'on entend par *côté gauche* et *côté droit* de l'encolure.

Quand l'encolure se fond insensiblement, à son extré-

Fig. 51. — Encolure rouée.

mité postérieure, avec la poitrine et les épaules, on la dit *bien sortie ;* elle est *chevillée* ou *fausse* dans le cas contraire. On la dit *penchante* quand le bord supérieur, gros et trop chargé de graisse, pend à droite ou à gauche.

L'encolure trop courte est dite *cou de cochon*. Elle est dite *droite*, quand les deux bords, et principalement le bord supérieur, décrivent une ligne droite au lieu d'une ligne courbe, c'est ce qui se remarque habituel-

Fig. 52. — Encolure renversée.

lement chez le cheval de course. Elle est dite *rouée* quand le bord supérieur décrit une ligne convexe et le bord inférieur une ligne concave. Dans le cas absolument contraire, l'encolure est dite *renversée*. Enfin

Fig. 53. — Encolure de cygne.

l'encolure de *cygne* est celle qui participe de la *rouée* et de la *renversée*; elle est rouée à sa partie antérieure et renversée à sa partie postérieure; quand cette disposition n'est pas exagérée, l'encolure est fort élégante.

11

§ 2. — Du tronc.

Le tronc comprend les seize parties principales suivantes : le *garrot*, le *dos*, le *rein*, la *croupe*, la *queue*, l'*anus*, le *raphé*, le *périnée*, le *poitrail*, l'*ars*, l'*inter-ars*, le *passage des sangles*, les *côtes*, le *flanc*, le *ventre*, et les *organes génito-urinaires*.

Le garrot

est situé entre l'encolure et le dos. Pour qu'il remplisse toutes les conditions nécessaires au bon fonctionnement de la machine animale, il doit être élevé : le cheval se comporte alors parfaitement et sans fatigue aux allures vives. Il doit être aussi un peu incliné en arrière. Quand le garrot est bas et empâté, les mouvements de l'avant-main s'exécutent avec difficulté, la selle est moins bien maintenue sur le dos, elle glisse en avant, et le garrot devient alors le siège de blessures très difficiles à guérir, à moins d'un repos absolu.

Le dos

vient ensuite. C'est la partie qui reçoit la selle et qui supporte directement le poids du cavalier. Il doit être court, droit et bien étoffé. En outre, il doit être légèrement incliné d'arrière en avant. Si cette inclinaison est exagérée, le dos est dit *plongeant*. Quand il présente une ligne concave, on le dit *ensellé ;* quand au contraire cette ligne est convexe, il est dit *dos de mulet*, et si cette courbure est exagérée, il prend le nom de *dos de carpe*. En outre, si le dos est gras, solidement musclé, et présente un renflement de chaque côté de la ligne médiane, creusée alors en forme de sillon, le dos est dit *double*. Si c'est le contraire qui a lieu, c'est-à-dire si la colonne vertébrale fait saillie, le dos est *tranchant :* ce dos est très facilement blessé par la selle.

Le rein

est situé en arrière du dos et lui fait suite. Il doit présenter les mêmes qualités que ce dernier, et, comme lui, peut être *tranchant* ou *double*. En outre, s'il existe entre ces deux parties une ligne de démarcation bien visible, on dit qu'il est *mal attaché*; il est au contraire *bien attaché* lorsque ces deux parties se raccordent insensiblement et sont exactement la continuation l'une de l'autre. Il en est de même du raccord du rein avec

La croupe.

C'est la partie qui est comprise entre le rein et la queue. Pour être bien conformée et réunir toutes les conditions désirables de solidité, il faut qu'elle soit sensiblement aussi longue que le dos et le rein réunis. Quand la croupe est très inclinée d'avant en arrière, on la dit *avalée*. Complètement horizontale, comme chez le cheval de course, elle indique de grandes qualités de vitesse, mais non pas de fond. En outre, dans ces conditions, le cheval n'est pas apte à porter un poids considérable. Comme le rein et le dos, la croupe peut être *tranchante* si les vertèbres font saillie, ou *double* si les muscles latéraux sont volumineux et un peu élevés de chaque côté.

La queue

fait suite à la croupe. Elle est ornée de crins plus ou moins longs et soyeux, selon la pureté de la race. Elle doit être plantée le plus haut possible, courte, grosse à sa base et mince à son extrémité. Quand elle est dépourvue de crins, ou quand les crins sont rares et courts, on la dit *queue de rat*. Ce défaut n'est qu'apparent et n'indique pas de mauvaises qualités chez le cheval qui en est affecté. On la dit *bien attachée* lorsqu'elle se redresse pendant la marche et surtout dans les allures vives; souvent on retranche au cheval une partie du tronçon de la queue; l'animal est alors dit *courte-queue* ou *écourté*. Quelquefois aussi, pour que le cheval porte la queue haut, comme les chevaux de race, on coupe les muscles abaisseurs de cet organe; on dit alors que le cheval est *niqueté*; si, avec les muscles abaisseurs, on coupe aussi quelques nœuds, le cheval est dit *anglaisé*.

L'anus

est l'orifice postérieur du tube digestif. Il doit être *bien marronné*, c'est-à-dire dur, petit, serré, et complètement fermé; cela indique un cheval en bonne santé et dont les muscles ont toute leur vigueur. Quand au contraire le cheval a un tempérament lymphatique, quand il est malade, vieux, ou atteint de désordres intestinaux, l'anus est lâche, entr'ouvert et pendant.

Le raphé

est la ligne qui sépare le périnée des parties génitales.

Le périnée

est la partie située, chez le cheval, de l'anus au scrotum, entre les deux cuisses, et, chez la jument, de l'anus à la vulve. Cette partie doit être lisse, douce, et recouverte de poils très fins.

Le poitrail

est situé à la base de l'encolure. Il doit être large et bien rempli ; cette condition indique chez l'animal l'ampleur de la cavité thoracique, le fort volume des poumons, un jeu facile des mouvements respiratoires, et par conséquent d'excellentes qualités de fond et de vitesse. Quand le cheval est *serré du devant*, c'est-à-dire quand son poitrail est étroit et enfoncé, il ne peut fournir un travail sérieux et de longue durée.

L'ars

est la partie qui se trouve entre les membres antérieurs et le tronc. C'est leur point de jonction. Souvent, dans la marche, et quand cette partie est grasse, il y survient des excoriations déterminées par le frottement des chairs : on dit alors que le cheval *se fraie aux ars.*

L'inter-ars

est la partie qui sépare les deux ars, sous le poitrail. Plus ce dernier est développé, plus l'inter-ars, qui en est pour ainsi dire la base, a de largeur.

Le passage des sangles

fait suite à l'inter-ars, entre ce dernier et le ventre. Son nom indique suffisamment que les sangles de la selle s'appliquent sur cette partie. Il doit être plat à sa partie inférieure, et arrondi sur les côtés, à ses points de jonction avec les côtes.

Les côtes

sont ces parties charnues qui recouvrent les os portant le même nom, et dont nous nous sommes occupés en traitant du squelette. Elles doivent être longues, rondes et bien cintrées; dans cette condition, elles dénotent une grande capacité de la cavité thoracique, et par conséquent un grand développement des organes respiratoires. Quand elles présentent cet aspect, on dit que le cheval *a du cerceau;* quand au contraire elles ne présentent pas cette courbure, on les dit *plates.*

Le flanc

est situé à la partie supérieure du ventre, entre les hanches et les côtes. Comme le dos et le rein, il doit être rond et court. Quand il présente une cavité assez prononcée, on le dit *creux,* si cette cavité remonte et est terminée par une sorte de lien saillant, on le dit *cordé.* Il est *levretté* quand il offre l'aspect du flanc du lévrier.

Le flanc est alternativement gonflé et déprimé par les mouvements respiratoires (*inspiration* et *expiration*).

Dans l'état de santé, ces mouvements sont au nombre de 16 par minute; quand le cheval est atteint de maladies particulières, surtout de maladies des organes respiratoires, ce nombre est augmenté de beaucoup.

Le ventre

fait suite au *passage des sangles*. Il doit être rond, bien conformé, ni trop volumineux, ni trop plat; il faut que sa ligne médiane soit la continuation à peu près rectiligne de celle des parties antérieures, passage des sangles et inter-ars. S'il est très peu développé, on le dit *étroit de boyaux*. S'il l'est moins encore, c'est-à-dire s'il est rentré, on le dit *retroussé* ou *levretté*, et on dit que le cheval *manque de boyaux*. Si au contraire le ventre est gros, tuméfié, volumineux, il est dit *ventre de vache*, ou *ventre tombant*.

Les organes génito-urinaires

sont situés en avant du périnée. Ils se composent :

1° *Chez le mâle :* du *fourreau*, de la *verge* et des *testicules*.

Le *fourreau* est la partie apparente et longue de l'organe. C'est un repli de la peau, d'une certaine épaisseur et d'une très grande élasticité, qui enveloppe la verge, au repos. Il ne doit être ni trop lâche ni trop étroit; la verge doit pouvoir en sortir et y rentrer facilement. Trop étroit, il s'oppose à la sortie de cette dernière, et l'urine y séjourne en plus ou moins grande quantité, au lieu d'être expulsée directement au dehors. — La *verge* ou *pénis* est composée de muscles érectiles et contient le canal excréteur de l'urine. Les canaux communiquant aux appareils sécréteurs du liquide prolifique y débouchent aussi. Elle doit être cylindrique, régulière, et de moyenne grosseur; elle doit entrer facilement dans le fourreau et en sortir aisément quand l'animal urine. Souvent, par un relâchement des muscles de ces parties, la verge pend hors du fourreau et n'y rentre plus que fort lentement et au bout d'un temps plus ou moins long ; on la dit alors *pendante* ; c'est un vice de conformation qui occasionne parfois des déchirures et des ulcères à cet organe dans ses chocs contre les jambes de l'animal, dans la marche et surtout aux allures vives. — Les *testicules* sont deux corps à peu près cylindriques sécrétant le liquide prolifique. Ils sont contenus dans une bourse, ou *scrotum*, suspendue entre les cuisses. La substance du scrotum doit être lisse, souple, et exempte de verrues ou d'excoriations. Le volume général de cet organe ne doit pas être trop développé. Quelquefois le scrotum ne contient qu'un seul testicule, l'autre étant resté dans l'abdomen ; on dit alors que le cheval est *monorchide ;* si les deux testicules sont restés dans l'abdomen, le scrotum étant absolument vide, ridé et raccourci, le cheval est dit *cryptorchide*. Les animaux qui sont dans ce cas sont le plus souvent hargneux, violents, vicieux, et d'un service difficile et dangereux.

Enfin, le cheval possédant ses testicules prend le nom de *cheval* entier. Quand les testicules ont été enlevés, il est dit *hongre* ou *castré*.

2° *Chez la femelle.* — L'appareil génito-urinaire se compose de deux parties : la *vulve* et les *mamelles*. — La vulve est l'ouverture extérieure de l'organe génital. Elle affecte la forme d'une fente longitudinale, ou d'un repli membraneux, au-dessous de l'anus. On y distingue deux lèvres : celle de droite et celle de gauche, et deux commissures : la supérieure et l'inférieure. Dans l'intérieur de celle-ci, se trouve une petite excroissance noirâtre, charnue, arrondie et érectile, que l'on nomme le *clitoris*. — Les *mamelles*, au nombre de deux, sont placées de chaque côté de la région inguinale ; elles sont à peine visibles dans l'état ordinaire, et acquièrent par l'afflux du lait un volume plus ou moins considérable quand la jument porte.

§ 3. — DES MEMBRES.

Avant de décrire les membres et les diverses parties de leur structure générale, disons ce que l'on entend par le mot *bipède*. Il ne s'agit pas ici de la qualification donnée à divers animaux, et principalement à l'homme ; il s'agit tout simplement de *deux des pieds du cheval* considérés ensemble : ceux de devant, ceux de derrière, ceux du même côté, et enfin l'un de devant avec l'un de derrière.

La figure 54 montre ce qu'on entend par *bipède antérieur, bipède postérieur, bipède latéral droit,* et *bipède latéral gauche :* le premier est constitué par les deux membres de devant ; le second, par les deux membres de derrière ; le troisième, par le membre droit de devant et le membre droit de derrière ; et le quatrième, par le membre gauche de devant et le membre gauche de derrière.

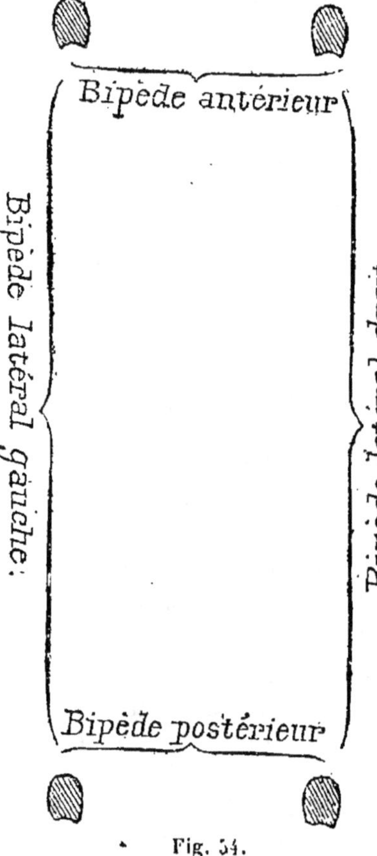

Fig. 54.

La figure 55 montre ce qu'on entend par *bipède diagonal droit.* Il est constitué par le membre droit de devant et le membre gauche de derrière.

La figure 56 montre ce qu'on entend par *bipède dia-gonal gauche*. Il est constitué par le membre gauche de devant et le membre droit de derrière.

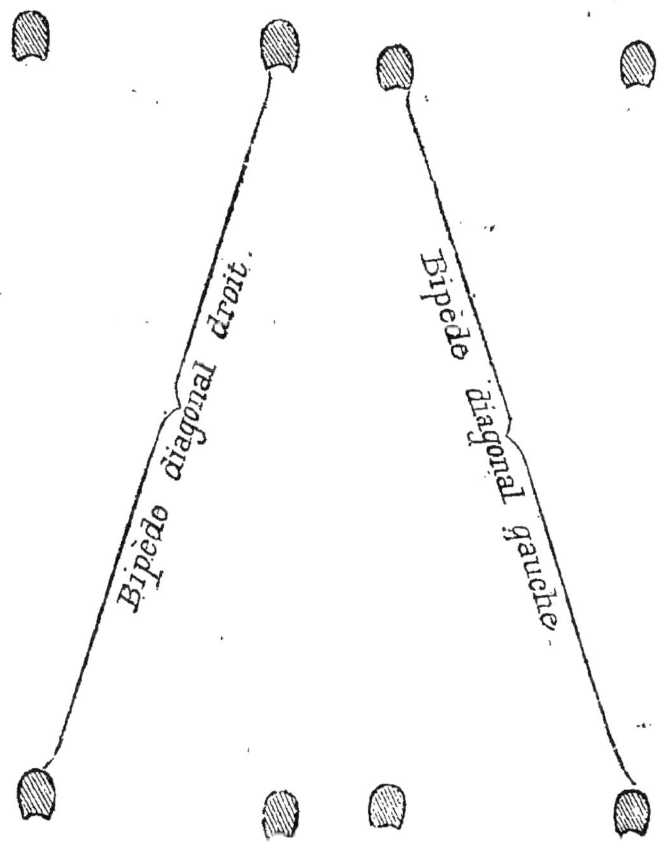

Fig. 55.   Fig. 56.

Les quatre membres du cheval peuvent donc être groupés entre eux, deux à deux, de six manières diffé-rentes qui constituent autant de *bipèdes* particuliers.

Nous allons maintenant nous occuper des

11.

MEMBRES ANTÉRIEURS.

Chacun de ces membres comprend les parties suivantes : l'*épaule*, le *bras*, l'*avant-bras*, le *coude*, le *genou*, le *canon*, le *tendon*, le *boulet*, le *paturon*, la *couronne*, le *fanon*, l'*ergot* et le *pied*.

L'épaule.

Elle a pour base le scapulum et les muscles considérables qui s'y fixent. Elle doit être longue et oblique pour remplir toutes les conditions de beauté, de solidité et de puissance. Du reste, plus cette obliquité se rapproche de la direction horizontale, plus le cheval possède de force et de vitesse. Au contraire, quand l'épaule, au lieu d'être inclinée fortement, se rapproche de la direction verticale, elle perd de sa puissance et de sa longueur, et le cheval ne peut donner à son cavalier qu'une vitesse restreinte. Remarquez combien l'épaule est longue et oblique chez le cheval de course ! En outre, il faut que les muscles qui la composent soient bien nourris ; dans le cas contraire, l'énergie diminue et l'épaule est dite *décharnée* ou *plate*. Souvent, au sortir de l'écurie, les épaules du cheval paraissent ankylosées ; leur jeu est restreint et s'exécute avec difficulté ; on dit alors que l'animal a l'épaule *froide ;* ce malaise se dissipe promptement ; mais s'il persiste, on dit alors que l'épaule est *plaquée* ou *chevillée ;* grave défaut qui rend le cheval absolument impropre à un service suivi, quelle que soit la beauté de conformation de son épaule.

Le bras

est la partie du membre formée par l'humérus et les muscles qui entourent cet os. L'articulation par laquelle il est réuni à l'épaule, et qui est le centre de tous ses mouvements, forme la *pointe de l'épaule*, à la partie supérieure, extérieure et antérieure du bras. Le bras ne doit être ni trop long ni trop court; trop long, il expose le cheval à butter ou à *raser le tapis*, c'est-à-dire à progresser en levant à peine le pied ; trop court, il produit l'exagération opposée. Pour qu'il soit bien conformé, il faut que le bras ait des muscles puissants et qu'il fasse avec l'épaule un angle qui soit approximativement de 100 degrés; il faut aussi qu'il se meuve dans un plan parallèle à celui qui passerait par l'axe du corps et non en décrivant en dedans ou en dehors des courbes plus ou moins accusées.

L'avant-bras

continue le bras jusqu'au genou. Plus il est long, plus le cheval a de vitesse; plus il est musculeux, plus l'animal a de fond ; dans ces conditions, le genou est placé bas, comme cela a lieu d'ailleurs chez les animaux doués d'une grande vitesse, les chiens, les lévriers surtout. L'avant-bras doit être dirigé verticalement, de façon à supporter normalement et sans fatigue le poids du corps.

A la face interne de l'avant-bras se trouve une plaque cornée plus ou moins faible dans ses dimensions et son épaisseur, selon que le cheval appartient à une race plus élevée. Cette plaque se nomme *châtaigne*.

Le coude

situé à la partie postérieure du bras, est formé par l'apophyse olécrane et les muscles qui s'y rattachent.

Il doit être long pour ajouter à la puissance des muscles qui le font mouvoir, et dirigé parallèlement à l'axe du corps. Quand il est tourné en dehors, il oblige le membre à se tourner en dedans et le cheval est *cagneux*; dans le cas contraire, le cheval tourne ses membres en dehors et est dit *panard*. Cette partie du corps est sujette à des blessures souvent difficiles à guérir chez certains chevaux qui se couchent en repliant leurs membres antérieurs sous leur poitrine : le poids du corps fait appliquer fortement les fers contre les coudes qui sont bientôt entamés. La tumeur qui en résulte prend le nom d'*éponge*, et les chevaux qui prennent cette attitude se *couchent en vache*.

Le genou

est situé au-dessous de l'avant-bras, et est formé par l'articulation des métacarpiens, du radius et des os carpiens. Sa face antérieure doit être unie, large, sèche, et arrondie sur les côtés. Il doit être exactement dans la ligne droite et verticale partant du sommet du membre et aboutissant au milieu du pied. S'il se porte en avant, on dit qu'il est *arqué*. Dans le cas contraire, on le dit *genou creux*; s'il est dévié en dehors, on le nomme *cambré*, et il se dit *genou de bœuf* s'il est dévié en dedans. La face postérieure de cette partie du membre prend le nom de *pli du genou*. Elle est souvent le siège de *malandres*, sorte de crevasses difficiles à guérir. Quand, dans une chute, le cheval se blesse aux genoux, on dit qu'il s'est *couronné*.

Le canon

vient après le genou. Il est formé par les métacarpiens, le ligament suspenseur du boulet, et les tendons commandant les mouvements du pied. Plus l'avant-bras est long, plus le canon doit être court; c'est là une condition de grande vitesse, et elle existe à un haut degré chez le cheval de course. En outre, inutile de le répéter, il doit être dans le prolongement de la verticale partant du sommet du membre et aboutissant au milieu du pied. Le canon est souvent le siège de diverses affections morbides; certaines tumeurs, nommées *molettes*, s'y font remarquer, ainsi que des exostoses de diverses formes et de grosseurs différentes nommées *suros*. Ces suros prennent la qualification de *chevillés* s'ils sont au nombre de deux et placés, l'un en dehors, l'autre en dedans du canon. S'ils sont en plus grand nombre, et placés les uns près des autres, on les dit *fusés*. Ces suros déterminent presque toujours des boiteries plus ou moins graves et persistantes.

Le tendon

est situé derrière le canon et est formé par l'ensemble des tendons des fléchisseurs du pied. Il doit être dur, sec, et bien séparé du canon. C'est une condition essentielle pour sa force et son bon fonctionnement; mou et relâché, ou trop rapproché du canon, il ne peut remplir ses fonctions avec vigueur. Dans ce dernier cas, c'est-à-dire quand il n'est pas suffisamment détaché du canon, on le dit *tendon failli;* quand, dans un violent effort, le tendon a dépassé son point limite d'élasticité, il devient le siège d'un engorgement grave et très douloureux qui prend le nom d'*effort de tendon*.

Le boulet

est formé par les articulations du canon, du paturon et des deux grands sésamoïdes. Il doit être large et doit former avec le paturon un angle d'environ 55 degrés. Il est souvent le siège de tumeurs graves qui nécessitent l'emploi du feu pour leur guérison; des boiteries intenses et prolongées sont la conséquence de ces affections. Souvent aussi, par suite d'une mauvaise ferrure, le cheval se coupe aux boulets, dans leur partie interne; cela peut provenir aussi, avec une bonne ferrure, de ce que les membres ne se meuvent pas dans un plan absolument vertical, et alors le cheval est incapable de faire un bon service. Comme le canon, le boulet est quelquefois le siège de tumeurs qui prennent le nom général de *molettes*.

Le paturon

est formé par le premier phalangien et fait suite au boulet. Il doit être court pour jouir d'un bon fonctionnement : on le dit alors *court-jointé;* s'il a une longueur un peu exagérée, on le dit *long-jointé;* il est alors dans des conditions de solidité défectueuses et l'animal se fatigue promptement. Pour qu'il présente les meilleures conditions, il doit faire avec le sol un angle d'environ 55 degrés.

Le fanon

est une touffe de poils située derrière le boulet. Plus le cheval a de race, moins cette touffe est abondante.

L'ergot

est une petite proéminence cornée située vers le centre du fanon.

La couronne

est la continuation du paturon et relie ce dernier au sabot, au pied proprement dit. Elle doit être large et régulière.

Le pied.

Le pied se compose de *parties externes* et de *parties internes*.

1° PARTIES EXTERNES. — Elles forment le sabot, c'est-à-dire la partie du pied visible à partir de l'endroit où finissent les poils de la couronne. On donne aussi au sabot le nom de *boîte cornée* et d'*ongle*, et il se compose de quatre parties qui prennent le nom de *paroi, sole, fourchette* et *périople.*

La *paroi* est tout ce que l'on voit de la corne quand

le pied repose à terre. On la divise en *pince* (partie antérieure de la paroi), en *mamelles* (parties latérales, de chaque côté de la pince), en quartiers (parties latérales et plus en arrière, à la suite des mamelles), en *talons* (points situés derrière le pied où la paroi se

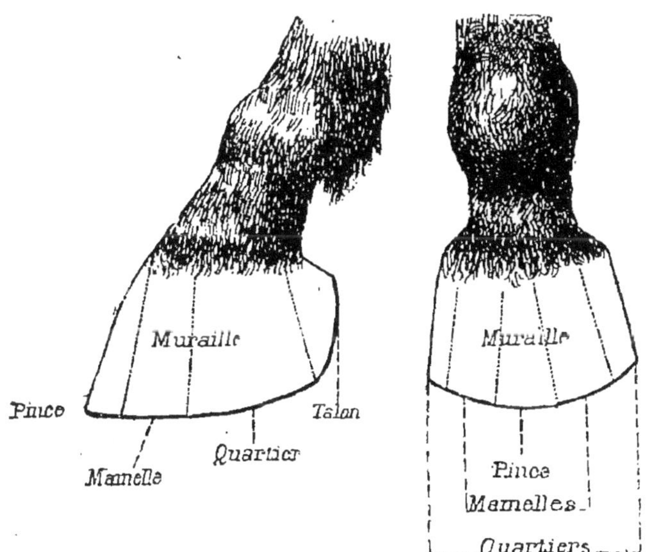

Fig. 57.

continue vers l'intérieur), et en *barres* (parties prolongées de la paroi, contre la fourchette.

Les figures 57 et 58 représentent ces différentes parties de la *paroi*.

La *sole* est le dessous du pied ; c'est une plaque cornée suivant exactement les contours de la paroi, comme cette dernière, elle possède une pince, des mamelles, des quartiers et des talons (fig. 58).

La *fourchette* (fig. 58) est la partie du pied, en dessous, occupant l'intervalle laissé entre elles par les barres. Le milieu de la fourchette est déprimé et forme ce que l'on appelle le *vide* ou *lacune* de la fourchette ; de chaque côté existe un bourrelet ou renflement qui prend le nom de *branche de la fourchette*, et les extrémi-

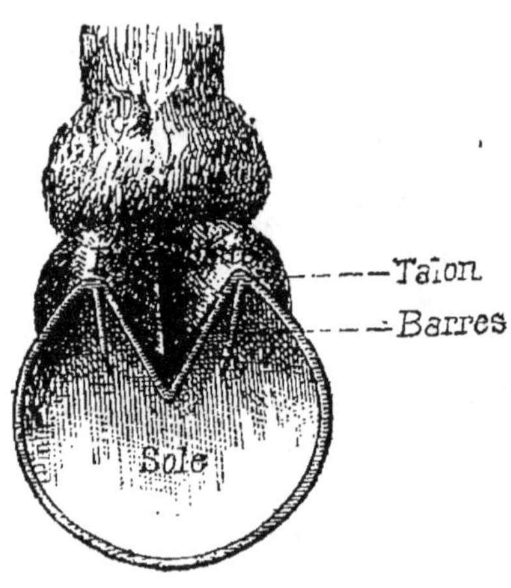

Fig. 58.

tés postérieures de ce bourrelet prennent le nom de *glômes ;* quand la fourchette sécrète un liquide particulier, noirâtre et fétide, on la dit *échauffée ;* si elle est ramollie à un haut degré, on la dit *pourrie ;* et quand cet état devient encore plus prononcé, la maladie prend le nom de *crapaud*.

Le *périople* est un bourrelet mince et aplati, de substance cornée, qui entoure la partie supérieure du sabot et contribue, par une sécrétion continuelle, à lubréfier la corne et à lui donner l'aspect brillant qu'elle a dans l'état de santé.

2° PARTIES INTERNES. — Les parties contenues dans le sabot sont les *os*, le *coussinet plantaire*, les *fibro-cartilages*, les *nerfs*, et le *tissu réticulaire*.

Les *os* sont au nombre de trois : l'*os du pied*, le *petit sésamoïde* et l'*os de la couronne*. Ils sont réunis par une articulation à charnière leur permettant des mouvements d'extension et de flexion, et par quatre ligaments puissants.

Le *coussinet plantaire* correspond, dans le pied, à la fourchette.

Les *fibro-cartilages* entourent l'*os du pied* proprement dit et concourent à assurer le bon fonctionnement de l'organe au point de vue surtout de la dilatation des parties qui le constituent.

Les *nerfs* et les vaisseaux sont nombreux dans le pied. Artères et veines s'y trouvent en nombre considérable et y établissent une sensibilité très exaltée.

Le *tissu réticulaire* n'est autre chose que la substance charnue qui enveloppe et relie les différentes parties internes dont nous venons de nous occuper.

Selon sa conformation, le pied est dit : pied *petit*, pied *grand*, pied *plat*, pied *comble*, pied *mou*, pied *faible*, pied *sec*, pied *inégal*, pied *étroit*, pied *panard*, pied *à talons serrés*, pied *à talons bas*, pied *à talons hauts*, pied *creux*, pied *dérobé*, pied *de travers*, pied *cagneux*, pied *rampin*, pied *cerclé*, pied *encastelé*, etc.

MEMBRES POSTÉRIEURS

Chacun de ces membres comprend les parties suivantes : la *hanche*, la *fesse*, la *cuisse*, le *grasset*, la *jambe*, le *jarret*, le *canon*, le *tendon*, le *boulet*, l'*ergot*, le *fanon*, le *paturon*, la *couronne* et le *pied*.

La hanche

fait suite à la croupe, avec laquelle elle n'a d'ailleurs aucune délimitation bien tranchée. Elle doit être forte, musculeuse et pleine, comme la croupe. Dans ce cas, le cheval est dit *ossu*, *hanchu* ou *cornu*; dans le cas contraire, la hanche est dite *coulée*, *effacée* ou *noyée*. Dans leur jeune âge, les chevaux sont parfois, — et en raison de leur pétulance, — sujets à des chocs plus ou moins graves aux hanches, dans le passage d'une porte, contre un poteau, un arbre, etc. — Il en résulte une déviation de l'angle antérieur et externe de l'ilium qui fait que les deux hanches ne sont plus au même niveau, et que les allures sont moins régulières. Dans ce cas le cheval est dit *éhanché* ou *épointé*.

La fesse

repose sur l'extrémité postérieure du coxal, en arrière de la cuisse et au-dessous de la croupe. Comme cette dernière et la hanche, elle doit être ronde et bien musclée ; le cheval est dit alors *bien culotté*. A sa partie supérieure, à l'angle formé par l'ischium, la fesse présente une saillie nommée *pointe de la fesse ;* le développement de cet angle et son éloignement de la partie postérieure constituent une des beautés de la fesse. Chez les chevaux maigres, et dont les muscles sont ridés et contractés, on dit que la fesse présente les *raies de misère.*

La cuisse

est constituée par les muscles qui entourent le fémur. Elle aussi doit être solidement musclée, ce que l'on exprime en la disant *bien gigottée ;* si elle est étique, grêle, maigre, elle prend le nom de *cuisse de grenouille.* Elle doit être longue et dirigée très obliquement d'arrière en avant pour remplir les conditions d'un bon fonctionnement : il en est d'ailleurs d'elle comme de l'avant-bras, et je renvoie le lecteur à ce que j'ai dit précédemment de cette partie des membres antérieurs.

Le grasset

est constitué par les muscles de la rotule, centre d'action des muscles moteurs de la jambe ; il est situé entre cette dernière et la cuisse et est relié à l'abdomen par le *pli du grasset.*

La jambe

est constituée par le tibia et les muscles qui l'entourent ; elle est située entre le grasset et le jarret. Elle aussi, comme la cuisse, doit être dans une direction oblique pour produire un bon fonctionnement. Longue, elle produit de la vitesse ; courte, elle rend l'arrière-main plus solide, mais l'allure est moins rapide et le cheval est sujet à raser le tapis. Toujours l'éternel principe de mécanique : *ce que l'on gagne en force, on le perd en vitesse.*

Le jarret

est constitué par la partie inférieure du tibia, les os tarsiens et la partie supérieure du canon : c'est la plus importante des articulations du membre postérieur. Le jarret supporte, en effet, l'effort considérable, surtout aux allures vives, des muscles puissants et nombreux de l'arrière-main. Il doit être épais, large et sec. Sa partie antérieure se nomme le *pli du jarret ;* la partie postérieure, constituée par l'extrémité supérieure du calcanéum, se nomme la *pointe du jarret ;* les tendons situés en arrière, longitudinalement, forment la *corde du jarret ;* et la cavité qui existe entre le jarret proprement dit et cette corde tendineuse se nomme le *creux du jarret.*

Le jarret est *droit* lorsque l'angle formé par le canon et le tibia a une ouverture un peu exagérée. Cette conformation est très favorable à la vitesse. Il est *coudé* dans le cas contraire ; dans ce cas il réunit plutôt des conditions de force et de solidité. Il est *étranglé* quand il est large du haut et étroit du bas ; conformation qui prédispose cette partie à plusieurs maladies, dites *tares.*

Le canon, le tendon, le boulet, le paturon, la couronne et le pied

ont déjà été décrits quand nous nous sommes occupés des membres antérieurs. J'ajouterai seulement que les pieds *antérieurs* sont moins allongés que les *postérieurs,* qu'ils ont la paroi plus oblique, les talons moins élevés, la fourchette plus grande, la corne plus résistante et la sole plus plate.

CHAPITRE XI

DES ALLURES DU CHEVAL.

Des allures. — *Allures naturelles :* le pas, le trot, le galop. — *Allures naturelles mauvaises :* le galop à quatre temps, l'aubin, le pas relevé, l'amble, l'amble rompu, le traquenard ou entrepas. — *Particularités des allures.*

On donne le nom d'allures aux divers modes employés par le cheval pour progresser, c'est-à-dire pour aller d'un lieu dans un autre. Ces allures sont lentes ou rapides. On les divise généralement en allures *naturelles* et allures *artificielles.* Nous ne nous occuperons que des premières, les autres étant spécialement données au cheval en vue de l'œil seulement, et non pour lui faire acquérir de meilleurs moyens d'action au point de vue d'un service bon, continu et énergique.

Les ALLURES NATURELLES sont divisées en deux grandes classes : les *bonnes* et les *mauvaises.*

ALLURES NATURELLES BONNES

Elles comprennent le *pas*, le *trot* et le *galop* ; le cheval les exécute naturellement, sans les avoir jamais apprises ; l'homme intervient seulement pour les modifier à son gré, suivant le but qu'il se propose, tant au point de vue du brillant des mouvements, qu'à celui de la rapidité ou de la sûreté de la locomotion.

Le pas.

Le cheval exécute le pas en posant successivement sur le sol ses quatre pieds dans l'ordre suivant :

1° Le pied droit de devant ;
2° Le pied gauche de derrière ;
3° Le pied gauche de devant ;
4° Le pied droit de derrière.

Quand l'un des pieds a décrit la moitié à peu près de sa course *pendant le lever*, le pied suivant exécute son *frapper*, et ces *frappers* sont si rapprochés que très souvent on ne perçoit que deux bruits au lieu de quatre ; le cheval est à peu près soutenu, au pas, par les deux bipèdes diagonaux alternativement (fig. 59).

Fig. 59.

C'est l'allure à laquelle le cheval peut marcher l'espace de temps le plus considérable, car c'est celle dans laquelle les muscles se meuvent le plus normalement, sans grands efforts, presque machinalement : on voit souvent des chevaux *dormir*, au pas, surtout dans les marches longues et consécutives. Dès que le pas devient plus prompt, plus *allongé*, par la volonté du cavalier, le cheval se fatigue et fournit une course moins longue.

Au pas, le cheval fait en moyenne un mètre par seconde ; au *pas allongé*, il fait environ deux mètres.

Le trot

est l'allure qui vient après le pas dans les conditions ordinaires. En progressant ainsi, le cheval frappe le sol alternativement avec les deux bipèdes diagonaux. L'intervalle assez court qui existe dans le pas entre le *frapper* de chaque pied n'a plus lieu, et quand l'un des bipèdes diagonaux a posé sur le sol, le cheval est un moment en l'air sans aucun point de sustentation, sans support ; c'est précisément dans ce moment que son corps, lancé par la détente des membres, se porte ra-

pidement en avant pour retomber plus loin et subir derechef et instantanément l'effet de la détente de l'autre bipède diagonal.

Il y a trois sortes de trot : le *petit trot*, le *trot ordinaire* et le *grand trot*, suivant la rapidité qu'acquiert l'allure (fig. 60).

Fig. 60.

A cette allure, le cheval fait en moyenne 3 m. 50 par seconde.

Le galop.

Dans cette allure, la plus vive, le cheval exécute trois battues, et les membres posent sur le sol dans l'ordre suivant :

1° L'un des membres postérieurs ;

2° L'un des bipèdes diagonaux dont ne fait pas partie ce membre postérieur ;

3° L'un des membres antérieurs du côté opposé à celui des postérieurs qui a le premier posé à terre.

En d'autres termes, des deux bipèdes diagonaux for-

mant l'allure du trot, l'un se décompose en ses deux
éléments, et c'est dans l'intervalle de ces deux foulées
qu'a lieu la foulée unique de l'autre bipède diagonal.

Le lecteur a remarqué que je ne spécifie pas lequel
des membres antérieurs ou postérieurs, ou lequel des
bipèdes diagonaux exécute d'abord ou ensuite ses foulées ; voici pourquoi : un cheval galope de deux manières : *à droite* et *à gauche*. Il galope à droite, ou *sur
le pied droit*, quand, pendant l'allure, l'épaule de ce côté

Fig. 61.

est en avant. Il galope à gauche, ou *sur le pied gauche*,
dans le cas contraire.

Par conséquent, il faut distinguer entre ces deux
façons de galoper pour spécifier les membres ou les
bipèdes qui posent sur le sol.

Dans le *galop à droite*, les membres reposent sur le sol
dans l'ordre suivant :

1° Le membre postérieur gauche ;

2° Le bipède diagonal gauche ;

3° Le membre antérieur droit.

Dans le galop à gauche, les membres reposent sur le
sol dans l'ordre suivant ;

1° Le membre postérieur droit ;

2° Le bipède diagonal droit ;

3° Le membre antérieur gauche.

Pendant le galop, comme pendant le trot, le cheval reste un moment en l'air sans être supporté par aucun de ses membres (fig. 61).

En dehors de ces deux manières de galoper, on distingue généralement deux sortes de galop, suivant la vitesse : le *galop ordinaire*, et le *galop de course* ou *galop de charge*.

Le *galop ordinaire* est celui dont nous venons de nous occuper. Il fatigue le cheval encore plus que le trot, et les membres composant le bipède qui pose à terre en une seule foulée sont sujets à des tares nombreuses ; aussi faut-il faire galoper le cheval, surtout quand on parcourt une ligne à peu près droite ou à courbures à grands rayons, sur l'un et l'autre pied alternativement Il faut même s'opposer à la propension naturelle qu'ont certains chevaux pour galoper toujours sur le même pied. Dans la deuxième partie de cet ouvrage, en traitant spécialement de l'ÉQUITATION, je dirai quand le cavalier doit absolument faire galoper sur l'un ou l'autre pied, *au point de vue de sa sécurité personnelle et de celle de son cheval,* et j'expliquerai également les moyens en usage pour déterminer le cheval à entamer le galop *sur le bon pied*.

Au galop ordinaire le cheval fait environ 10 mètres par seconde.

Le *galop de course* est le galop le plus rapide. Dans l'armée il prend le nom de *galop de charge*. Dans cette allure, le cheval dépense tout ce qu'il peut fournir de force, d'activité et de vitesse. Les trois battues que nous avons reconnues au galop ordinaire se confondent très sensiblement ici en deux battues seulement ; le *bipède postérieur* pose d'abord sur le sol, puis le *bipède antérieur ;* pendant un instant aussi, le cheval est en l'air et son corps décrit une trajectoire allongée. Dans cette allure extrêmement vive, les *foulées* du bipède postérieur se marquent sur le sol devant celles du bipède antérieur.

A cette allure, un bon cheval peut parcourir 15 à 20 mètres par seconde.

ALLURES NATURELLES MAUVAISES.

Ces allures sont le *galop à quatre temps*, *l'aubin*, le *pas relevé*, *l'amble rompu*, et le *traquenard* ou *entre-pas*.

Le galop à quatre temps

appartient aux chevaux de races communes. Le cheval fait alors entendre les battues distinctes de chaque pied. Cette allure est assez brillante, surtout au petit galop, mais elle fatigue beaucoup l'arrière-main.

Elle s'exécute de la manière suivante :

Si le cheval galope *à droite :*

1° Membre postérieur gauche ;

2° Membre postérieur droit ;

3° Membre antérieur gauche ;

4° Membre antérieur droit.

Si le cheval galope *à gauche :*

1° Membre postérieur droit ;

2° Membre postérieur gauche ;

3° Membre antérieur droit ;

4° Membre antérieur gauche.

L'aubin

est une allure *mixte* tenant à la fois du trot et du galop. Parfois le cheval galope du devant et trotte du derrière, — et c'est l'aubin le plus commun ; — tantôt il trotte du devant et galope du derrière.

Cette allure est presque toujours l'indice d'une grande faiblesse des reins et d'une usure considérable des membres. Elle est extrêmement disgracieuse. Cependant on voit souvent des chevaux montés prendre l'aubin et le quitter rapidement : cette allure défectueuse provient presque toujours, dans ce cas, de l'ignorance absolue du cavalier qui détermine mal son cheval en avant, ou le contrarie dans une allure vive, principalement lorsque, étant au trot, il veut lui faire prendre le galop.

Le pas relevé.

Le pas relevé, improprement nommé ainsi, puisque les pieds du cheval *rasent le tapis*, est plus rapide que le pas ordinaire et se compose de quatre battues sonnant deux à deux ; c'est, en Algérie, le *pas arabe*, le *pas arbi* ; on fait ainsi beaucoup de chemin, et c'est surtout en Afrique que l'on trouve des chevaux accoutumés à cette allure. Les membres de l'animal se meuvent d'ailleurs dans le même ordre que dans le pas ordinaire, mais beaucoup plus rapidement.

L'amble

est cette allure toute spéciale abandonnée généralement aujourd'hui, et qui procède des mouvements alternatifs des *bipèdes latéraux*. L'animal avance presque simultanément les deux membres du côté droit, puis ceux du côté gauche, et ainsi de suite. En raison de l'instabilité de l'équilibre du corps pendant le *lever* d'un bipède latéral, l'animal est forcé de ressaisir le plus tôt possible le contact du sol. Il lève donc peu les pieds et son allure, très rapide, comme celle du pas *relevé*, est à peu près aussi douce que celle de ce dernier. Autrefois cette allure était très recherchée, surtout pour les montures des dames, et les chevaux qui la possédaient complètement prenaient le nom de *haquenée*. Aujourd'hui elle est bannie des manèges et rejetée de l'armée.

C'est, dit Requin, une espèce d'allure exceptionnelle et anormale, car la marche naturelle de la majeure partie des quadrupèdes consiste à faire succéder au mouvement du pied de devant le mouvement du pied de derrière du côté opposé. La *girafe*, le *chameau*, l'*éléphant* et l'*ours* sont peut-être les seules espèces chez lesquelles l'amble soit la règle et non pas l'exception. Les *poulains* vont l'amble tant qu'ils ne sont pas assez forts pour trotter; mais en général ils perdent vite cette façon d'aller, si on ne les oblige pas à la conserver par l'usage prolongé d'un système particulier d'entraves. Néanmoins quelques chevaux, en vertu d'une disposition naturelle qui paraît se perpétuer héréditairement dans certaines races, continuent d'aller l'amble sans y être artificiellement dressés. Ils sont dans leur espèce ce que sont les gauchers parmi nous.

Voici quel est le mécanisme de l'amble :

Après avoir poussé le poitrail en avant, comme dans le pas proprement dit, par l'extension des membres postérieurs et surtout de celui qui va marcher, l'animal fléchit aussitôt ce membre et le membre antérieur du même côté, les porte tous deux en avant, puis les pose à terre, et tout cela simultanément ou peu s'en faut; ensuite il meut de la même manière les deux membres du côté opposé. On conçoit donc qu'à chaque temps de cette allure, les deux pieds d'un même côté se trouvant en l'air, il doive, pour ne pas manquer d'appui, se pencher du côté opposé, c'est-à-dire, dans le langage rigoureux de la statique, faire en sorte que la verticale fictive qui passe par son centre de gravité tombe dans l'étroite base comprise entre les deux pieds en repos. De là résulte un balancement continuel qui n'a point lieu dans le pas ordinaire ni dans le trot, puisque dans les deux allures la ligne de gravité ne varie pas de position, mais aboutit toujours à l'entre-croisement commun des deux plans qui, menés de chaque pied de devant au pied de derrière du côté opposé (*bipèdes diagonaux*), servent tour à tour de base de sustentation.

L'amble rompu

est une variété de l'amble. Dans cette allure, plus douce encore que la précédente, les membres des bipèdes latéraux exécutent leur foulée successivement, en commençant par les membres postérieurs de chaque bipède.

Le traquenard ou entre-pas

est une allure qui se rapproche singulièrement de l'*amble rompu* ; les pieds du bipède diagonal arrivent l'un après l'autre sur le sol et constituent ainsi une espèce de trot excessivement fatigant pour le cavalier.

Cette allure prend aussi le nom de *trot décousu*.

PARTICULARITÉS DES ALLURES.

C'est ici le moment de définir certains termes spéciaux relatifs aux allures, bonnes ou défectueuses :

Un cheval *forge* quand, au pas ou au trot, les pieds de derrière frappent les pieds de devant et font entendre un bruit sec et particulier, toujours désagréable à bien des points de vue. Cela dépend beaucoup d'une mauvaise conformation des membres, de la trop grande longueur des canons ou d'une ferrure défectueuse et débordant la pince. Très souvent aussi la position du cavalier gêne l'action des muscles du cheval et altère la régularité de ses allures.

Un cheval a des *éparvins secs* quand l'un ou l'autre de ses jarrets s'infléchit brusquement en quittant le sol. On ignore absolument à quoi tient cette prédisposition particulière de l'animal ; le cheval qui en est affecté est dit *harpeur*. Ne pas confondre avec l'*éparvin mou*, qui n'a rien à voir dans les *allures*, et qui n'est autre chose qu'une tumeur élastique et molle se formant sur la face interne du jarret à la suite d'un effort.

Un cheval *billarde* quand ses membres antérieurs décrivent des arcs de cercle en dehors. Ce défaut est très commun.

Un cheval *vacille des jarrets* lorsque ses jarrets *vibrent*, pour ainsi dire, au moment où il pose les pieds à terre ; c'est un indice de grande faiblesse des membres, faiblesse originelle ou provenant de l'usure de ces parties du corps par suite d'un travail excessif.

Un cheval *rase le tapis* quand les pieds frôlent le sol.

Un cheval *trousse* quand, au contraire, ses pieds se relèvent d'une façon anormale. Dans ce cas, l'allure est moins rapide, mais, dans certains cas, acquiert du brillant.

Un cheval *se berce* quand il se balance à droite et à gauche. C'est souvent un indice de faiblesse dans les membres, et ce mouvement est toujours désagréable et fatigant à la longue pour le cavalier.

CHAPITRE XII

DES MOYENS DE RECONNAITRE L'AGE DU CHEVAL.

***

Des dents. — Dents *caduques* et dents de *remplacement*. — Incisives, crochets et molaires. — Incisives : *pinces, mitoyennes et coins*. — Formes diverses de l'incisive, et ses parties constitutives. — Jument *bréhaigne*. — Etude des incisives au point de vue de l'âge du cheval.

C'est par l'examen des dents que l'on peut, *très approximativement*, juger de l'âge du cheval, car, au fur et à mesure de la croissance de l'animal, la dent subit des transformations successives qui, si elles ne sont pas rigoureusement tranchées, sont néanmoins parfaitement appréciables d'année en année.

La dent affecte chez le poulain la forme que représente la figure 62. C'est ce que l'on nomme la dent *caduque* ou *dent de lait*. Cette dent tombe bientôt, et celle qui la remplace prend le nom de *dent de remplacement*. Nous ne nous en occuperons pas, et nous aborderons de suite l'étude de la croissance de la dent en général, pour en déduire l'âge du cheval.

La dent comprend deux parties bien distinctes, l'une visible, l'autre invisible. La partie libre se nomme *couronne;* la partie cachée dans le maxillaire prend le nom de *racine*. Deux substances principales la composent: l'*ivoire*, partie interne, et l'*émail*, partie externe.

Nous savons déjà qu'il y a trois sortes de dents :

Les *incisives*, au nombre de *douze : * six à chaque mâchoire, placées à la partie antérieure.

Les *crochets* ou *canines*; au nombre de *quatre*, placés latéralement entre les incisives et les molaires, deux à chaque mâchoire ;

Les *molaires* ou *mâchelières*, au nombre de *vingt-quatre*, douze à chaque mâchoire, près de l'articulation du maxillaire: six de chaque côté.

Fig. 62.

1° Les INCISIVES, placées sur le devant de la mâchoire, saisissent les aliments comme des pinces, les *incisent*, les coupent, et la langue les porte dans l'intérieur et sur les côtés internes de la bouche où les molaires leur font subir une autre préparation avant qu'ils soient introduits dans le canal digestif.

Au nombre de six, les incisives sont divisées en trois classes : les deux de devant s'appellent *pinces*, leurs deux voisines de chaque côté se nomment *mitoyennes*, et les deux dernières, à chaque extrémité de l'arc de cercle, se nomment *coins* (fig. 63).

Une incisive prise à diverses époques de la vie du cheval présente des variations dans la forme de sa *table*, c'est-à-dire de sa partie supérieure. Elle présente d'abord une configuration allongée d'un côté à l'autre ; plus tard elle devient sensiblement ovale ; elle s'arrondit ensuite, puis devient triangulaire, et enfin elle s'aplatit dans le sens opposé à celui que présentait son allongement primitif quand elle était *vierge*, c'est-à-dire quand elle n'avait pas encore servi pour ainsi dire, et qu'elle était exempte d'usure.

Or, si l'on prend une de ces dents incisives vierges, et si on la coupe en tranches perpendiculaires à son

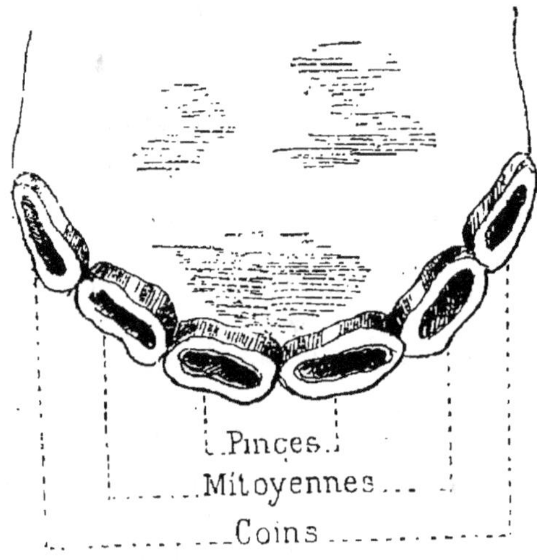

Fig. 63.

axe, on y constate précisément les formes que je viens d'indiquer ; ce qui prouve que, *au fur et à mesure de son usure, la dent croît à peu près également à cette usure, sans varier aucunement la forme qu'elle possède dans l'alvéole.* La figure 64 montre une dent coupée en cinq fragments.

Les incisives ont une longueur qui varie entre 65 et 70 millimètres, et leur usure, comme leur accroissement d'ailleurs, est d'environ 3 millimètres par an. Leur structure est la suivante : un petit corps de substance particulière et jaunâtre, *d'ivoire*, germe dans l'alvéole du maxillaire. Pendant son accroissement, une deuxième substance, extrêmement dure et blanche, naît et croît avec lui, l'enveloppant de tous côtés. Bientôt ce petit corps acquiert des proportions de plus en plus grandes ; il écarte les lamelles de l'alvéole, perce la gencive et sort au dehors ; cependant sa base est toujours en contact avec le fond de l'alvéole, d'où il tire sa nourriture par les nerfs, veinules et artères qui lui apportent le sang et la sensibilité.

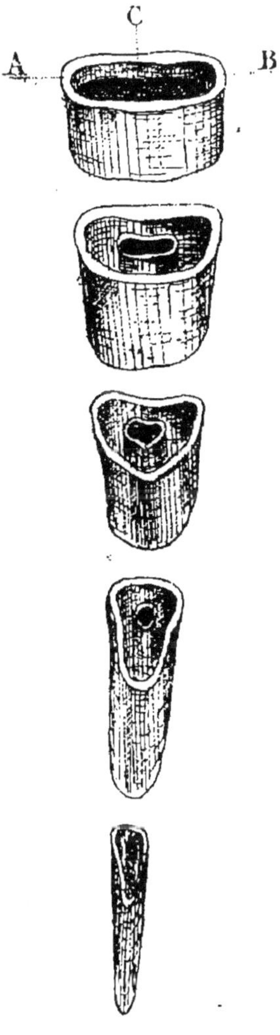

Après avoir recouvert la couronne, l'émail, partie extérieure de la dent, fait un retour, un repli, sur le bord de cette dent, et arrive en contact avec l'ivoire qui, étant d'une densité bien moindre, s'use plus rapidement et forme au milieu de la dent une cavité nommée *cornet dentaire* externe (fig. 64, C). Cette cavité est garnie d'une substance de couleur foncée nommée *germe de fève*, et elle porte à son centre un petit cône irrégulier d'émail renversé, qui prend le nom de *cul-de-sac du cornet dentaire*. En outre, le *repli* d'ivoire dont je viens de parler présente un bord extérieur et un bord intérieur (fig. 64, A et B) qui prennent le nom de *bord tranchant extérieur* et *bord tranchant intérieur*.

La figure 65 donne une coupe longitudinale de la dent et fait voir bien mieux la disposition des parties principales qui la constituent.

1 est le *cornet dentaire externe*, garni du *germe de*

Fig. 64.

fève ; 2, 2, l'émail ; 3, l'ivoire ; 4, le côue d'émail nommé *cul-de-sac du cornet dentaire externe ;* et 5 est une cavité qui se trouve dans la racine, et qui prend le nom de *cornet dentaire interne.*

C'est principalement par l'étude des variations de volume, de forme et de direction des incisives que l'on se rend compte de l'âge d'un cheval. Nous nous occuperons tout à l'heure de cette étude.

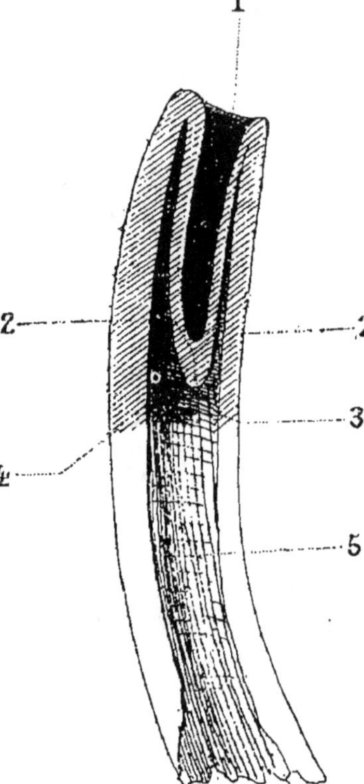

Fig. 65.

2° Les CROCHETS ou CANINES sont déjà connus de nous. La jument en est habituellement dépourvue, mais cependant on les rencontre quelquefois chez elle ; ils sont alors rudimentaires et ne présentent pas les cannelures et les stries que l'on y remarque chez les chevaux. On croyait autrefois que la jument présentant cette conformation était stérile : de là le nom de *bréhaigne* qui lui fut donné et qu'on lui conserve encore (1).

3° Les MOLAIRES ou MACHELIÈRES sont séparées des incisives — ou des crochets, chez le cheval, — par un

---

(1) *Bréhaigne* vient du mot celtique *brahaing,* qui signifie *stérile.*

espace assez considérable que l'on nomme *espace inter-dentaire* ou vulgairement les *barres*.

Fig. 66.

ÉTUDE DE L'AGE DU CHEVAL. — Les observations qui se rattachent à cette élude comprennent *sept périodes* qui sont les suivantes :

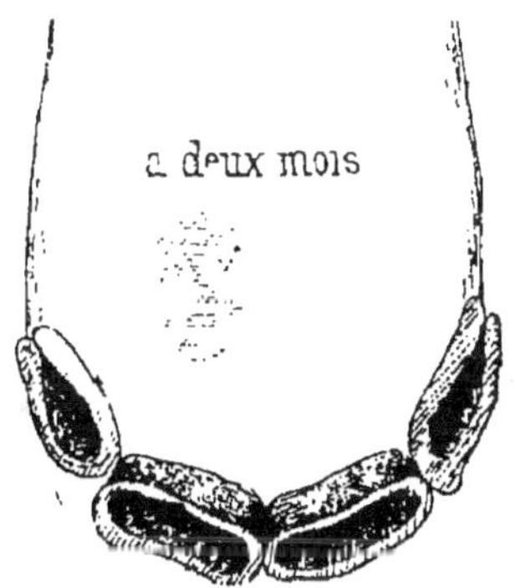

Fig. 67.

PREMIÈRE PÉRIODE. — *Sortie des dents caduques*, ou *de lait*. — Le poulain naît habituellement au printemps

et il vient au monde avec les *pinces* inférieures, qui,
toutefois, peuvent ne se montrer qu'au bout d'une

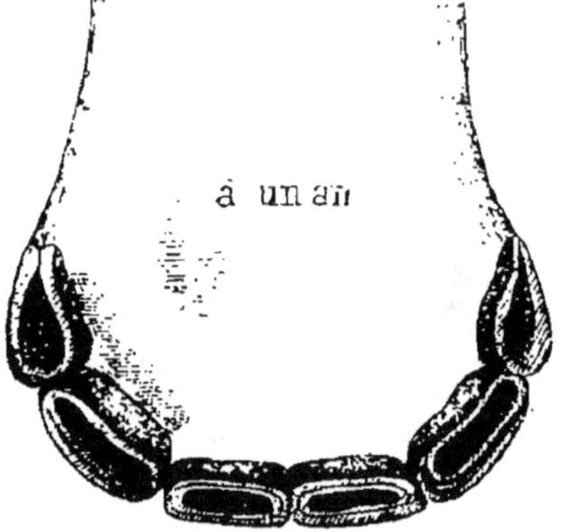

Fig. 68.

dizaine de jours. Du vingtième au quarantième jour
après la naissance les *mitoyennes* sortent; et enfin les

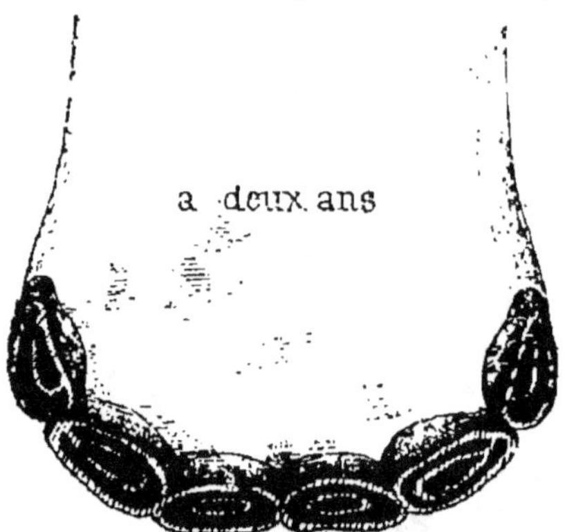

Fig. 69.

coins apparaissent dans l'intervalle du cinquième au
dixième mois.

DEUXIÈME PÉRIODE. — *Rasement des incisives caduques.* — Au bout du huitième mois les pinces sont rasées; il faut environ un an pour que cette usure ait

lieu chez les mitoyennes, et quinze ou dix-huit mois
pour les coins.

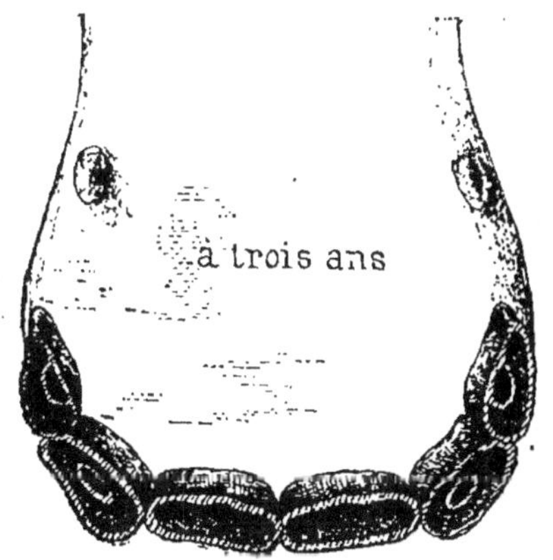

Fig. 70.

TROISIÈME PÉRIODE. — *Sortie des vraies incisives.* —

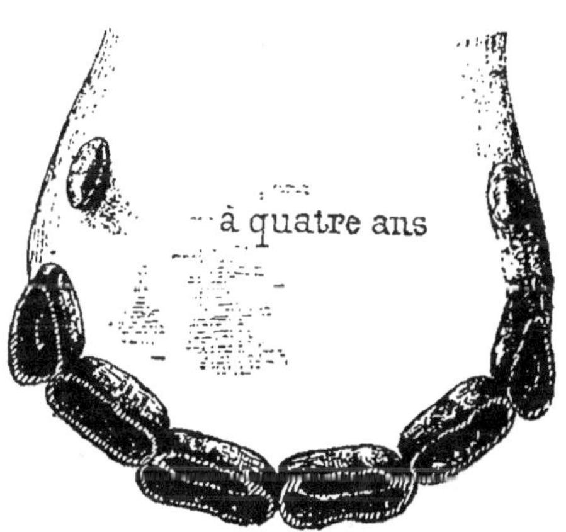

Fig. 71.

Vers deux ans et demi, les *pinces* du cheval apparaissent; un an après viennent les *mitoyennes*, et un an

13

encore après, les *coins*. Il faut un an environ aux mitoyennes pour atteindre à la hauteur des pinces, et

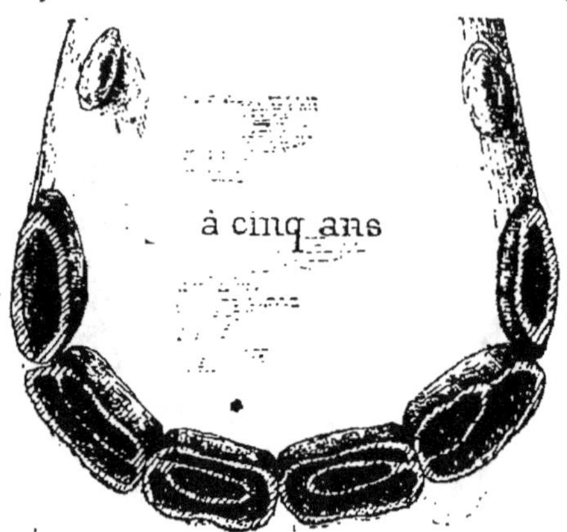

Fig. 72.

un an aux coins pour arriver à celle des mitoyennes. Par conséquent, *quand les coins arrivent à la hauteur*

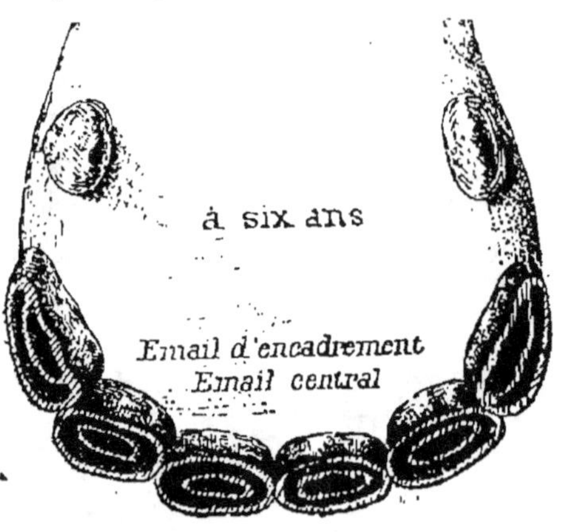

Fig. 73.

les mitoyennes, c'est-à-dire *à cinq ans*, le cheval a toutes ses dents *vierges* encore, c'est-à-dire n'ayant pas subi d'usure. Je fais remarquer ici que l'âge du cheval se compte à raison de douze mois complets par année; ainsi, pour qu'il soit désigné comme ayant *sept ans*, un cheval doit avoir quatre-vingt-quatre mois;

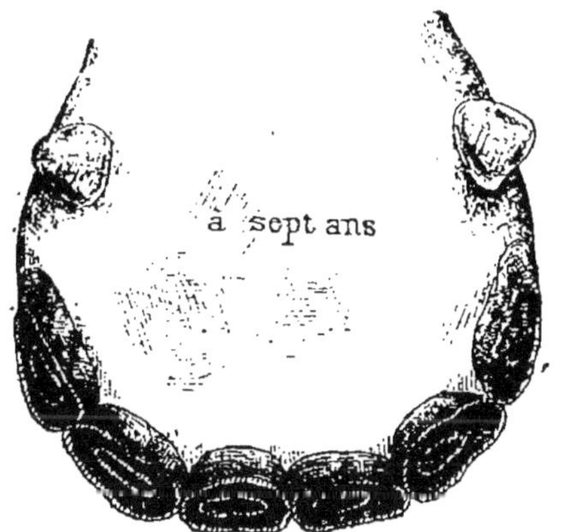

Fig. 74.

s'il ne les a pas tout à fait, on dit qu'il *prend sept ans*, et s'il a 87 ou 88 mois, etc., on dit qu'il a *sept ans faits*.

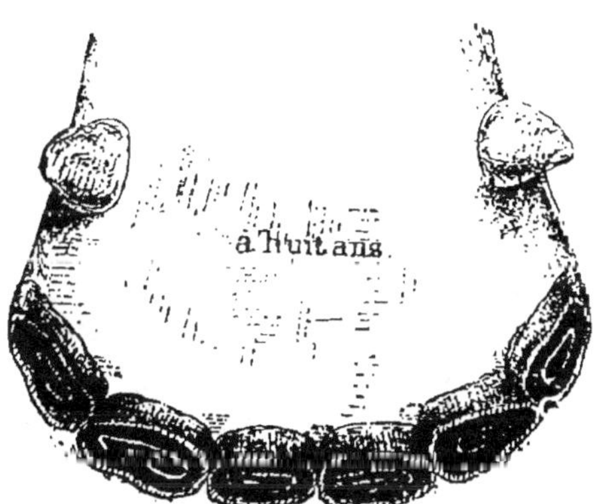

Fig. 75.

QUATRIÈME PÉRIODE. — *Rasement des vraies incisives.* — Les *pinces*, les *mitoyennes* et le bord antérieur des *coins* sont généralement rasés à l'âge de *six ans*.

Les incisives inférieures sont presque toujours rasées à *sept ans* et la *queue d'hironde* apparaît ; c'est une

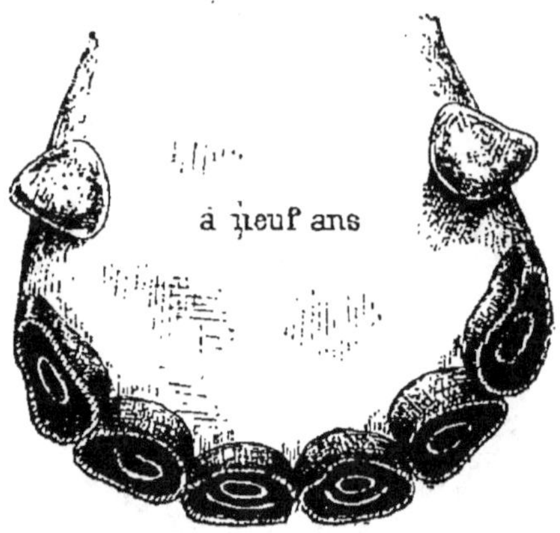

Fig. 76.

échancrure qui se forme aux *coins* de la mâchoire supérieure.

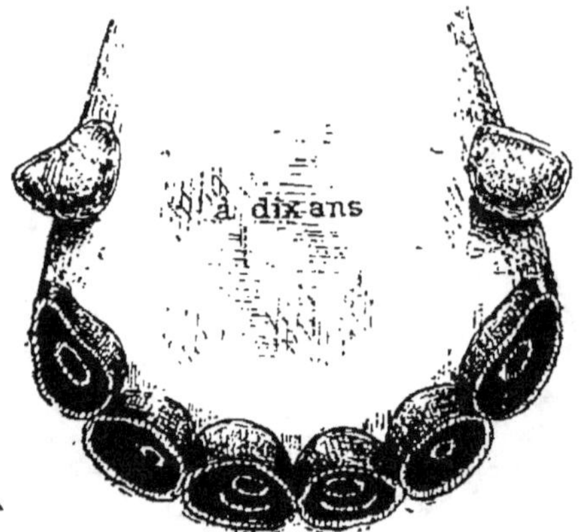

Fig. 77.

Toutes les incisives sont rasées à *huit ans*, et elles affectent une forme ovale. En même temps le cornet dentaire commence à s'oblitérer dans le fond, par suite d'une abondante sécrétion d'ivoire, et une tache jaunâtre ou noirâtre nommée *étoile dentaire*, et qui sera plus tard bien plus accusée, commence à apparaître.

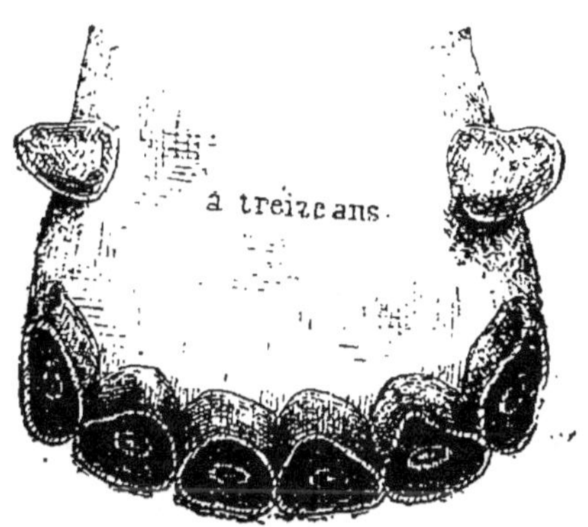

Fig. 78.

CINQUIÈME PÉRIODE. — *Les incisives s'arrondissent.* — La table des pinces s'arrondit à l'âge de *neuf ans*.

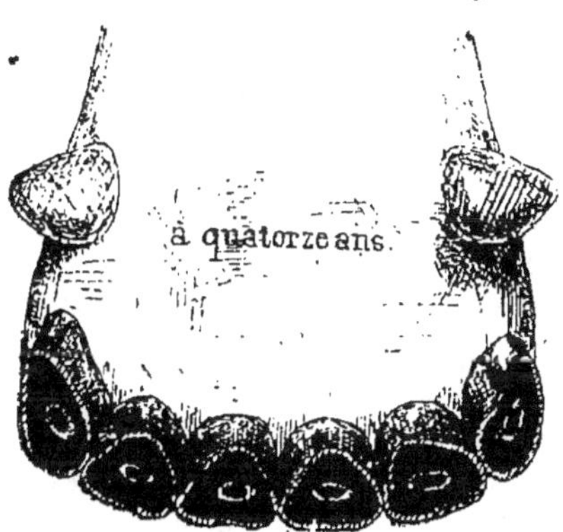

Fig. 79.

L'*étoile dentaire* devient plus apparente, et l'émail du centre se rapproche du bord postérieur de la dent.

À *dix ans*, les mitoyennes s'arrondissent à leur tour ; l'étoile dentaire est de plus en plus visible et l'émail du centre se rapproche encore du bord postérieur de la dent.

A *onze ans*, les coins prennent aussi la forme arron-

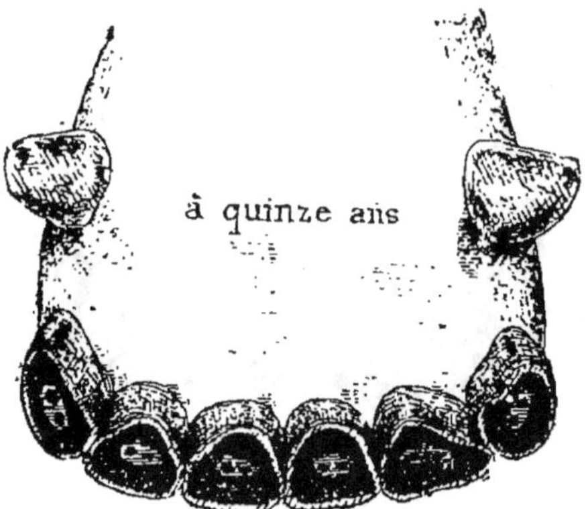

Fig. 80.

die, et une très faible solution de continuité sépare le

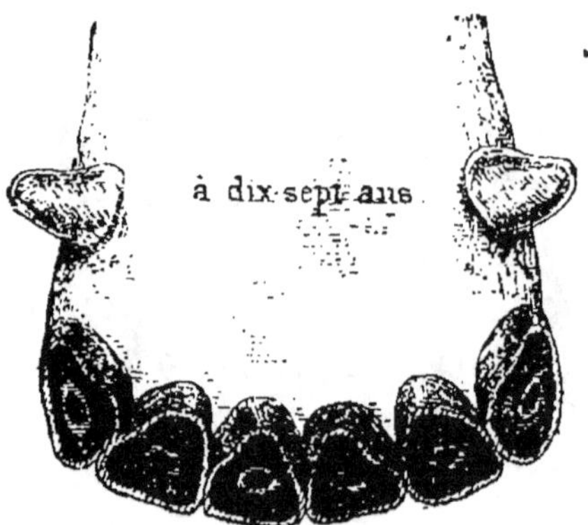

Fig. 81.

bord postérieur de la dent de l'émail central, qui a diminué de surface.

A *douze ans* enfin, les coins sont complètement arrondis; l'émail central a disparu ou à peu près, et l'étoile den-

taire occupe au centre de la dent un emplacement notable.

SIXIÈME PÉRIODE. — *Les incisives prennent .a forme*

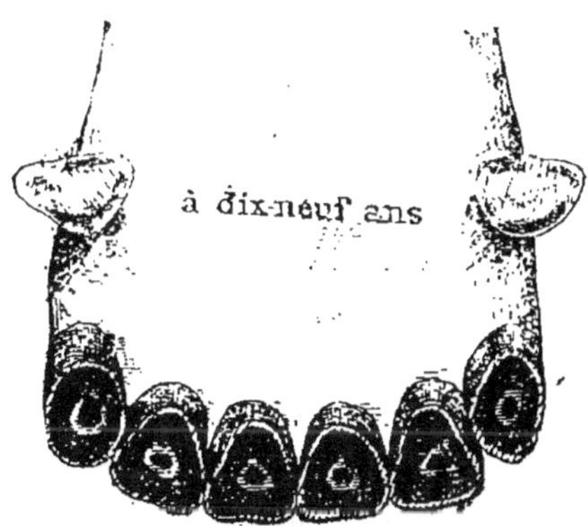

Fig. 82.

triangulaire. — Les pinces inférieures deviennent triangulaires vers l'âge de *treize ans*.

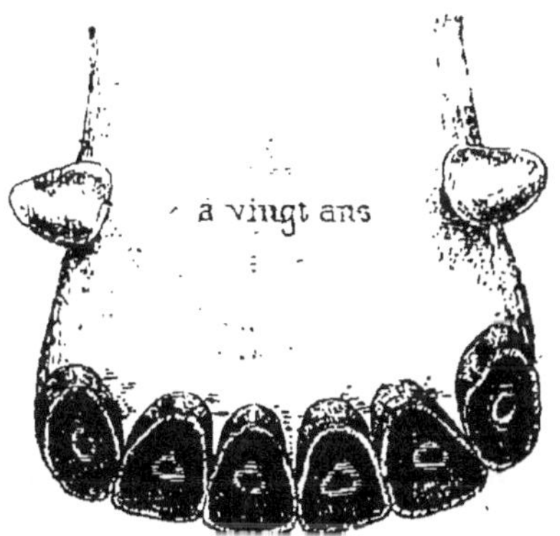

Fig. 83.

Elles le sont complètement à *quatorze ans*, et les
mitoyennes commencent aussi à affecter cette forme.

A *quinze ans*, ces dernières sont triangulaires à leur
tour.

Et enfin, à *seize ans*, et quelquefois à *dix-sept ans*, les coins sont eux aussi triangulaires.

SEPTIÈME PÉRIODE. — *Les incisives s'aplatissent d'un côté à l'autre.* — Les deux côtés du triangle formé par

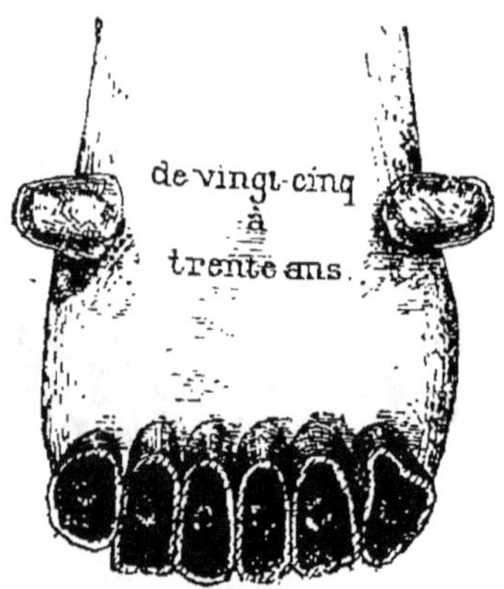

Fig. 84.

la surface de la table dentaire des pinces, côtés dont la réunion forme un angle dirigé vers l'intérieur de la bouche, se rapprochent de plus en plus, à *dix-huit ans*, et la base de ce triangle, du côté extérieur de la bouche, diminue d'étendue.

A *dix-neuf ans*, les *mitoyennes* subissent le même phénomène ;

Et les *coins* acquièrent cette forme vers *vingt ans*.

Les moyens que je viens d'indiquer pour reconnaître l'âge d'un cheval, et qui sont enseignés dans tous les cours d'hippologie, ne sont pas cependant tellement sûrs que l'on doive y attacher une importance absolument mathématique. Ils donnent seulement le résumé d'études longues, nombreuses et sérieuses, faites par des praticiens et des professeurs du mérite le plus grand et le moins contesté.

Quelquefois, dans un âge avancé, un cheval présente

des caractères qui appartiennent à un âge antérieur. Ainsi, par exemple, le *cornet dentaire* persiste souvent pendant un temps très long, et l'on peut être exposé, faute de pratique, à commettre de graves erreurs dans la détermination de l'âge de l'animal. Les chevaux qui présentent cette particularité sont dits *bégus* ; et si le cul-de-sac du cornet dentaire se conserve au-delà de l'âge de douze ans, le cheval est dit *faux-bégu*, quoiqu'il paraisse beaucoup plus rationnel de l'appeler : *plus que bégu.*

Les figures ci-dessus donnent la conformation approximative de la mâchoire du cheval aux diverses époques de sa vie (fig. 66 à 84).

J'ai donné, pour la détermination de l'âge, la pratique généralement en usage aujourd'hui dans les écoles de cavalerie, les traités d'hippologie, et l'art vétérinaire : la division en sept périodes distinctes. D'autres auteurs cependant, tout en admettant les principes fondamentaux que j'ai expliqués, adoptent un **autre** système, peu différent il est vrai, et établissent trois périodes seulement.

A titre d'exemple et de renseignement, je donnerai ici la division de M. Lebeaud dans son ouvrage déjà cité :

Selon lui, l'étude de l'âge du cheval, par l'inspection des dents incisives, offre TROIS PÉRIODES distinctes :

La *première* est marquée par l'éruption et le rasement des *dents caduques* ;

La *seconde*, par l'éruption et le rasement des *dents de remplacement* ;

La *troisième* enfin, par les formes successives que prennent les dents, par l'apparition du cornet dentaire intérieur, et par la disparition du cornet dentaire extérieur.

PREMIÈRE PÉRIODE. — *Éruption et rasement des dents*

caduques. — Les *pinces* font leur éruption de six à huit jours après la naissance.

Les *mitoyenn s* sortent de trente à quarante jours.

Les *coins* n'apparaissent que de six à dix mois.

A cet âge, les pinces inférieures sont toujours rasées; à un an, les mitoyennes; de quinze à vingt-quatre mois, les coins.

A cette époque les *pinces*, tant supérieures qu'inférieures, sont très courtes; elles se déchaussent, prennent une couleur jaunâtre, s'ébranlent, et tombent pour faire place à d'autres dents, dont l'éruption et le rasement marquent la deuxième période de l'âge du cheval.

DEUXIÈME PÉRIODE. — *Éruption et rasement des dents de remplacement.* — Les *pinces* de remplacement font leur éruption de deux ans et demi à trois ans; les *mitoyennes*, de trois ans et demi à quatre ans.

Les *coins*, de quatre ans et demi à *cinq ans.*

A cette époque, qui est aussi celle de l'apparition des crochets, ordinairement, on dit que *le cheval a tout mis,* et c'est alors seulement qu'*il cesse de porter le nom de poulain.*

A *six ans*, le bord postérieur de la dent du coin est au niveau du bord antérieur, mais il n'a point encore frotté contre la dent correspondante; les pinces inférieures sont tout à fait rasées.

A *sept ans*, le bord interne du coin est usé, les mitoyennes sont rasées, et il commence à se former une échancrure au coin de la mâchoire supérieure.

TROISIÈME PÉRIODE. — *Changement de forme des tables dentaires, apparition du cornet dentaire intérieur, et disparition du cornet dentaire extérieur.* — A *huit ans*, toutes les dents de la mâchoire inférieure sont rasées; leur table est devenue ovale; la cavité centrale est remplacée par une exubérance transversale en avant de laquelle apparaît une bande jaunâtre qui est le fond du cornet dentaire intérieur.

A *neuf ans*, les pinces inférieures s'arrondissent ainsi que l'émail central, qui se rapproche du bord postérieur de la dent.

A *dix ans*, les mitoyennes sont arrondies ; l'émail central, très rapproché du bord postérieur de la dent, est sur le point de disparaître dans les pinces.

A *onze ans*, les coins s'arrondissent, les pinces et les mitoyennes sont tout à fait rondes : l'émail central n'est presque plus apparent dans toutes les dents de la mâchoire inférieure.

A *douze ans*, toutes les incisives inférieures sont rondes ; l'émail central a tout à fait disparu, et il est remplacé par le fond de la cavité radicale.

A *treize ans*, les pinces inférieures commencent à devenir triangulaires ; l'émail central a disparu dans les coins de la mâchoire supérieure.

A *quatorze ans*, les pinces inférieures sont tout à fait triangulaires, les mitoyennes commencent à le devenir.

A *quinze ans*, les pinces et les mitoyennes sont triangulaires.

A *seize ans*, les coins le sont également, et, à cette époque, l'émail central a le plus ordinairement disparu dans les dents supérieures.

A *dix-sept ans*, les pinces de la mâchoire inférieure sont aplaties d'un côté à l'autre.

A *dix-huit ans*, les pinces et les mitoyennes sont également aplaties.

A *dix-neuf ans*, toutes les dents de la mâchoire inférieure sont triangulaires. A partir de cet âge, les dents se déchaussent et jaunissent ; les gencives deviennent blanchâtres, les mâchoires se rétrécissent ; tout enfin, dans l'extérieur de l'animal, indique la caducité

L'éruption et l'usure des incisives, seules dents qui

puissent servir d'une manière rigoureuse à la connaissance de l'âge, ne sont cependant pas tellement régulières que les principes précédemment indiqués puissent être invariablement applicables dans tous les cas. Ainsi, les dents peuvent être trop longues ou trop courtes; leur rasement peut s'être effectué d'une manière irrégulière; leur éruption peut avoir été entravée ou hâtée dans sa marche : les chevaux dans lesquels ces aberrations dentaires se font remarquer sont dits *mal bouchés;* mais l'observation ayant appris que la partie libre des dents incisives n'a ordinairement que 16 millimètres de saillie au-dessus de la gencive, dans un cheval chez lequel le rasement se fait d'une manière régulière, s'il arrive que cette partie libre ait plus de 16 millimètres de longueur, elle a donc moins usé qu'elle ne devait, et le cheval est nécessairement plus vieux qu'il ne paraît.

Choisissons un exemple pour faire comprendre cet énoncé :

Soient des dents 6 millimètres trop longues : l'animal devra avoir trois ans de plus qu'il ne *marque,* parce que chaque année les dents auraient dû user deux des six millimètres qui composent l'excédent.

Si les dents sont naturellement trop courtes, ou qu'on les ait sciées pour faire paraître l'animal plus jeune, l'animal paraît plus vieux qu'il n'est réellement, et, pour déterminer son âge véritable, il faudra retrancher de l'âge qu'il marque autant d'années que les dents ont de *doubles-millimètres* de moins en longueur.

D'après ces principes, il devient facile de déterminer l'âge des chevaux *bégus,* c'est-à-dire de ceux dans lesquels l'émail central n'a point disparu à l'époque ordinaire; il suffira pour cela d'avoir principalement égard à la forme qu'affectent les tables dentaires. »

CHAPITRE XIII

DES ROBES DU CHEVAL.

Des cinq classes de robes du cheval. — Des *particularités* des robes. — Des *signalements*.

La ROBE d'un cheval est constituée par la *couleur* et la *nuance* de ses poils.

Cette *couleur* et la *nuance* ne peuvent être précisées que dans le courant de la deuxième année seulement du poulain, car il est tout d'abord revêtu d'une espèce de duvet, de bourre, qui ne tombe que vers cette époque.

Nous diviserons les robes en CINQ CLASSES *particulières*, comprenant divers genres, selon qu'elles sont composées d'une seule couleur ou nuance de poils, ou de plusieurs :

Le tableau ci-après les indique le plus clairement et le plus succinctement possible :

1ʳᵉ CLASSE.

Ce sont les robes dans lesquelles le *corps*, les *crins* et les *jambes* sont affectés de la même couleur.

Elles sont au nombre de quatre, savoir :

Le NOIR

Mal teint : caractérisé par une nuance roussâtre.

Franc : s'il est mat.

Jaiet : s'il est mat et brillant.

Le BLANC

Mat : quand il présente la teinte du lait ou de la craie.

Sale : quand il affecte une nuance jaunâtre.

Porcelaine : lorsque, les poils étant très fins, et la coloration foncée de la peau apparaissant au travers, la robe affecte la nuance bleutée de la porcelaine.

Argenté : s'il est très brillant.

Le CAFÉ AU LAIT

Clair : lorsque les poils affectent la nuance légère d'un mélange de beaucoup de lait avec peu de café.

Foncé : lorsque la nuance est plus accentuée.

L'ALEZAN

Proprement dit : quand il a la nuance de la cannelle en poudre.

Clair : quand la nuance est plus pâle.

Foncé : quand elle est plus obscure.

Brûlé : plus accentuée encore.

Châtain : tirant sur la nuance de la châtaigne.

Cerise : lorsque la nuance du poil tire sur la couleur rougeâtre d'une cerise mûre.

LE BAI

Proprement dit : quand les poils ont la couleur franche et rouge de l'alezan.

Clair : quand la nuance est moins foncée.

Foncé : quand la nuance est plus accentuée que dans le premier.

Cerise : quand elle tire sur la cerise mûre.

Châtain : quand elle tire sur la couleur de la châtaigne.

Marron : quand elle est plus foncée.

Brun : quand la nuance est encore plus accentuée ; dans ce cas les fesses et le nez sont presque toujours *marqués de feu,* c'est-à-dire d'une nuance d'un rouge vif. La robe, dans ce cas, tire beaucoup sur le noir mal teint.

L'ISABELLE

Proprement dit : quand la nuance des poils est franchement jaunâtre.

Clair : quand elle est plus claire.

Foncé : quand elle est plus accentuée.

La souris

Proprement dite : quand la nuance est celle du petit rongeur dont elle porte le nom.

Claire : quand la nuance est moins accentuée.

Foncé : quand elle l'est davantage.

2ᵉ CLASSE.

Elle renferme les robes d'une seule couleur, mais avec les crins et les jambes plus ou moins noirs.

Il y en a trois, qui sont :

3e CLASSE.

Robes formées de deux couleurs. Elles sont au nombre de trois, savoir :

Le GRIS

Proprement dit : mélangé de poils blancs et de poils noirs en quantité sensiblement égale.

Clair : quand les poils blancs dominent.

Foncé : quand ce sont les poils noirs.

Sale : quand la nuance générale offre un aspect terne et peu propre.

Gris de fer Ardoisé : quand il offre la nuance de l'ardoise ou du fer récemment cassé.

Étourneau : quand la robe est affectée de taches blanches et de taches noires.

Tourdille : quand elle est seulement affectée de taches noires.

L'AUBÈRE

Quand la robe présente un mélange de poils blancs et rouges, il peut être *proprement dit, clair* ou *foncé.*

Le LOUVET

Quand la robe, se rapprochant du pelage du loup, offre un mélange de poils noirs et jaunes, ou lorsque les poils eux-mêmes sont jaunes et noirs. Selon la force de la nuance, le louvet peut également être *proprement dit, clair* ou *foncé.*

4ᵉ CLASSE.

Robes offrant un mélange de trois poils.

Le ROUAN

Le *rouan* est caractérisé par le mélange des poils de couleur *blanche, rouge* et *noire.* Si le *blanc* domine, on dit que la robe est *rouan clair;* si le *rouge* domine, on dit que la robe est *rouan vineux;* si les poils noirs sont en plus grande quantité, c'est le *rouan foncé;* et enfin si les trois nuances de poils sont en égale quantité, on dit que la robe est d'un *rouan ordinaire.*

5ᵉ CLASSE.

Robes ordinaires, mélangées de larges plaques blanches souvent très étendues.

Le PIE

Pie bai
Pie alezan
Pie isabelle
Pie souris
Pie noir
Pie rouan

selon la *robe* sur laquelle se présentent des plaques blanches recouvrant des parties du corps plus ou moins grandes.

Naturellement, il ne peut exister de *pie-blanc.*

La robe du cheval peut en outre présenter de nombreuses marques particulières qu'il importe de désigner quand on veut faire un *signalement,* et qui servent à reconnaître l'animal au milieu de beaucoup d'autres.

C'est ce que l'on nomme les

PARTICULARITÉS DES ROBES.

Elles se divisent en quatre grandes classes, selon qu'on les remarque sur toutes les parties du corps indifféremment, sur la tête, sur le tronc, ou sur les membres seulement.

1re CLASSE. — *Particularités qui se remarquent sur tout le corps indifféremment.* — Elles sont au nombre de seize principales, qui sont :

1° Le *pommelé.* Ce sont des taches sensiblement rondes, plus foncées à la circonférence qu'au centre, et plus foncées aussi que la nuance générale de la robe. Le gris en est tout particulièrement affecté. C'est le contraire du *miroité.*

2° Le *moucheté.* Petites taches noires, affectant spécialement les robes blanches ou grises.

3° Le *truité.* Petites taches rougeâtres, affectant les mêmes robes.

4° Le *charbonné* ou *tisonné.* Taches noires bien marquées.

5° Le *tigré.* Mouchetures d'une dimenssion plus grande que dans le *moucheté.*

6° Le *neigé.* Mouchetures blanches sur une robe foncée.

7° Le *zain.* Particularité d'une robe ne présentant aucun poil blanc.

8° L'*aubérisé.* Quantité un peu plus grande de poils blancs dans la robe alezane sur quelques parties du corps ; ou, dans la robe blanche, quantité faible de poils rouges sur certaines parties du corps.

9° Le *rubican.* Faible quantité de poils blancs, en plaques disséminées çà et là, mais d'une nuance trop faible pour changer le ton et le nom de la robe.

10° Le *vineux.* Faible quantité de poils rouges, en plaques faibles, sur les robes grises.

11° Le *marqué de feu.* Taches d'un rouge vif, rouge jaunâtre, aux fesses, aux naseaux et aux flancs, aux ars, aux coudes, au grasset et au poitrail.

12° Le *lavé.* Décoloration partielle de quelques parties.

13° Le *doré*. Reflet brillant, légèrement jaunâtre, qui se remarque particulièrement sur les robes alezane, isabelle et baie.

14° Le *jayet*. Dénomination affectée spécialement au reflet brillant que présentent certaines robes noires.

15° Le *cuivré* ou le *bronzé*. Reflets bronzés ou cuivrés que présentent souvent les robes baie, alezane, louvet et isabelle.

16° Le *miroité*. Tout le contraire du *pommelé* (voir ci-dessus) : les taches sont plus foncées au centre qu'à la circonférence. On remarque cette particularité chez les chevaux alezans, bais, noirs, etc.

2ᵉ CLASSE. — *Particularités qui se remarquent à la tête seulement.*

Elles sont au nombre de six qui sont :

1° Le *cap de more*. Tête noire quand la robe est d'une autre couleur.

2° Le *nez de renard*. Les yeux, les lèvres et les naseaux sont affectés de *marques de feu*.

3° Les *marques en tête*. Un cheval est dit *marqué en tête* lorsque son front et son chanfrein portent des taches blanches d'une étendue plus ou moins considérable.

a. Quand le cheval n'a que quelques poils blancs sur le front, on désigne cette particularité par les mots : *quelques poils en tête*, en abrégé *q. q. poils en tête;* cette abréviation a souvent été prise, par des cavaliers novices, pour : 99 *poils en tête.*

b. Si les poils blancs sont en nombre assez considérable pour former une petite tache au milieu du front, le cheval est dit *légèrement en tête.*

c. Si la tache est assez considérable, sans l'être trop cependant, on dit que le cheval est *en tête.*

d. Si elle est plus forte, elle fait attribuer au cheval l'indication de *fortement en tête.*

e. Quand la marque est à peu près ronde, affectant une forme circulaire à peu près régulière, elle prend le nom de *pelote en tête.*

f. Lorsque la marque affecte des directions rayonnées en plus ou moins grand nombre, elle prend le nom d'*étoile en tête.*

g. Si la marque en tête affecte la forme d'un croissant elle en prend le nom. Le cheval est dit *croissant en tête.*

h. Diverses autres dénominations peuvent être données à la marque en tête, pourvu que la forme soit à peu près régulièrement déterminée. Ainsi, elle peut être *mouchetée, truitée, bordée, mélangée,* etc.

i. Quand la marque en tête, au lieu d'affecter la forme générale et plus ou moins accidentée d'une tache à peu près régulière, présente spécialement une forme longue, partant du front et descendant le long du chanfrein, elle prend le nom de *lisse* ou *liste.* Souvent même, quand cette lisse part réellement du milieu ou du sommet du front, on dit le cheval : *en tête, prolongé par une lisse.....,* avec les détails ci-après :

. Si la lisse déborde d'un côté du chanfrein, le cheval est dit *demi belle-face.*

Si la lisse déborde de chaque côté, on le dit *belle-face.*

Selon sa plus ou moins grande largeur, les formes de ses arêtes, les solutions de continuité dont elle peut être en outre affectée, la lisse est dite *petite, grande, discontinue, mouchetée, herminée, bordée, mélangée, en pointe, dentelée,* etc.

4° Le *ladre.* Quand les lèvres du cheval sont dégarnies ou à peu près de poils et qu'elles présentent la couleur de la chair humaine, on dit que le cheval est *ladre.*

5° Le *marbré.* Quand le ladre est tacheté de petites marques noires, il est dit *marbré.*

6° L'œil *vairon* ou *véron*. On désigne ainsi le cheval qui a l'iris coloré en blanc, ou en blanc jaunâtre.

3ᵉ CLASSE. — *Particularités qui se remarquent au tronc.*

Elles sont au nombre de quatre, qui sont les suivantes :

1° La *raie de mulet*, bande foncée, le plus souvent noire, qui court sur l'épine dorsale, du garrot à la croupe. Elle existe surtout chez les chevaux isabelles, souris, louvets ou bais.

2° Les *crins blancs*, que l'on rencontre chez les *alezans* et les *isabelles*.

3° Les *crins mélangés*, s'ils sont blancs dans une robe foncée, et autre part qu'à la crinière ; on désigne alors particulièrement la partie du corps affectée de cette particularité.

4° Le *ventre de biche*. C'est la teinte très claire qu'affecte le ventre dans les robes louvet, souris, alezane et grise.

4ᵉ CLASSE. — *Particularités qui se remarquent sur les membres.*

Elles sont au nombre de trois, qui sont les suivantes :

1° Le *zébré*. Raies noires que présentent souvent les avant-bras des *souris* et des *isabelles*.

2° La *balzane*. On nomme ainsi une tache blanche de dimensions très variables qui existe sur la couronne, le boulet ou le paturon. Si elle se prolongeait en notable quantité sur le jarret, la jambe, la cuisse, le canon ou l'avant-bras, le cheval pourrait alors être qualifié de *pie*.

Les balzanes prennent diverses dénominations, suivant leur forme, leur étendue, ou la partie de l'arrière-membre qu'elles affectent.

a. Quand la tache blanche affecte un point de la couronne, c'est une *trace de balzane*.

b. Quand cette tache est plus grande et contourne un

peu la couronne, elle devient une *balzane incomplète*.

c. C'est un *principe de balzane* quand elle fait le tour entier de la couronne.

d. C'est une *balzane* proprement dite quand elle dépasse la couronne, en hauteur, mais non pas le boulet.

e. Elle est dite *grande balzane* quand elle dépasse le boulet et atteint la région mitoyenne du canon.

f. Elle est dite *chaussée* si elle atteint le jarret et le genou.

g. Et *haut-chaussée* si elle monte plus haut. Mais, comme je l'ai fait remarquer, ce n'est plus là une balzane proprement dite, et pour peu qu'une ou deux larges plaques blanches se remarquent au tronc ou à l'encolure, le cheval peut prendre la qualification de pie.

h. Selon la forme qu'affectent les balzanes, les mouchetures qu'elles présentent et les contours que l'on remarque sur leurs limites, elles sont dites *régulières*, *irrégulières*, *mouchetées*, *herminées*, *tigrées*, *truitées*, *dentées*, *bordées*, *mélangées*, etc.

3° La *couleur des sabots*. La corne des sabots est tantôt *jaunâtre*, tantôt *noire*.

On remarque également d'autres particularités dans l'extérieur du cheval : Les poils peuvent, réunis en bouquets, ou irradiant autour d'un centre, affecter des directions contraires au sens général des poils de la peau du tronc, de la tête ou des membres. Cela se nomme un *épi*.

Ils peuvent présenter un creux longitudinal d'une certaine étendue, sorte de dépression dans le tissu musculaire, qui a reçu par analogie le nom de *coup de lance*. Cette particularité se remarque principalement à l'encolure.

A son point de jonction avec le garrot, l'encolure présente quelquefois une grande dépression, formant une ligne concave bien déterminée, comme le représente notre figure 52. On nomme cela le *coup de hache*.

Et enfin, quand la *lisse* s'élargit sur les naseaux et se confond avec du ladre, ou bien quand elle se continue sur la lèvre supérieure et, parfois, sur l'inférieure, on exprime cette particularité en disant que le cheval *boit dans son blanc*. On comprend de suite, n'est-ce pas? le sens de cette expression.

DES SIGNALEMENTS.

On entend par *signalement* l'ensemble des caractères extérieurs qui peuvent servir à désigner un cheval parmi d'autres, de même robe ou de robes différentes.

Autant que possible, le signalement doit être concis, court, et renfermer toujours des données principales que l'on ne saurait omettre, comme par exemple : le sexe, l'âge et la robe. Les autres désignations viennent ensuite, puis les *particularités*.

C'est là le signalement *simple*.

Dans le signalement *composé*, l'on ajoute les noms du père et de la mère de l'animal, ses qualités, etc.

En ce qui concerne plus spécialement les balzanes, il se peut qu'un cheval en ait deux à l'avant-main, ou deux à l'arrière-main, ou deux au bipède latéral droit ou gauche, ou trois, ou une seulement. Cela doit s'indiquer de la façon suivante dans le signalement.

Quand il a une seule balzane, on l'indique par le membre qu'elle affecte, en ajoutant à cette particularité le qualificatif qui lui convient : *herminée, chaussée, truitée, principe de balzane*, etc., etc. Quand il y en a deux à l'avant-main, on dit simplement, au pluriel : *balzanes antérieures ;* pour le bipède opposé, l'on dit : *balzanes postérieures*. Pour le bipède latéral, droit ou gauche on dit : *balzanes latérales droites*, l'antérieure..... et la postérieure..... etc.

Quand il y a trois balzanes on spécifie ce nombre et

on désigne ensuite quelle est celle qui se trouve seule dans l'un des bipèdes antérieur ou postérieur. Ainsi, si le cheval a une balzane *au membre droit de devant*, et deux au bipède postérieur, on dit : *trois balzanes, dont une au membre antérieur droit*. Dans le cas contraire on dirait : *trois balzanes, dont une au membre postérieur droit;* puis, on donne à chacune sa qualification particulière, si le reste du signalement ne permet pas de reconnaître tout de suite le cheval.

En outre, dans l'armée, on fait mention du numéro matricule inscrit sur le sabot droit de devant.

Voici un modèle de *signalement simple :*

MANDRIN. Cheval, huit ans en 1882, taille : 1 mètre 572 : gris pommelé, légèrement rubican aux flancs; en tête, prolongée par une liste interrompue se terminant par du ladre entre les naseaux ; trois balzanes dont une antérieure droite herminée.

Si nous voulions rendre *composé* ce signalement, nous ajouterions la provenance du cheval, ses tares, sa généalogie, sa race et le prix qu'il a été payé.

CHAPITRE XIV

DES RACES.

Le mot *race* signifie l'ensemble et la succession des individus présentant les mêmes caractères internes et externes; les individus d'une même famille, conservant leurs qualités ou leurs défauts dans la suite des générations.

Les races chevalines sont nombreuses et se divisent généralement en *races françaises* et *races étrangères*.

Je n'indiquerai que d'une manière très rapide les diverses races composant ces deux grandes classifications, en renvoyant le lecteur aux ouvrages spéciaux pour une connaissance plus approfondie de leurs caractères particuliers.

Quelques auteurs, adoptant une division générale, considèrent les races françaises comme formant deux grands groupes: *les Races du Nord* et les *Races du Midi;* d'autres les divisent en races du *Sud-Ouest, de l'Ouest,* du *Nord-Ouest,* du *Nord-Est,* et du *Sud-Est;* nous adopterons la première classification.

RACES FRANÇAISES

RACES DU NORD.

La *Boulonaise.* — Elle fournit d'excellents chevaux de trait et est principalement élevée dans le Pas-de-Calais, le Nord, l'Oise, la Somme, l'Eure, la Seine-Inférieure, l'Aisne, Seine-et-Oise et Seine-et-Marne.

La *Percheronne*. — Excellents chevaux de trait. On élève cette race dans la Sarthe, l'Orne, l'Eure-et-Loir et le Loir-et-Cher.

La *Normande*. — Bons et solides chevaux de selle ;

Cheval Boulonais.
(*Cheval de trait.*)

grands et bien faits ; élevés dans la Seine-Inférieure, l'Orne, la Manche, l'Eure, le Calvados.

La *Bretonne*. — Elevée dans le Finistère, l'Ille-et-Vilaine, les Côtes-du-Nord, le Morbihan. Bons chevaux de trait ; solides et durs à la fatigue.

L'*Ardennaise*. — Elevée dans les Ardennes, la Meuse, etc. — Bons chevaux de selle et de trait.

La *Comtoise*. — Chevaux plus grands et plus beaux

que bons. Race qui demande des croisements pour s'améliorer et faire plus de service. Elevée principalement dans le Jura, la Haute-Saône et le Doubs.

RACES DU MIDI.

La *Poitevine*. — Elevée dans les Deux-Sèvres, la

Cheval Percheron.
(Cheval de trait et de selle.)

Vendée, la Charente et la Charente-Inférieure, l'Indre-et-Loire, la Loire-Inférieure, la Vienne. Taille haute mais disgracieuse en raison du défaut de proportions des diverses parties du corps. Beaux chevaux de selle; renommés pour leur douceur.

Ceux du *Bocage* (partie boisée des Deux-Sèvres) sont également de petite taille.

La *Limousine*. — Élégante et se rapprochant beau-

coup de la race barbe. L'Indre, l'Allier et la Creuse en
fournissent des échantillons.

L'*Auvergnate*. — Elevée dans le Puy-de-Dôme et le
Cantal. Bons chevaux, grossiers d'apparence, et d'un
prix relativement peu élevé.

Cheval Normand.
(*Cheval d'attelage.*)

La *Navarraise*. — Belle race ayant beaucoup de rapports avec la limousine et produisant de beaux et élégants chevaux de selle. Le Gers, l'Ariège, les Landes,
les plaines de Tarbes la produisent. La Gironde, le
Lot-et-Garonne et la Haute-Garonne, ces deux derniers
départements surtout, en élèvent de fort beaux.

La *Camargue*. — Elevée dans l'île de la Camargue

et dans les marais d'Arles. Race bonne et solide quoique produisant des types de taille exiguë.

RACES ÉTRANGÈRES.

L'Arabe. — Type du cheval parfait, surtout au point de vue des qualités, car la forme n'est pas absolument régulière ; mais elle est fine et élégante ; l'animal a l'œil

Cheval Breton.
(*Cheval de trait et de selle.*)

plein de vivacité et de douceur ; il est sobre, vigoureux, patient et ses pieds sont parfaitement conformés. C'est principalement au Maroc qu'on trouve des échantillons parfaits de ce beau type, qui disparaît chaque jour.

La race *Barbe.* — Élevée surtout en Algérie et constituant le principal élément de notre cavalerie d'Afrique.

Participe des excellentes qualités de la race arabe pure
ainsi que de ses formes générales.

L'*Anglaise*. — Cheval de course, propre à donner
dans un temps relativement très court le maximum de

Cheval Anglo-Normand.
(*Cheval d'attelage.*)

vitesse que peut atteindre le cheval ; mais ces chevaux
exigent des soins incompatibles avec un service réel,
long, fatigant et régulier. Les croisements de cette race
améliorent beaucoup celles d'un ordre inférieur, et les
produits sont alors plus capables que leurs souches,

Cheval d'allure.
(Cheval de selle, produit par le nord de la Manche.)

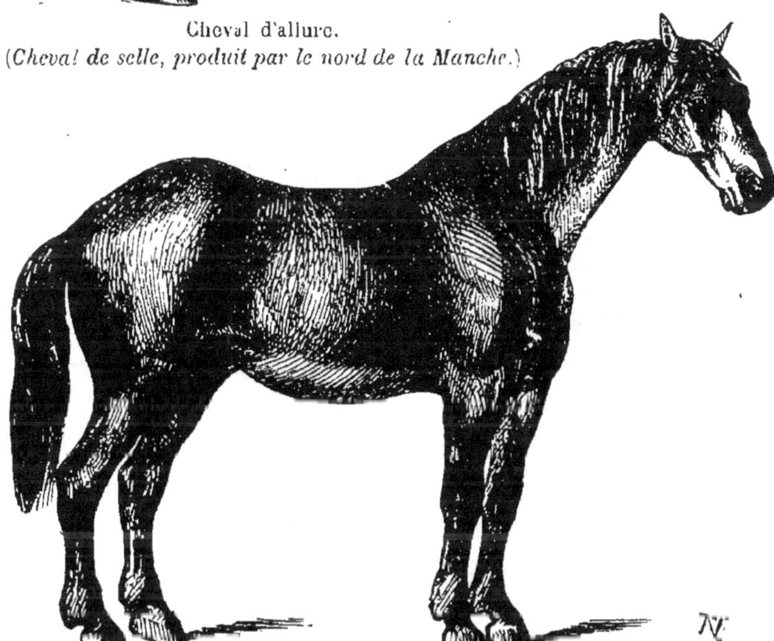

Cheval Comtois.

Cheval Métis-Navarrin.

Cheval Arabe.

Cheval pur sang Anglais.
(*Cheval de selle.*)

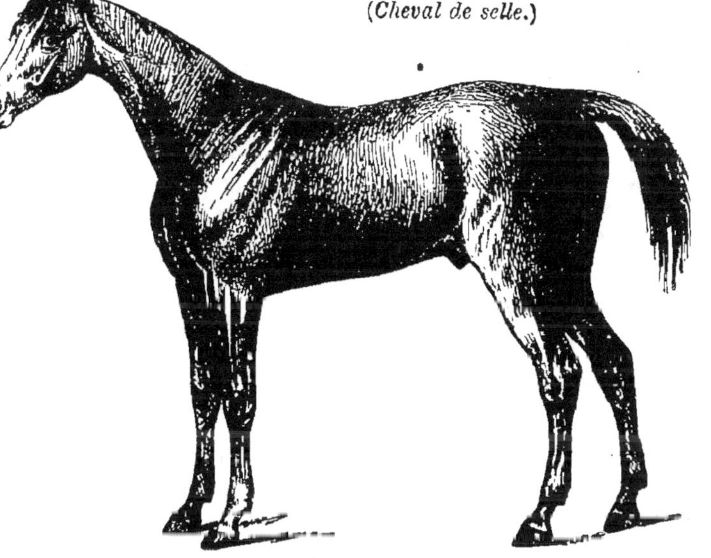

Cheval de course.

même que la souche anglaise pure, de rendre des services longs et pénibles.

Le *Hunter*. — C'est encore un produit hippique de l'Angleterre; un produit du cheval arabe et de la jument anglaise; propre surtout aux fatigues de la chasse.

Cheval Flamand.
(*Cheval de trait.*)

Il est plus fort, plus gros et moins allongé que le cheval de course.

Race *espagnole*. — Fort belle race, surtout en Andalousie : propre à la selle, mais possédant plus de brillant que de qualités réelles.

L'*Allemande*. — Comprend plusieurs genres, propres à la selle ou au trait : le *Mecklembourgeois*, le *Hanovrien*, le *Holstein*, etc.

La *Hollandaise*. — Plusieurs types aussi, généralement employés comme chevaux de trait léger.

DEUXIÈME PARTIE

ÉQUITATION — TRAVAIL INDIVIDUEL

CHAPITRE XV

I. — ÉCOLE DU CAVALIER.

Cette partie de notre ouvrage sera divisée de la manière suivante, de façon à faire passer successivement l'élève par toute la progression ordinaire d'un cours d'équitation :

1re LEÇON. — Du manège.

2e LEÇON. { Seller le cheval et le desseller. — Amener le cheval sur le terrain — monter à cheval des deux côtés — Position du cavalier à cheval. — Descendre de cheval.

3e LEÇON. — Sauter à cheval des deux côtés. — Sauter à terre.

4e LEÇON. { Des aides. — De l'éperon. — De la cravache. — Rassembler son cheval.

TRAVAIL AU PAS.

5e LEÇON. { Porter son cheval en avant. — Marche directe au pas. Arrêter le cheval. — Le remettre en marche.

6e LEÇON. { Changement de direction au pas. — Oblique à droite. — Oblique à gauche. — A droite. — A gauche. — Demi-tour à droite. — Demi-tour à gauche. — Appuyer à droite et à gauche.

7e LEÇON. { Marche circulaire. — Marcher à main droite. — Marcher à main gauche. — Changement de main sur le cercle. —

8e LEÇON. { Reculer. — Allonger le pas. — Passer du pas au trot et du trot au pas.

TRAVAIL AU TROT.

9e LEÇON. { Marche directe au trot. — Arrêter le cheval. — Le remettre en marche au trot. — Arrêter.

10e LEÇON. { Changements de direction au trot. — Oblique à droite. — Oblique à gauche. — A droite. — A gauche. — Demi-tour à droite. — Demi-tour à gauche.

11e LEÇON. { Marche circulaire au trot. — Marcher à main droite. — Marcher à main gauche. — Changements de main sur le cercle.

12e LEÇON { Allonger le trot. — Passer du trot au galop et du galop au trot. — Arrêter.

TRAVAIL AU GALOP.

13e LEÇON. { Marche directe au galop. — Arrêter le cheval. — Remettre le cheval au galop de pied ferme. — Arrêter.

14e LEÇON. { Changement de direction au galop. — Oblique à droite. — Oblique à gauche. — A droite. — A gauche. — Demi-tour à droite. — Demi-tour à gauche.

15e LEÇON. { Marche circulaire au galop. — Marcher à main droite. — Marcher à main gauche. — Changements de main sur le cercle. — Allonger le galop. — Galop de course.

16e LEÇON. — Saut du fossé. — Saut de la barrière.

PREMIÈRE LEÇON

DU MANÉGE.

Il est rare que la personne qui veut apprendre à monter à cheval, seule, c'est-à-dire sans maître ou sans être accompagnée d'autres élèves travaillant en commun, ose s'y hasarder au dehors, dans une plaine ou sur une route. Et cela se conçoit aisément : quand il ne connaît pas le moins du monde le cheval, quand il ignore complètement s'il pourra s'en rendre maître au cas où l'animal voudrait partir de lui-même dans la direction qui lui conviendrait, le cavalier novice est fort aise d'avoir autour de lui des murs qui s'opposeront aux velléités de fuite du cheval.

D'un autre côté, en cas d'une chute, le contact du terrain battu et solide d'une route ou d'une plaine sèche et rocailleuse peut être extrêmement douloureux pour l'élève : comme aussi le cheval laissé à lui-même dans ce cas peut, dans une fuite rapide et aveugle, occasionner de nombreux accidents.

Divers auteurs conseillent cependant de donner les premières leçons, — ou de les prendre, — sur la grande route ou dans la plaine la plus voisine, avec les accidents naturels du terrain.

Je ne suis pas du tout de cet avis ; et, comme le jeune cavalier est déjà disposé à la crainte et que ses moyens sont paralysés par les difficultés et la nouveauté de l'étude qu'il entreprend, j'estime qu'il y a lieu de le rassurer à moitié en le plaçant dans un terrain, un lieu, où il se sait un peu protégé contre les velléités de défense que pourrait avoir son cheval. J'ai toujours remarqué, dans les régiments de cavalerie, que les recrues ont une très grande appréhension du travail hors du manège et qu'il leur faut un certain nombre de leçons pour s'habituer à aller franchement sur les pistes tracées dans la plaine. Or, ces jeunes cavaliers ont déjà travaillé pendant près d'un mois, tous les jours, dans le manège. Ils sont donc à peu près habitués au cheval. Je n'approuve donc pas M. Vergniaud lorsqu'il dit : « Le meilleur lieu d'exercice est toujours la grande route ou la plaine la plus voisine ; car les leçons prises dans un manège couvert doivent être répétées en plein air, en définitive. »

Parbleu! je n'en disconviens pas! Dans la cavalerie aussi les recrues doivent plus tard manœuvrer avec *toutes leurs armes et le paquetage complet :* pourquoi ne pas leur faire faire cela tout de suite? Ce serait aussi rationnel.

Donc, c'est dans un manège que l'élève commencera ses leçons. Quand il possèdera parfaitement son cheval, quand il saura combiner l'emploi des aides, c'est-à-dire des moyens de se faire obéir de l'animal, il pourra aller au dehors avec assurance, sans danger pour la sécurité d'autrui et la sienne propre.

On entend par MANÈGE un espace de terrain rectangulaire entouré de murs et couvert d'une toiture, ou bien simplement entouré de murs.

Dans ce dernier cas, les murs peuvent avoir 2 m. 50 à 3 mètres de hauteur. Quand le manège est couvert, ils peuvent et doivent même avoir une plus grande hauteur. On donne à un bon manège une longueur d'environ 50 à 60 mètres et une largeur de 20 à 30.

Plus le manège est grand, plus il est convenable ; car alors le cheval peut parcourir une longue ligne droite dans un temps déterminé.

Au galop, par exemple, si le manège est très petit, il emploira à peine deux secondes pour traverser le terrain suivant le grand axe; tandis que si ce dernier a 50 ou 60 mètres, le cheval emploira beaucoup plus de temps et le cavalier pourra étudier bien mieux cette allure et s'y faire plus rapidement.

Les murs du manège à l'intérieur ne doivent pas être absolument perpendiculaires dans toute leur étendue. Il ne faut pas que le cheval puisse les frôler : car alors les jambes du cavalier seraient exposées à des contacts parfois extrêmement douloureux. Il ne faut pas non plus qu'une saillie quelconque se remarque sur le mur, pour la même raison : le cavalier pourait s'y heurter les genoux, les épaules, les bras ou la tête. Au pied du mur l'on dispose une série de madriers réunis les uns aux autres par des planches, de façon à former un talus contre le mur, et le cheval est ainsi forcé de s'en écarter.

D'un autre coté, quand le manège est couvert j'ai déjà dit que les murs doivent être bien plus élevés que lorsqu'il est découvert, et voici pourquoi : il faut que les ouvertures destinées à donner au manège de l'air et du jour soient assez élevées pour que le soleil ne vienne pas atteindre la tête du cavalier ou celle du cheval. Rien d'aussi désagréable que de recevoir en marchant, et à intervalles égaux, des rayons de soleil qui fatiguent et éblouissent par leur éclat alternatif.

La vue en perd de sa sûreté ; plongé subitement dans une obscurité relative après avoir été inondé de lumière, l'œil est inhabile à percevoir sûrement les objets qui l'entourent.

L'entrée du manège doit être au milieu de l'un des petits côtés. Elle doit être assez large pour laisser passer plusieurs cavaliers de front, pour le cas où l'on fait des études d'ensemble, des manœuvres, comme cela se fait surtout pour le MANÈGE MILITAIRE. Le terrain doit être soigneusement nivelé et bien battu ; puis on le recouvre d'une couche d'environ un décimètre d'un mélange de sable, de sciure de bois et de crottin de cheval. Ce mélange ne doit être ni trop sec ni trop humide ; on doit l'entretenir dans un état de moiteur suffisant ; trop sec, il laisse échapper pendant l'exercice une poussière fine qui gêne considérablement la vue et la respiration ; trop humide, il peut occasionner des glissades dangereuses pour le cavalier et le cheval.

Les ouvertures destinées à donner du jour et de l'air

doivent être aussi nombreuses que possible. Enfin, le milieu des quatre côtés doit être désigné par un point de repère sur le mur ; un signe quelconque, une lettre, etc. Cette indication sert aux cavaliers lorsque, étant en certain nombre, on les fait travailler sur deux colonnes longeant les murs opposés du manège ; comme il faut que les deux *cavaliers conducteurs*, c'est-à-dire ceux qui sont en tête de chacune des deux colonnes se trouvent toujours à la même hauteur pour la régularité du travail, il faut nécessairement que ces cavaliers aient des points de repère. Ils en ont quatre, il est vrai, déjà fournis par la construction même du manège, les *quatre coins;* mais quand le manège a de grandes dimensions, quand les grands côtés ont une soixantaine de mètres de longueur, si une tête de colonne allonge l'allure un peu plus que l'autre, elle arrivera au coin bien avant que l'autre tête de colonne arrive au coin diagonalement opposé. Par conséquent si le milieu des grands côtés est désigné par un signe quelconque, les conducteurs pourront rectifier l'allure et les distances, et *se régler* bien plus facilement.

Le sol du manège doit être l'objet de soins continuels ; les foulées des chevaux le durcissent promptement, surtout sur les *pistes*, le long des côtés ; il faut le repiquer dès que l'on remarque que la mixture se solidifie, autrement les chutes seraient parfois très douloureuses.

Enfin, j'ajouterai que le mot MANÈGE signifie aussi *l'étude de l'équitation* et que, naturellement, il se divise en *manège civil* et *manège militaire*. Nous nous occuperons seulement du manège civil, pour le *cavalier* et pour la *dame*.

DEUXIÈME LEÇON

De la Selle. — De la bride. — Seller le cheval et le desseller. —
Brider le cheval et le débrider. — Amener le cheval sur le terrain. — Monter à cheval des deux côtés. — Position du cavalier
à cheval. — Descendre de cheval.

DE LA SELLE.

La selle doit être choisie avec le plus grand soin par
le cavalier. Il faut qu'elle s'ajuste parfaitement au dos

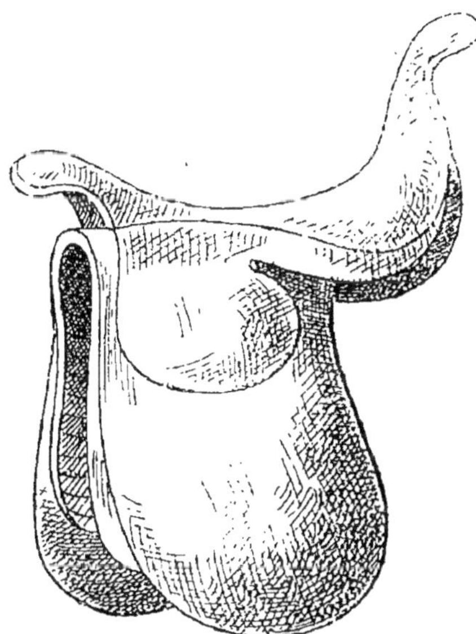

Fig. 91. — Selle anglaise.

du cheval, de façon à ne pas lui occasionner de blessures dans les réactions déterminées par la marche.
« Pour être bonne, dit M. Lebeaud, une selle doit être,
quelle que soit sa forme, juste à la taille du cheval, peu
rembourrée, mais bien unie, afin qu'elle porte également
partout et ne cause point de meurtrissures. Il faut aussi,

pour qu'elle soit commode au cavalier, qu'il s'y trouve assis à l'aise, que le siège soit bien uni, un peu dur, pas plus haut sur le devant que sur le derrière, et qu'il y ait peu d'épaisseur entre ses cuisses et le corps du cheval »

Il y a plusieurs sortes de selles ; la selle militaire ; la selle de voyage (ou selle ordinaire ou selle française), la selle anglaise (fig. 91), etc.

Les diverses parties dont une selle se compose sont les suivantes :

1° *Les arçons*, constitués par deux pièces de bois recourbées, placées l'une à l'avant et l'autre à l'arrière de la selle : Ce sont ces deux pièces qui assurent la forme et les dimensions de la selle ; l'arçon de devant est moins large que celui de derrière, et beaucoup plus recourbé pour que le garrot de l'animal n'en soit pas atteint et blessé ; celui de derrière est plus élargi pour mieux prendre la forme des reins et ne point y déterminer d'appuis douloureux ; ce dernier arçon porte communément une sorte de rebord nommé trous-sequin, formant ainsi un arrêt pour les fesses du cavalier, et auquel des boucles et des courroies permettent d'attacher un porte-manteau de petite dimension. Les parties constitutives de l'arçon de devant sont de trois sortes et prennent les noms suivants : le *pommeau*, partie mitoyenne, sommet de l'arc formé par la pièce de bois recourbée ; les *mamelles*, parties latérales, de chaque côté du pommeau ; et les *pointes*, extrémités des mamelles.

Les deux arçons sont réunis et liés entre eux par

2° Les *bandes*, qui sont deux petites planchettes de bois formant le corps de la selle, la carcasse du siège sur lequel s'asseoit le cavalier. Elles doivent s'appliquer exactement sur le dos du cheval.

3° Les *panneaux*, qui sont au nombre de deux, un de chaque côté de la selle. Ce sont des coussinets de toile fine remplis de crin, et qui sont destinés à empêcher le contact trop rude de la selle sur le dos et les côtes du cheval.

4° Le *siège* est la partie sur laquelle s'asseoit le cavalier. Il faut, comme je l'ai dit plus haut, qu'il soit aussi haut sur le devant que sur le derrière, un peu dur et bien uni. Trop rembourré, trop épais et trop moelleux, il peut échauffer considérablement les fesses du cavalier et déterminer des excoriations.

5° Les *quartiers* sont deux plaques de cuir formant les côtés extérieurs de la selle, sur les panneaux. Il faut autant que possible qu'ils soient longs et larges. Quand ils sont trop courts et trop étroits, leurs arêtes dures incommodent souverainement le cavalier, qui se blesse aux jarrets et qui n'a plus la même facilité pour employer ces aides.

6° Les *lièges* ou *bates* sont deux bourrelets plus ou moins épais situés de chaque côté de la selle sur le devant, à partir du pommeau et le long des mamelles de l'arçon de devant. Ils sont destinés à servir d'arrêt aux cuisses du cavalier, et à les empêcher ainsi de se porter trop en avant. Les lièges sont surtout utiles lorsque, aux allures vives, le cheval porte la tête et l'encolure très 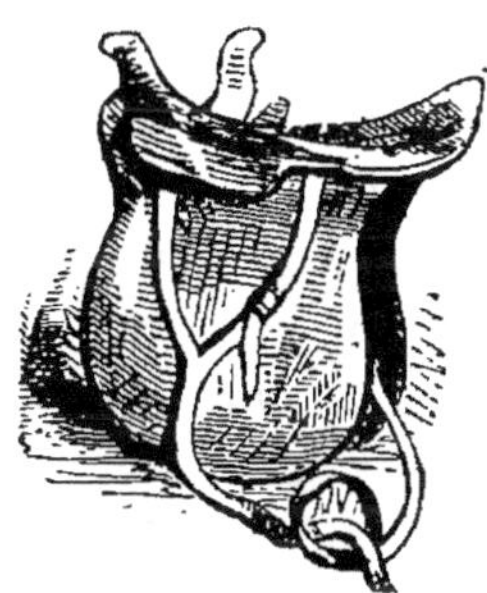 basses, rue, fait le saut-de-mouton, ou lorsque son arrière-main est plus élevée que l'avant-main; dans ces cas particuliers le cavalier, novice ou non, court souvent le risque de se porter beaucoup trop en avant, sur le garrot ou l'encolure, et de se blesser dangereusement.

7° Les *contre-sanglons*; trois petites courroies fixées, aux bandes de la selle, de chaque côté et symétriquement. C'est à ses courroies que l'on boucle les

8° *Sangles*. Ce sont deux larges bandes d'une tresse spéciale, souple et fort résistante, destinées à fixer solidement la selle sur le dos du cheval et à l'empêcher de tourner dans les réactions des allures, ou lorsque le cavalier monte sur l'animal ou en descend. Souvent encore, quand le cheval est complètement scellé, on ajoute une troisième sangle, bien plus grande que les sangles proprement dites, et en cuir. Cette sangle prend le nom de *surfaix*. On la place sur la selle qu'elle relie ainsi plus intimement au cheval ; elle porte une boucle à l'une de ses extrémités et un contre-sanglon à l'autre. Il faut que le cuir en soit très solide et pas trop épais, car dans ce dernier cas les fesses du cavalier se blesseraient facilement aux arêtes du cuir. On boucle le surfaix sous le cheval, et non pas sur l'un ou l'autre des côtés : dans ce dernier cas l'une ou l'autre jambe pourrait se blesser.

9° Le *poitrail* est une bande de cuir large de deux doigts, plus ou moins, qui s'attache de chaque côté de la selle, en avant de l'arçon de devant, et passe ainsi sur le poitrail du cheval. Au milieu de cette courroie s'en fixe une autre, la *fausse martingale*, qui y est solidement cousue, et qui, à l'extrémité opposée, porte un retour, un double, solidement cousu aussi, et dans lequel on fait passer les sangles avant de les fixer définitivement à la selle. Le poitrail empêche cette dernière de reculer et de se porter sur les reins de l'animal. Il ne faudrait pas cependant lui faire remplir uniquement cette fonction, en relâchant les sangles, surtout si l'avant-main est plus élevé que l'arrière-main, car il s'appuierait fortement sur les épaules, en gênerait les mouvements, et pourrait y occasionner des blessures.

10° La *croupière* remplit les fonctions opposées, elle empêche la selle de se porter trop en avant, surtout quand l'arrière-main est plus élevé que l'avant-main. C'est une pièce de cuir ayant à peu près une forme ovoïde, constituée par un bourrelet replié sur lui-même, et qui prend le nom de *culeron*. C'est dans

cet anneau de cuir que se place la queue ; la partie antérieure du bourrelet porte une lanière assez large, en
cuir aussi, et qui se boucle à un contre-sanglon fixé
sous l'arçon de derrière. Il ne faut pas que la croupière
soit trop courte, car elle irriterait considérablement la
sensibilité de la partie inférieure du tronçon de la queue
et provoquerait des ruades et des blessures. On doit surtout avoir soin, pour éviter des blessures au cheval, de
bien écarter et d'enlever les crins en mettant la croupière. Il faut aussi qu'elle soit toujours entretenue très
proprement, et ne pas y laisser des débris de crottin
qui s'y durcissent et peuvent aussi agacer et irriter la
base de la queue.

11° Les *étrivières* sont deux courroies partant des deux
côtés du siège et servant à supporter les étriers. Elles
doivent être en cuir solide pour ne pas se rompre lorsque, dans certains cas, tout le poids du corps du cavalier s'y trouve fortuitement porté.

12° Les *étriers* sont deux demi-cercles de fer poli
ou d'acier, terminés par une bande plane. C'est dans
ces appareils que le cavalier place ses pieds et trouve
un soulagement à la pesanteur et à la souffrance que
le poids des jambes détermine à la longue dans les
cuisses et le périnée. C'est également pour lui un point
d'appui extrêmement important.

« La selle, dit M. *Vallon* dans son abrégé d'hippologie, produit souvent des blessures graves, dont le moindre inconvénient est de rendre le cheval indisponible pour un temps plus ou moins long et peut aller jusqu'à le rendre impropre à tout service de guerre ; d'autres fois, ces blessures se terminent par du *farcin* ou par d'autres maladies entraînant la mort prématurée du cheval.

Toutes les fois qu'on n'a pas fait choix d'une pointure convenable, les *bandes* de la selle ne représentant pas exactement la disposition inverse du dos du cheval et ne portant pas sur toute leur étendue exercent une compression trop forte sur certains points et trop faible sur d'autres ; de là des cors, des plaies, des phlegmons, etc. sur les parties trop fortement comprimées. Des *panneaux* mal rembourrés ou inégaux donnent lieu aux mêmes accidents.

Si la *liberté de garrot* est trop grande (c'est-à-dire le creux du dessous du pommeau), la selle porte sur le sommet du garrot et sa compression y détermine des blessures, notamment le phlegmon appelé *mal de garrot* ; si au contraire la liberté de garrot est trop étroite, le même effet peut avoir lieu sur les parties latérales, par la compression des mamelles des bandes (*de l'arçon*).

Des accidents du même genre se produisent sur le rein, si la *liberté de rognon* (creux de l'arçon de derrière) présente les mêmes défauts que celle de garrot.

La position de la selle peut contribuer aussi à blesser le cheval, et surtout à gêner ses mouvements. Placée trop en avant, la selle surcharge l'avant-main, fait buter et forger le cheval, occasionne sa chute et amène le mal de garrot ; située trop en arrière, elle fatigue le rein et l'arrière-main, ralentit les allures et expose le cheval aux blessures du rein.

Si le *poitrail* est trop serré, tout en gênant les mouvements des épaules il peut blesser leurs pointes. S'il est trop lâche, il permet à la selle de se porter trop en arrière, surtout dans les montées, et amène la surcharge de l'arrière-main. Une fausse martingale trop courte ou couverte de boue fait naître des blessures à la région des ars.

Des *sangles* trop serrées, ou placées trop en arrière, gênent la respiration, ralentissent les allures, et peuvent même être la cause de congestions cérébrales. Des sangles trop lâches permettent à la selle d'exécuter des vacillements, d'où peuvent résulter des blessures. Si les sangles sont dures ou recouvertes de corps étrangers, si elles ne sont pas bien jointes ou font des plis, si le cavalier, par une négligence impardonnable, a engagé l'étrivière entre le corps de cheval et les sangles, elles peuvent faire naître des cors, des contusions, des plaies de la peau souvent graves.

La *croupière* peut être trop lâche ou trop serrée. Dans le premier cas, elle permet à la selle de se porter trop en avant, surtout dans les descentes ; dans le second, elle exerce une traction trop forte sur le tronçon de la queue, ce qui peut donner lieu à une blessure. Un culeron malpropre ou mal uni, des boucles mal placées, peuvent produire le même accident dans les régions où ils portent.

Lorsque les parties accessoires de la selle ne sont pas convenablement placées, lorsqu'elles portent sur des régions qui devraient être respectées, leur frottement réitéré occasionne des blessures.

La *charge* doit être régulièrement répartie sur le devant et sur le derrière de la selle, sinon il en résulte une surcharge, soit de l'avant-main, soit de l'arrière-main, qui nuit à la liberté des mouvements du cheval et peut donner lieu à des accidents. Elle doit être bien faite, et ne pas exercer de frottements sur telle ou telle région du corps.

Le cavalier, par sa position défectueuse en se portant

trop en avant ou trop en arrière, en vacillant à droite ou à gauche, peut également causer des blessures produites par la selle.

Nous terminerons cette énumération des accidents auxquels la selle donne lieu en disant que beaucoup de chevaux *faisant le gros dos* au moment où on les sangle, il en résulte qu'après quelques instants de marche, les sangles deviennent trop lâches et que le cheval doit être sanglé plus fortement ; qu'une selle *bien ajustée* à une certaine époque peut ne plus l'être à quelques jours de là, par suite des changements survenus dans l'état d'embonpoint du cheval. Cette particularité nous indique qu'il est bon de s'assurer fréquemment, surtout en campagne et en route, que le harnachement est bien ajusté (1). »

DE LA BRIDE.

La *bride* sert au cavalier à diriger le cheval et à l'arrêter.

Elle se compose de trois parties principales qui sont les suivantes :

1° Le *mors*. Lui-même est formé d'une tige de fer nommée *canon*, grosse à ses deux extrémités, et beaucoup plus mince à son centre ; à cette dernière partie le canon est recourbé et forme un creux qui porte le nom de *liberté de langue*, parce que la langue peut s'y placer sans éprouver de gêne ; les deux extrémités de canon se nomment *fonceaux*, et se soudent avec les *branches* du mors, deux montants en fer également, qui tiennent au corps de la bride par leur partie supérieure, et aux rênes par leur partie inférieure. La *gourmette* est une chaînette de fer ou d'acier, attachée aux branches entre leur partie supérieure et le canon, et qui passe sous la mâchoire inférieure, s'appuyant ainsi à la partie de

(1) A. VALLON. — *Abrégé d'hippologie.* Librairie de J. Dumaine.

cette dernière désignée sous le nom de barbe (fig. 92).

Il y a diverses sortes de mors, applicables aux diverses conformations de la bouche du cheval. Cependant on en distingue communément trois sortes : le *mors simple*, brisé au milieu par une espèce de charnière ; c'est le plus doux ; le *mors à trompe*, dont la liberté de langue est peu accentuée ; il est très dur à la bouche ; et le *mors à gorge de pigeon*, avec une liberté de langue bien accusée.

2° La *bride*. C'est un assemblage de pièces de cuir garnissant la tête du cheval et supportant le mors, qu'elles maintiennent dans la bouche à la position convenable. Ces diverses pièces portent le nom de *têtière*, *frontail, sous-gorge, sous-barbe, montants*, etc.

3° Les *rênes* ; longues courroies qui s'attachent par une de leurs extrémités à la partie inférieure des branches du mors, et qui se réunissent dans la main du cavalier à leur autre extrémité. Ces deux dernières sont cousues ensemble et l'on y joint communément une troisième courroie longue et mince qui leur sert de continuation unique et qui prend le nom de *fouet de la bride*.

Enfin, dans la plupart des brides se trouve ce que l'on nomme *le filet* ; c'est un *mors brisé*, un *mors simple*, sans branches ; il est bien plus mince que le canon du mors ordinaire, est fixé à deux montants de cuir de la bride et est également pourvu de rênes.

Parlant de la bride et de ses accessoirs, ainsi que de la manière de les ajuster pour en tirer le meilleur service, **M.** *De la Guérinière* dit ceci :

« Il faut ajuster un mors selon la structure intérieure de la bouche du cheval, les branches suivant les proportions de l'encolure, et les gourmettes suivant la sensibilité de la barbe.

Le mors doit porter sur les barres, à un doigt au plus des crochets de la mâchoire inférieure ; car s'il portait

plus haut il froncerait les lèvres, ce qui aurait fort mauvaise grâce et d'ailleurs les meurtrirait. Il faut, pour
que l'embouchure soit bien assise en son lieu propre,
que le talon soit bien droit, depuis le banquet jusqu'à
la naissance de la liberté de langue, c'est-à-dire dans
une longueur de 41 millimètres environ ; sinon, l'action
en serait fausse dans la bouche. Il faut encore que l'appui
se fasse à un demi-doigt de la naissance de cette liberté,
autrement les barres et la langue seraient blessées ; que

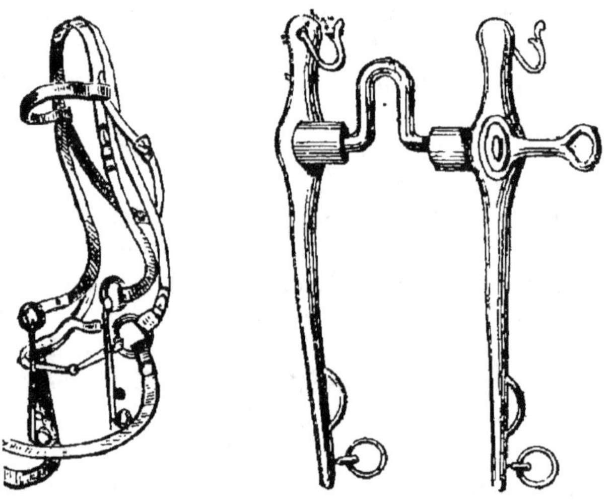

Fig. 92.

la lèvre du cheval soit si exactement logée, que l'on ne
voie pas du tout l'embouchure (*canon*) ; enfin, que toutes
les pièces du mors soient bien polies et bien jointes. La
gourmette doit porter à plat immédiatement au-dessous
de l'os de la barbe ; car, plus haut ou plus bas, son effet serait à peu près nul.

La force du mors doit être proportionnée à la grandeur de la bouche. Quand l'on donne trop de fer, c'est-
à-dire un canon trop gras à une bouche peu fendue, il fait
nécessairement froncer la lèvre. Si au contraire il n'est

pas assez fort pour la fente de la bouche, il entre trop avant, et l'on dit alors que le cheval *boit sa bride*.

Quoique une bonne bouche ne s'offense d'aucun mors, il vaut mieux lui en donner un doux, afin de la conserver longtemps en bon état. Quant aux chevaux qui ont la bouche défectueuse ou qui s'arment, il faut corriger ces défauts par la forme particulière de leur embouchure.

On nomme *bouches égarées* ou *trop sensibles* celles qui ne peuvent supporter l'action du mors. Cette excessive sensibilité, qui provient ou de barres trop élevées et *tranchantes*, ou de blessures causées par une mauvaise embouchure, fait qu'au moindre mouvement de la bride, le cheval la secoue fortement comme pour s'en débarrasser, donne des coups de tête, et bat à la main. Les bouches naturellement sensibles demandent un mors brisé, avec les fonceaux un peu forts, les branches droites, et la gourmette un peu lâche. Si cette sensibilité est accidentelle, le remède n'a pas besoin d'être indiqué.

La *bouche forte* est celle qui tire à la main et résiste à l'action du mors, soit parce que les barres étant rondes, charnues et trop basses, le mors appuie plus sur la langue que sur elles, soit parce que la trop grande épaisseur des lèvres et des gencives recouvre les barres. Le mors à gorge de pigeon est le plus convenable pour ces sortes de bouches, parce que la langue s'y trouve en liberté, et afin de le rendre plus sensible il faut le choisir un peu mince, surtout près des fonceaux.

Les *bouches faibles*, qui ne prennent que très difficilement appui sur le mors, quelque doux qu'il soit, sans pourtant battre à la main, demandent le même genre d'embouchure que les bouches trop sensibles.

Les chevaux qui ont la tête charnue, l'encolure, les barres et la langue grosses, pèsent à la main, c'est-à-dire s'appuient beaucoup sur le mors. Il faut leur donner l'embouchure à gorge de pigeon avec peu de fer, dont la liberté soit proportionnée à l'épaisseur de la langue ; une gourmette mince et un peu serrée, parce que les chevaux dont il s'agit ont généralement la barbe épaisse et peu sensible. Souvent aussi un cheval pèse à la main par faiblesse naturelle, soit des pieds, des reins ou des hanches ; il cherche alors à se soutenir sur le mors ; la conformation de la bride ne peut corriger ce défaut.

Les *bouches trop fendues* demandent une embouchure plus forte, dont la gourmette soit placée un peu bas ; sans cette dernière précaution, la gourmette ne produirait aucun effet quand on voudrait ramener le cheval.

Les chevaux qui ont le cou long, effilé et très souple ; ceux qui ont l'encolure renversée, le gosier tendu, les muscles de cette partie très gros et la ganache serrée, sont sujets à s'armer de deux manières différentes, ce qui rend l'action du mors à peu près nulle ; c'est-à-dire que dans le premier cas, ils font *cou de cygne*, baissent la tête et appuient les branches contre le poitrail ; et que, dans le second, ils portent la tête en avant sans baisser le front, et appuient contre le gosier, ce qui lâche en même temps la gourmette. Il faut aux chevaux qui arment contre le poitrail une embouchure très douce, ou même un simple bridon, et donner aux autres des branches très hardies. La pression trop forte de la gourmette suffit quelquefois pour faire armer un cheval ; il faut en ce cas détruire la cause pour faire cesser l'effet » (*de la Guérinière*).

Au sujet des blessures qu'une bride mal ajustée peut occasionner, M. *Vallon* dit :

« Comme toutes les autres parties du harnachement, la bride peut donner lieu à des accidents. Les cuirs durs et malpropres occasionnent des démangaisons qui portent le cheval à se gratter ; de là des dépilations, des plaies plus ou moins graves.

Une sous-gorge trop serrée gêne la respiration et la circulation, peut faire corner le cheval et même produire l'asphyxie.

Une sous-barbe et un dessous-de-nez trop serrés s'opposent à la liberté des mouvements des mâchoires, et produisent un sentiment pénible dont on peut se faire une idée par l'empressement que le cheval met à se frotter contre la mangeoire, et par les baillements répétés auxquels il se livre dès qu'il est débridé.

Une gourmette trop étroite et trop serrée peut donner lieu à des plaies de la barbe.

Mais c'est le mors qui, le plus souvent, fait souffrir le cheval.

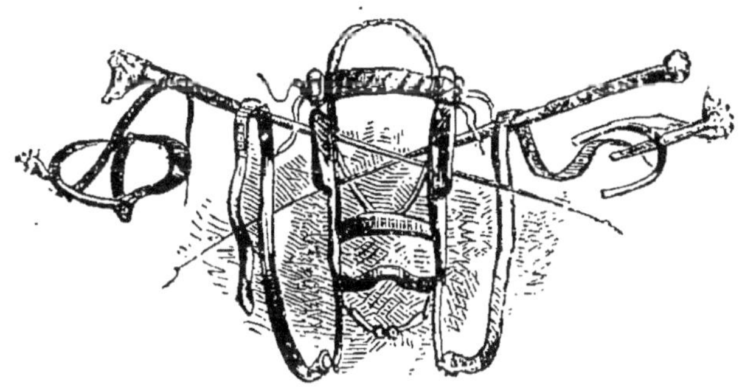

Lorsqu'il n'est pas bien ajusté, le mors cause des douleurs qui portent le cheval à s'encapuchonner, à battre à la main, à porter au vent, etc., attitudes fatigantes et nuisibles à la libre exécution des phénomènes locomoteurs. Entre des mains dures et brutales, le mors produit souvent des blessures des lèvres, de la langue et principalement des barres, qui augmentent ou diminuent leur sensibilité, les rendent dures, calleuses, ulcéreuses, occasionnent leur carie, et mettent le cheval hors d'état d'être employé à la selle, ou tout ou moins le rendent dangereux pour le cavalier. »

SELLER LE CHEVAL ET LE DÉSELLER.

Avant de seller le cheval, le cavalier s'en appro-
chera et examinera minutieusement le garrot, le dos
et les reins, pour s'assurer qu'il n'existe à ces parties,
au garrot surtout, ni blessures ni corps étrangers. En
effet, si le cheval est avec d'autres dans la même écurie,
il a pu se battre et être atteint de morsures plus ou
moins graves; dans ce cas, il faudrait le laisser au repos après lui avoir donné les soins nécessaires; d'un
autre côté, il peut s'être blessé en se roulant, ou en se
heurtant fortuitement contre un corps quelconque; il
peut aussi y avoir des corps d'un volume plus ou moins
gros pris dans les poils du garrot, du dos ou des reins,
et le poids de la selle et du cavalier surtout, occasion-
nerait à ses parties des blessures plus ou moins longues
à guérir.

Si la selle dont dispose le cavalier est munie d'une
couverte ou d'un feutre, il examinera attentivement la
couverte qui pourrait, elle aussi, contenir quelque corps
dur; il la secouera, la pliera exactement en quatre, en
ayant soin qu'il n'existe aucun pli sur la surface inférieure ou la surface supérieure; puis, se tenant du côté
gauche, ou *montoir*, après avoir lissé avec la main les
poils du garrot, du dos et des reins, il mettra la couverte
sur le dos du cheval, doucement, sans à-coup, sans la
faire passer d'abord sur l'encolure, pour ne pas effrayer
l'animal, surtout s'il est plus ou moins ombrageux.

Le cavalier apportera la couverte sur le cheval
comme s'il se disposait à la placer entre le dos et les
reins; la tenant à une certaine distance de cette partie
du corps de l'animal, il dirigera son bras vers le garrot
et y appliquera la couverte symétriquemment, c'est-à-
dire en la disposant de façon qu'il en pende autant d'un
côté que de l'autre. Cela fait, il prendra la couverte par

la partie postérieure, et la tirera doucement en arrière
jusqu'à ce qu'elle soit à la position voulue, c'est-à-dire
portant un peu sur le garrot. Si, en la reculant, on avait
un peu dépassé la position de la couverte, il faudrait
bien se garder de la tirer en avant de la main gauche,
car elle entraînerait les poils avec lesquels elle se trouve
en contact, et la peau de l'animal en serait irritée pendant toute la durée de l'exercice. Il faudrait tout simplement l'élever avec les deux mains, en la tendant
fortement, et l'appliquer ensuite à l'endroit convenable.
Puis, en passant une main sous la couverte, et maintenant cette dernière avec l'autre, ou lisserait les poils
qui pourraient se trouver rebroussés.

Il est urgent d'éviter de laisser aucun pli à la couverte, par la raison que le poids du cavalier pourrait
déterminer une irritabilité ou une blessure à l'endroit
où porterait ce pli.

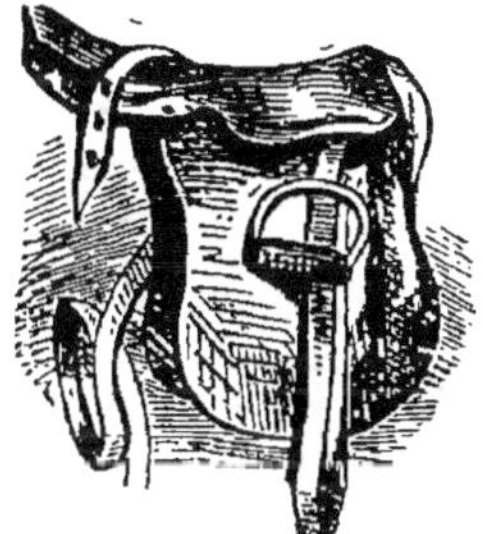

Selle anglaise.

Si, au lieu d'une couverte, on se sert d'un feutre, il
faut prendre les mêmes dispositions pour l'appliquer
sur le dos du cheval.

Le cavalier prend ensuite la selle, après avoir eu soin
de relever et de croiser sur le siège les étriers, et d'y
placer aussi le poitrail, les sangles et la croupière de
façon que rien ne pende et ne puisse se glisser sous la
selle quand il la posera sur le dos de l'animal.

La saisissant sous l'arçon de devant avec la main
gauche et sous l'arçon de derrière avec la main droite,
il se placera au côté montoir, faisant face au flanc gauche du cheval, un peu en arrière; il élèvera la selle,
doucement et sans à-coup, et la placera sur les reins,
en arrière de la position qu'elle doit occuper. Pendant
cette opération, comme d'ailleurs pendant toutes les
autres et toutes les fois que le cavalier s'occupera de
son cheval et tournera autour de lui, il devra le flatter
et lui parler doucement.

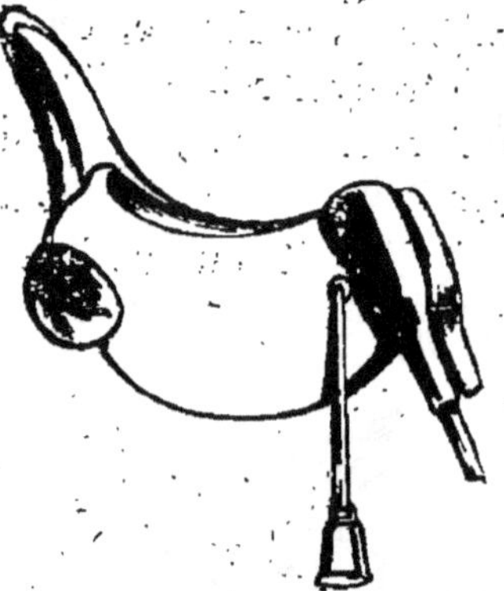

Selle hongroise.

Se plaçant ensuite en face de la cuisse gauche, il saisira le tronçon de la queue avec la main gauche, les
crins avec la main droite, et il roulera les crins autour
du tronçon, sans brusquerie et le plus rapidement
possible, en évitant de tirer sur des crins isolés.

Prenant ensuite la croupière de la main gauche pendant qu'il maintiendra le tronçon ainsi disposé avec la
main droite, il engagera ce dernier et ses crins dans
le culeron, déroulera les crins, appliquera le culeron
contre la base du tronçon, dégagera les quelques crins
qui pourraient s'y trouver engagés, puis il se placera de
nouveau devant le flanc gauche du cheval.

Il saisira la selle avec les deux mains, l'élèvera doucement en évitant de déranger la couverte, et la portera en avant de manière à sentir la résistance de la croupière. Il la posera alors sur la couverte et s'assurera que la croupière n'est pas trop tendue, c'est-à-dire qu'elle cède très facilement quand, glissant la main entre elle et la croupe, on veut la soulever un peu.

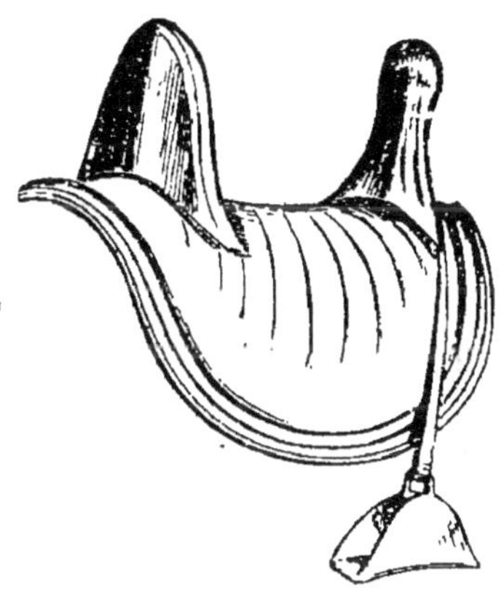

Selle arabe.

Le cavalier se placera ensuite en face de l'épaule gauche du cheval et, maintenant la selle sur le dos de l'animal avec la main droite, il glissera la gauche entre le garrot et la couverte, appuiera l'extrémité des doigts à la naissance du garrot et, sur ce point d'appui, élevant fortement le dos de la main, il obligera la couverte à s'élever un peu et à se mettre en contact avec la *liberté de garrot* de l'arçon de devant. La couverte sera bien placée, à cet endroit, si elle ne touche pas le garrot, celui-ci devant rester libre pour ne pas s'échauffer dans les mouvements des muscles des membres antérieurs.

Le cavalier aura le plus grand soin de dégager les crins qui auraient pu se glisser ou être pris entre le garrot et la couverte, comme aussi tous autres crins de la crinière qu'un mouvement du cheval aurait pu faire aller entre le corps et la couverte au moment ou on appliquait cette dernière sur le dos.

Cela fait, le cavalier abattra les sangles, qui doivent être fixées d'abord à la selle par les contre-sanglons de droite.

Il abattra ensuite le poitrail qui, lui aussi, doit être d'abord fixé à la selle par l'extrémité de droite. Puis, ramenant ce dernier en avant de l'animal, il saisira la fausse martingale qu'il fera passer entre les deux membres antérieurs. Maintenant la boucle de la fausse martingale sous le *passage des sangles* avec la main gauche, le cavalier, se baissant, attirera les sangles à lui avec la main droite, et réunissant leurs extrémités libres, il les engagera dans la boucle de la fausse martingale et les amènera jusqu'aux contre-sanglons de gauche de la selle. en se relevant.

Avant de boucler les sangles, il s'assurera que la fausse martingale est exactement disposée sur l'axe du corps de l'animal, sans être plutôt d'un côté que d'un autre, car le cheval pourrait se blesser aux ars en marchant. Alors il bouclera successivement les contre-sanglons aux sangles, sans s'attacher à mettre les ardillons dans les trous où ils doivent être définitivement placés. Il les mettra un ou deux trous plus bas, et voici pourquoi : Très souvent le cheval se gonfle quand on le selle. Il fait le *gros dos*. Il en résulte que les sangles sont d'abord fortement tendues, mais qu'au sortir de l'écurie, ou au bout de quelques minutes d'exercice, elles sont tellement lâches que la selle vacille et peut même tourner. Il faut donc que le cavalier boucle les sangles légèrement d'abord, car le premier contre-sanglon fixé à son point, si le cheval fait un effort il peut le casser. Mais quand tous sont bouclés, il les reprend successivement et les serre d'un trou. Un moment avant de sortir de l'écurie, il peut recommencer l'opération.

Dans le courant de la leçon, pendant les repos, le cavalier devra visiter les sangles et passer la main entre elles et le corps de l'animal pour voir si elles sont trop lâches ou si elles ont la tension voulue. Pour qu'elles remplissent cette dernière condition, il faut que la main puisse se glisser entre elles et le corps, mais difficilement.

Les sangles fixées, le cavalier prendra l'extrémité encore libre du poitrail et l'attachera à son contre-sanglon de gauche, de manière que les épaules du cheval soient parfaitement libres dans leur jeu et qu'on puisse soulever légèrement le poitrail, qui doit retomber de son propre poids sur les épaules, et non pas y être tendu et tiré par les contre-sanglons.

Enfin, le cavalier abat les étriers.

Pour desseller, le cavalier fait les opérations contraires, dans l'ordre contraire.

En conséquence, il commence par relever les étriers et par déboucler le poitrail, à gauche, puis les sangles, du même côté.

Il dégage les sangles de la boucle de la fausse martingale, et les dispose sur la selle avec le poitrail. Puis il saisit la selle, la porte doucement en arrière, sur les reins et un peu sur la croupe, et ôte la croupière en observant toujours de ne pas tirer des crins isolés, ce qui ferait ruer le cheval. Il place également la croupière sur la selle.

Se plaçant ensuite du côté montoir, il prend la selle avec les deux mains, la gauche à l'arçon de devant, la droite à celui de derrière, l'enlève doucement et la pose sur un corbeau ou un appui quelconque. Il doit éviter de la poser sur le sol : des graviers, des débris de bois, etc., pourraient se fixer dans les panneaux et blesser plus tard le cheval.

Le cavalier saisit ensuite la couverte avec les deux mains et l'enlève doucement. Il la place à un endroit convenable en tournant en l'air, — et au soleil si c'est possible, — le côté qui a été en contact avec le cheval et qui est presque toujours mouillé par la sueur.

Quelques cavaliers enlèvent à la fois la couverte et la selle, après avoir ôté la croupière. Je n'approuve pas ce système ; le cheval peut avoir été blessé, écorché sur le dos pendant l'exercice, et l'on pourrait rendre plus grave une blessure légère en ôtant rapidement la couverte ; on pourrait ainsi enlever brusquement un lambeau de peau, ou déterminer même une écorchure à un endroit où la couverte, collée au corps par un pli qu'elle a formé, y adhère très fortement.

Je ne saurais trop le répéter, le cavalier doit apporter le soin le plus vigilant à seller et à desseller son cheval, et il serait à désirer qu'il prît lui-même ce soin, au lieu de le laisser à un domestique.

Après avoir dessellé, le cavalier examinera attentivement le dos et les reins de l'animal et le bouchonnera ou le fera bouchonner soigneusement au dos, au ventre et aux jambes.

BRIDER LE CHEVAL ET LE DÉBRIDER.

Le cavalier saisit la bride de la main droite, par la têtière, le dos de la main en dessus, les ongles en dessous. Les rênes reposent sur le pli du bras gauche. Il s'approche du cheval, coté montoir, s'avance sans brusquerie jusqu'à sa tête, en lui parlant doucement ; puis, élevant le bras, il amène la bride verticalement devant son chanfrein, le haut de la bride au niveau des yeux, le mors au niveau de l'extrémité des lèvres.

Dans cette position, et sans que les rênes quittent le pli du bras gauche, le cavalier saisit le mors avec la main gauche et l'introduit entre les lèvres en ouvrant ces dernières avec le pouce qu'il glisse rapidement jusqu'à la barre du même côté pour forcer le cheval à desserrer les dents. Le mors reposant sur les barres, le cavalier l'y maintient pendant que, élevant la bride, il l'engage sur le sommet de la tête de l'animal.

Il la fait couler aussitôt sur l'oreille droite d'abord, qu'il ramène en avant; puis sur l'oreille gauche, qu'il ramène aussi en avant; puis il saisit le toupet avec la main gauche, la droite soulevant et soutenant la bride, et il ramène les crins du toupet en avant; il boucle ensuite la sous-gorge, qui ne doit pas être trop serrée pour ne pas gêner la respiration du cheval, surtout s'il est disposé à faire le cou de cygne; et enfin il boucle la gourmette de façon qu'elle touche simplement les barres en conservant un certain jeu d'avant en arrière.

Enfin, saisissant les rênes avec les deux mains, le cavalier les passe sur le cou du cheval et les repose sur le garrot.

Pour débrider, les cavalier fait les opérations contraires dans l'ordre contraire.

En conséquence, il commence d'abord par saisir les rênes; il les passe sur l'encolure et les repose sur le pli du bras gauche : il déboucle la gourmette et la sous-gorge; il saisit le haut de la bride, l'amène en avant, la fait passer sur l'oreille gauche, puis sur l'oreille droite, et le cheval ouvrant alors naturellement la bouche, le mors en sort de lui même.

Il place ensuite la bride sur un support quelconque, après avoir eu soin d'en essuyer préalablement les parties métalliques, mors et gourmette.

AMENER LE CHEVAL SUR LE TERRAIN

Avant de monter à cheval, le cavalier fera faire quelques pas à la monture, dans le manège ; une ou deux minutes suffiront pour dégourdir les membres de l'animal.

Pour cela, après avoir passé les rênes sur l'encolure, comme je l'ai expliqué plus haut, le cavalier se placera du côté montoir, à la hauteur de la tête du cheval, son coté droit contre l'animal, la tête tournée dans la même direction que celle de ce dernier.

Il saisira les deux rênes à environ 8 centimètres de la bouche du cheval, le poignet à la hauteur de l'épaule, le dos de la main en dessus, la main ferme pour contenir les mouvements de la tête du cheval et empêcher celui-ci de sauter. Puis il marchera droit devant lui, à petits pas d'abord, à son pas ordinaire ensuite.

Si le cheval refuse de marcher, il est absolument inutile de le brutaliser ou de lui parler avec des éclats de voix ; cela ne ferait que l'effrayer, et il se défendrait encore davantage. Il faut d'abord voir si un obstacle quelconque ne s'oppose pas à ce que le cheval s'avance : chose incroyable, j'ai vu au régiment un cavalier entrer dans une colère extrême parce que son cheval refusait obstinément de sortir de l'écurie. La parade sonnait, le cavalier était en retard ; plus il tempêtait, plus il jurait, moins l'animal bougeait : *cet homme avait tout simplement oublié d'ôter le licol au cheval et celui-ci était lié à sa mangeoire par la longe.* Il lui était effectivement impossible de quitter l'écurie.

Le cavalier examinera donc, avant tout autre chose, si un obstacle quelconque n'empêche pas le cheval de se porter en avant ; puis, il le caressera, le flattera à petits coups du plat de la main sur l'encolure, les flancs, le poitrail et les cuisses, et il recommencera le mouvement.

En marche, si l'animal est gai, veut sauter, ruer ou se cabrer; si, étant myope ou naturellement ombrageux, un objet quelconque l'effraye et provoque ces manifestations turbulentes, le cavalier évitera de menacer son cheval, de lui faire entendre de violentes imprécations et de lui donner des saccades du mors.

Le cheval s'effrayerait davantage, et l'on perdrait ensuite un temps plus ou moins long à le calmer.

Le cavalier devra s'arrêter, calmer le cheval par des : *oh! oh! hola!...* connus de tout le monde; puis il se placera devant lui; saisira alors une rêne dans chaque main pour bien maintenir la tête, et fixera sur lui un regard ferme et prolongé, tout en lui parlant doucement, et en baissant la voix par degré.

Il se replacera ensuite auprès de lui, dans la première position, et lui parlera un peu avant de le déterminer de nouveau en avant.

Si le cheval continuait à se défendre, il faudrait examiner encore minutieusement le harnachement, et voir si une souffrance quelconque ne cause pas cette irritabilité et ces désobéissances.

Si rien ne vient justifier les défenses de l'animal, une deuxième personne doit alors passer derrière le cheval et le déterminer à marcher en élevant un bras, ou en faisant claquer une chambrière. *Il ne faut le toucher avec cet instrument qu'à la dernière extrémité.*

MONTER A CHEVAL DES DEUX COTÉS

Sur le terrain, lorsque le cavalier se dispose à monter à cheval, il égalise les rênes des deux mains, puis, les saisissant avec la main droite à leur extrémité libre, il les tend légèrement de manière à sentir seulement l'appui du mors, et il place la main droite à l'arrière de la selle. Il se tient le corps droit, vis-à-vis du flanc gauche du cheval, le pied droit un peu en arrière, le

visage tourné du côté de la tête du cheval. Il doit avoir
soin de ne pas trop tendre les rênes, car le cheval reculerait (fig. 93).

Pour monter à cheval, il engage le tiers du pied gauche dans l'étrier en tournant entièrement le corps vers
le cheval. Il se dresse sur la pointe du pied droit, et il

Fig. 93.

saisit, le plus en avant possible une poignée de crins
avec la main gauche, l'extrémité des crins sortant du
côté du petit doigt. La main droite ne quitte ni les rênes
ni le derrière de la selle (fig. 94).

Quand cette position est bien assurée, le cavalier
s'élance du pied droit en tirant fortement les crins à
lui, et il s'enlève sur l'étrier, le corps droit, bien tourné
vers le cheval et très légèrement incliné en avant
pour éviter de perdre l'équilibre (fig. 95).

Dans cette position, qu'il doit prolonger le moins possible pour que la selle ne tourne pas et que le cheval,
tourmenté, ne se défende pas, il écarte la jambe droite

autant qu'il le peut, sans fléchir la jambe gauche, la
passe au-dessus de la croupe du cheval en évitant de
le toucher (fig. 96). et porte rapidement cette jambe
au-dessus du siège de la selle en quittant cette dernière
de la main droite. Simultanément, il fait sur l'étrier un
mouvement à gauche et en avant, porte la main sur le

Fig. 94.

pommeau de la selle pour se soutenir, et s'asseoit légèrement sur le siège. Il prend les rênes de la main
gauche, les ajuste et les tient dans la main fermée, le
petit doigt passé entre les deux, le pouce allongé sur l'extrémité qui sort de son côté, le haut de la main un peu
penché en avant, les doigts tournés vers le corps (fig. 97).

En même temps il tâte l'étrier avec la pointe du pied
droit, et le chausse. Il ne faut jamais s'aider de la
main droite pour chausser l'étrier. L'étrivière affecte
d'elle-même, après un certain temps de service, la
forme nécessaire pour que l'étrier se trouve dans une
direction oblique à l'axe du cheval, et, en tournant la
pointe du pied un peu en dedans, à la hauteur où l'on

sait que se trouve l'étrier, on le chausse sans même y porter les yeux.

Pour monter à cheval du côté droit, c'est-à-dire *hors montoir*, le cavalier emploie les moyens inverses.

Pour se préparer à monter il égalise les rênes des deux mains, puis les saisissant avec la main gauche à leur extrémité libre, il les tend légèrement, de ma-

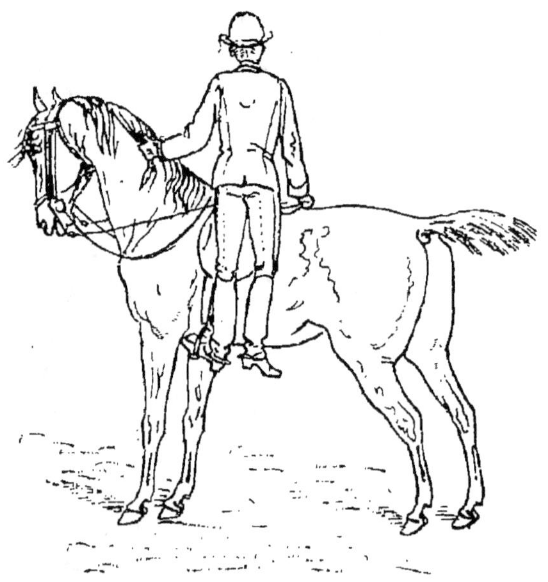

Fig. 95.

nière à sentir seulement l'appui du mors, et il place la main gauche à l'arrière de la selle. Il se tient le corps droit, vis-à-vis du flanc droit du cheval, le pied gauche un peu en arrière, le visage tourné du côté de la tête du cheval. Pour monter, il engage le tiers du pied droit dans l'étrier en tournant entièrement le corps vers le cheval. Il se dresse sur la pointe du pied gauche et il saisit, le plus en avant possible, une poignée de crins avec la main droite, l'extrémité des crins sortant du côté du petit doigt. La main gauche ne quitte ni les rênes ni le derrière de la selle.

Quand cette position est bien assurée, le cavalier s'élance du pied gauche en tirant fortement les crins à lui, et il s'enlève, le corps droit, bien tourné vers le cheval et très légèrement incliné en avant pour éviter de perdre l'équilibre.

Fig. 96.

Dans cette position, il écarte la jambe gauche autant qu'il le peut, sans fléchir la jambe droite, et, la passant au-dessus de la croupe du cheval en évitant de le toucher, il porte rapidement cette jambe au-dessus du siège de la selle en quittant cette dernière de la main gauche.

Simultanément, il fait sur l'étrier un mouvement à droite et en avant, porte la main gauche sur le pommeau de la selle pour se soutenir, et s'asseoit légèrement sur le siège. Il agit ensuite avec les rênes tout comme s'il était monté du côté montoir.

Le cavalier doit s'exercer souvent à monter des deux côtés et ne pas s'astreindre ni s'habituer à monter exclusivement du côté montoir.

Fig. 97.

POSITION DU CAVALIER A CHEVAL.

Rien de plus désagréable que de voir un cavalier perché sur son cheval en dépit du bon sens, dans une attitude fatigant même ceux qui le considèrent; le haut du corps en avant, le menton entre les oreilles de son cheval qui risque de le lui briser d'un coup de tête; les bras écartés en ailes de pigeon; les jambes raides, tendues et écartées comme les branches d'une pincette faussée; les épaules en l'air, dépassant le cou, les fesses portant sur le troussequin; tout le corps secoué par

des soubresauts ridicules à chaque temps de trot ou
de galop, ou bien se dandinant d'une manière grotes-
que à chaque pas.... Il faut éviter d'attirer ainsi sur
soi l'attention moqueuse des passants. *Un bon cavalier
passe toujours inaperçu;* mais si son attitude à cheval est plus que correcte, si elle est extrêmement élégante, si elle a ce *je ne sais quoi* dénotant le fin cavalier, l'homme admirablement et solidement lié à tous
les mouvements de son cheval, sans raideur, sans efforts, alors le passant est charmé, et il s'arrête pour
voir passer l'écuyer.

Et à ce sujet, une petite digression.

J'ai maintes fois entendu dire, — vous aussi, lecteur, — en parlant d'un cavalier : « Il est excellent
écuyer ! c'est le meilleur cavalier que je connaisse ; il
manie son cheval avec une dextérité étonnante ; il lui
fait faire ceci et cela, etc. ; par exemple, il tombe de
cheval assez souvent.... » — Eh bien ! de deux choses
l'une : ou bien cet homme est atteint de paralysie partielle des muscles des jambes, ou bien il ne sait pas se
tenir à cheval et ce n'est pas un bon cavalier.

Quel est le but de l'usage du cheval? C'est, au moyen
de cet animal, de pouvoir se transporter d'un lieu à un
autre le plus tôt possible, à toutes les allures par conséquent, et malgré les mille et un incidents qui peuvent
se produire dans cette marche lente ou rapide, malgré
surtout les défenses qu'oppose le cheval à son cavalier,
malgré les mouvements désordonnés et parfois imprévus
qu'il peut faire sous l'impression de la colère ou de la
frayeur. Donc l'homme qui borne son savoir à faire
exécuter des tours de force plus ou moins brillants à
son cheval, et qui n'est pas capable de se tenir sur son
dos n'est pas un cavalier. Il n'est pas plus cavalier que
l'homme qui, debout sur sa croupe, s'y tient tantôt
sur un pied, tantôt sur un autre ; ce sont là des jongleries

admises dans un cirque, d'agréables passe-temps permis dans un manège, des façons de se faire remarquer en passant sous une fenêtre ou un balcon, qui préoccupent beaucoup l'esprit, *mais voilà tout*.

Et tenez, voici ce qu'écrivait dans le Journal l'ÉVÈNE-MENT, du 31 mars 1886, un spirituel chroniqueur, ancien officier, sous la signature *Theo-Critt*, à propos du concours hippique qui venait d'avoir lieu au Palais de l'Industrie, à Paris :

« En France, toutes les fêtes militaires ont du succès, et les organisateurs du concours hippique savaient ce qu'ils faisaient en appelant à eux, dans la plus grande part possible, les élégants cavaliers qui veulent bien quitter pendant quinze jours leurs importants travaux et la vie contemplative des garnisons de province pour venir assurer par leur présence le succès de ces réunions mondaines.

Voyez quelle triste mine font les gentlemen en redingote à côté des brillants uniformes qui sillonnent la piste et récoltent seuls les applaudissements de la foule. Tout s'éteint, les sourires s'arrêtent, les conversations reprennent, les potins circulent et la redingote passe et disparaît au milieu de l'indifférence générale.

Tout autre au contraire est l'aspect du public lorsque la cloche d'alarme annonce l'entrée sur la piste d'un uniforme quelconque. Le cœur des femmes bat plus fort et plus vite, les hommes mettent leur monocle, un murmure sympathique encourage l'officier et, qu'il franchisse bien ou mal la série d'obstacles, il est certain d'avoir sa petite ovation.

Souvent même, plus il monte mal et plus on l'applaudit. Le public du concours hippique n'est pas composé exclusivement d'un monde ayant sur l'équitation des notions très nettes.

Aussi, lorsqu'un cheval rétive, rue, se cabre, montre une mauvaise tête et que son cavalier, pour le remettre dans le droit chemin, frappe à grands coups de cravache et à grands coups d'éperon, agite ses bras et ses jambes comme les ailes d'un sémaphore, tire sur les rênes et perd ses étriers ou son képi, il y a des applaudissements frénétiques. On salue ce tour de force, qui souvent n'est qu'un manque de tenue et de conduite, à l'égal d'un trait d'audace; et le public croit bonnement cette façon d'être, qui rappelle don Quichotte à la conquête des moulins à vent, la preuve d'une science profonde en équitation.

Il en résulte que parfois certains officiers provoquent la rétivité de leur cheval afin de savourer le triomphe des applaudissements. Le bon public les donne pour rien, à pleines mains, et ne réserve ses bravos discrets que pour le cavalier correct, admirable dans sa position, dans sa tenue et qui, véritable écuyer, dédaignant ce succès éphémère, au lieu d'employer avec sa monture des moyens de conduite frelatés, la dirige très habilement d'une main douce et ferme à la fois, ainsi qu'il faut en user avec les femmes, disent les philosophes endurcis dans un odieux célibat. »

Revenons maintenant à la position du vrai cavalier à cheval.

Le cavalier doit être, en selle, aussi commodément assis que dans son fauteuil; il doit n'y éprouver aucune gêne, aucune souffrance, aucun malaise.

Ses fesses doivent être exactement placées sur le siège, de chaque côté de la ligne médiane, et doivent se trouver le plus en avant possible, car elles servent de base, de point de sustentation, à tout le corps, et elles doivent être également chargées de tout son poids. En outre, comme c'est précisément vers le garrot que les réactions des allures vives se font le moins sentir, il faut chercher à s'y établir le plus près possible.

Les cuisses doivent tomber naturellement et être

tournées sur leur plat; c'est-à-dire que la partie interne doit se mettre en contact avec les quartiers de la selle et bien embrasser ainsi le corps du cheval; de cette façon le cavalier ayant de larges et nombreux points de contact avec sa monture, il lui sera très facile de résister aux effets des réactions et de se lier complètement avec son cheval. Les cuisses doivent être immobiles.

Le pli de la jambe doit être dépourvu de raideur. Il doit être souple et liant, c'est-à-dire que la jambe doit pouvoir osciller librement autour de ce point de suspension, et se porter soit en avant, soit en arrière avec la plus grande facilité, sans que le genou se dérange.

Les jambes doivent, par conséquent, tomber naturellement et sans raideur; il faut qu'elles soient perpendiculaires au sol; loin de les tenir en avant, il est même préférable de les porter légèrement en arrière quand on se méfie de son cheval, pour pouvoir le sentir et se tenir prêt à le rassembler et à le maintenir au moment où il va commettre une faute ou une méchanceté.

Les pieds doivent aussi être souples et sans raideur. Leur tiers antérieur seulement s'engage dans l'étrier, et il faut éviter de tourner la pointe trop en dehors, car on courrait le risque de toucher le cheval avec l'éperon et de modifier ainsi son allure ou de l'irriter.

Les reins doivent être soutenus. Il ne faut pas s'abandonner à cheval, s'y affaisser, s'y accroupir.

Le corps doit être droit, sans rigidité; il doit être souple, comme les reins, afin que le cavalier puisse se lier avec la plus grande facilité, inconsciemment même, à tous les mouvements de sa monture. Si les reins sont raides, les réactions du cheval s'y font sentir avec violence; au contraire, s'ils sont souples, ces réactions se transmettent successivement des fesses au haut du corps; celui-ci *ondule* pour ainsi dire, et le cavalier n'est pas sujet à ressentir de ces à-coups douloureux dans les reins quand le cheval butte, ou quand il fait un écart, ou quand il a le trot très dur. Du reste, cette raideur compromet par cela même l'aplomb du cavalier et sa solidité à cheval.

Les épaules doivent tomber naturellement, ainsi que les bras; il faut éviter de se pencher en avant et d'avancer les épaules; rien d'aussi disgracieux; les mouvements des bras en sont gênés, et le cavalier est alors porté à raccourcir les rênes.

Dans cette situation, si le cheval *s'encapuchonne* ou *encense*, le cavalier peut être blessé ou entraîné en avant.

Pas de raideur non plus dans les bras; ils doivent être entièrement libres de leurs mouvements pour pouvoir faire face à tous les incidents qui pourraient se produire. Tel cheval qui tient le cou en cygne et dont la crinière est épaisse, présente l'inconvénient d'inonder de ses crins la main du cavalier. Si celui-ci, — surtout aux allures vives, — a une position défectueuse, si ses bras sont raides, si sa main s'ouvre hors de propos, les crins s'y engagent et dès lors l'effet des rênes est paralysé; et si ses bras ne recouvrent pas leur souplesse et leur liberté d'action, leur aisance, il lui sera impossible de dépêtrer ses rênes des nombreuses touffes de crins qui s'y sont mélangées. Pendant le temps qu'il emploiera à hésiter, à chercher à se tirer d'embarras, le cheval pourra fort bien prendre une allure encore plus vive, et il s'emportera enfin si le cavalier maladroit et affolé se cramponne à lui avec les jambes et lui fait sentir les éperons.

Enfin la tête doit être bien d'aplomb sur les épaules, droite et aisée dans tous ses mouvements. Sans déranger la position du corps, le cavalier doit pouvoir regarder à droite et à gauche avec la plus grande facilité. Il doit, dans ses mouvements de tête, maintenir carrément les épaules, ne pas bouger le corps. Plus tard, quand il aura acquis l'habitude du cheval, il pourra s'abandonner davantage, se tourner à demi, sans cependant que les fesses et les cuisses bougent en rien, saluer en s'inclinant à droite et à gauche, exécuter enfin tous les mouvements de la tête, du bras et du haut du corps qu'il pourrait faire, comme je l'ai dit plus haut, assis dans un fauteuil.

Pour cela, il faut qu'il s'attache d'abord à bien observer les principes qui lui sont donnés. De mauvais commencements, les premières leçons mal comprises, ou mal exécutées parce qu'elles causent momentanément de la gêne, créeront toujours des obstacles à l'aisance, à la sûreté, à l'élégance et à la solidité de la position du cavalier à cheval.

L'étrier doit être assez bas pour que le pied puisse le chausser facilement sans que le cavalier soit obligé de remonter la jambe et de déranger la position de la cuisse. Il faut que, la jambe tombant naturellement, le cavalier n'ait qu'à élever seulement la pointe du pied et à la tourner en dedans pour trouver de suite l'étrier et l'y engager. Du reste un moyen bien simple et très communément employé pour régler la longueur des étrivières est celui-ci :

Avant de monter à cheval, le cavalier place le bout des doigts de la main gauche sur la mortaise ou la chape porte-étrivière de la selle, où pend l'étrivière, et, prenant l'étrier de la main droite, il le tire à lui et le place sous l'aisselle gauche. L'étrivière a la longueur voulue si, le bras gauche étant parfaitement allongé dans la position que j'ai indiquée, l'étrier touche l'aisselle.

D'un autre côté, étant à cheval, le cavalier peut s'assurer de la régularité des étrivières et de leur longueur normale si, se dressant tout debout sur les étriers, il peut passer le poing entre la selle et le périnée.

J'ai dit que la main gauche tient les rênes, le petit doigt entre les deux rênes, le pouce maintenant leur extrémité libre, bien à plat sur la seconde jointure de l'index. Dans cette position, le coude doit être un peu détaché du corps, et la main doit se maintenir à environ 11 centimètres au-dessus du pommeau de la selle. Elle est à la même distance du corps du cavalier, le dessus un peu incliné en avant.

La main droite doit tomber naturellement sur le côté. Si le cavalier tient une cravache, le pommeau de cette dernière sort du côté du pouce, le fouet étant en bas et en arrière, prêt à se porter vers les flancs du cheval sans trop déranger le bras, et par un simple mouvement de la main.

DESCENDRE DE CHEVAL.

Pour descendre de cheval le cavalier commence par déchausser l'étrier droit, puis il saisit les rênes avec la main droite, le dos de la main en dessus, les ongles en dessous, l'extrémité des rênes sortant du côté du petit doigt et pendant à droite du cheval.

Plaçant ensuite cette même main droite sur le pommeau de la selle, le cavalier se penche légèrement en avant et à gauche et, de la main gauche, il saisit une poignée de crins, le plus en avant possible de l'encolure, par-dessus les rênes.

Il s'enlève ensuite sur l'étrier gauche, en tirant fortement les crins à lui et en s'appuyant de la main droite sur le pommeau de la selle ; puis il passe la jambe droite en arrière, complètement allongée, par dessus la croupe, sans la toucher ; il place la main droite qui tient toujours les rênes en les laissant un peu couler, sur le derrière de la selle, et il rapproche la jambe droite de la gauche, se trouvant ainsi debout, soutenu sur l'étrier gauche, comme dans la première partie du mouvement que j'ai décrit pour monter à cheval.

Il reste à peine une demi-seconde dans cette position, pour ne pas fatiguer le cheval, et, ployant le genou gauche en tournant le corps vers la tête du cheval, il arrive à terre sur la pointe du pied droit, abandonne l'étrier gauche, place le talon gauche près du talon droit, et se place enfin à la tête du cheval en glissant la main droite le long de la rêne gauche pour saisir ensuite les deux rênes au-dessous de la bouche du cheval, la main haute et ferme, comme dans la première position qu'il avait prise après avoir amené son cheval sur le terrain.

Le cavalier doit aussi s'habituer à descendre du côté hors montoir. Pour cela il suit les mêmes principes tout en employant les moyens inverses.

TROISIÈME LEÇON.

Sauter à cheval des deux côtés. — Sauter à terre.

SAUTER A CHEVAL DES DEUX COTÉS.

Le cavalier se place du côté montoir, en faisant face à l'épaule du cheval, les talons sur la même ligne.

Il saisit une forte poignée de crins avec la main gauche, à environ 15 ou 20 centimètres de la selle, et en même temps, saisissant les rênes de la main droite, il place cette main sur le pommeau. Les talons sont sur la même ligne, la pointe des pieds ouverte.

Il fléchit un peu les jambes, puis, par une détente soudaine et puissante des jarrets, il s'élance en appuyant fortement sur les crins et le pommeau de la selle, de façon à avoir le corps droit, les jambes perpendiculaires, soutenu seulement sur les mains, les bras droits. Il reste dans cette position une demi-seconde à peine, pour assurer la verticalité du corps, puis il passe la jambe droite tendue par dessus la croupe du cheval, en évitant de le toucher, et se met doucement en selle, en passant les rênes dans la main gauche.

Il reste ainsi un moment, flattant le cheval et assurant sa position sur le siège.

Pour sauter à terre il saisit de la main gauche une poignée de crins, à 15 ou 20 centimètres de la selle, après avoir fait passer les rênes dans la main droite, le dos de la main en dessus. Le cavalier place cette main sur le pommeau de la selle. Puis, se penchant légèrement en avant, il s'enlève vivement sur les poignets, passe rapidement la jambe droite à demi tendue par dessus la croupe du cheval, en évitant de la toucher, et il rapporte cette jambe près de la gauche, le corps droit, soutenu simplement par les poignets, les bras droits. Il descend ensuite doucement à terre, les talons sur la même ligne, fait un à-gauche sur le talon gauche, et reprend à la tête du cheval la position du *cavalier avant de monter à cheval*.

Pour sauter à cheval du côté *hors montoir*, le cavalier se place de ce côté en faisant face à l'épaule droite de sa monture, les talons sur la même ligne.

Il saisit une forte poignée de crins avec la main droite, à environ 15 ou 20 centimètres de la selle, et en même temps, saisissant les rênes de la main gauche, il place cette main sur le pommeau. Les talons sont sur la même ligne, la pointe des pieds ouverte.

Il fléchit un peu les jambes, puis, par une détente soudaine et puissante des jarrets, il s'élance en appuyant fortement sur les crins et le pommeau de la selle, de façon à avoir le corps droit, les jambes perpendiculaires, soutenu seulement sur les mains, les bras droits.

Il reste dans cette position une demi-seconde à peine, pour ne pas fatiguer le cheval et pour assurer la verticalité du corps, puis il passe la jambe gauche tendue par-dessus la croupe du cheval, en évitant de la toucher, et se met doucement en selle, en ajustant les rênes dans la main gauche. Il reste ainsi un moment, flattant le cheval et assurant sa position sur le siège.

Pour sauter à terre, il saisit de la main droite une poignée de crins à 15 ou 20 centimètres de la selle, et, tenant les rênes de la main gauche, le dos de la main en dessus, il appuie cette main sur le pommeau. Puis, se penchant légèrement en avant, il s'enlève vivement sur les poignets, passe rapidement la jambe gauche à demi tendue par-dessus la croupe du cheval, en évitant de la toucher, et il rapporte cette jambe près de la droite, soutenu simplement par les poignets, les bras droits.

Il descend ensuite doucement à terre, sans bruit, sans saut, les talons sur la même ligne; puis, glissant sa main gauche le long de la rêne droite, il va à la tête du cheval, lui fait face, le flatte et lui parle doucement, puis reprend du côté montoir la position que j'ai déjà indiquée pour le cavalier avant de monter à cheval, c'est-à-dire venant d'amener son cheval sur le terrain.

CHAPITRE XVI

QUATRIÈME LEÇON

Des aides. — De l'éperon et de la cravache. — Rassembler son cheval.

DES AIDES

L'action du mors et *l'action des jambes* constituent ce que l'on appelle les AIDES.

Les aides sont des moyens que possède le cavalier pour conduire son cheval, lui transmettre sa volonté et la faire exécuter.

L'action des aides doit presque toujours être simultanée. Jamais les aides ne doivent se contrarier.

Ainsi lorsque les jambes sollicitent le cheval pour le déterminer à se porter en avant, il ne faut pas que leur effort soit contrarié par l'effet du mors, et que l'appui de celui-ci sur les barres sollicite le cheval à s'arrêter ou à reculer. C'est élémentaire; cependant beaucoup de cavaliers paraissent ignorer ces premiers principes et, quand ils veulent partir au galop de pied ferme, ils tirent fortement sur les rênes tout en fermant vigoureusement les jambes.

Nous allons étudier la façon dont on doit employer ces moyens de se faire comprendre et obéir par le cheval.

Le cavalier étant dans la position du cavalier à cheval, la main de la bride bien placée, les jambes tombant naturellement, s'il baisse un peu la main en l'avançant légèrement, et s'il ferme doucement les jambes derrière les sangles, le cheval se portera en avant, au pas.

17.

S'il porte la main un peu en avant et à droite, en fermant un peu la jambe droite, le cheval tournera à droite.

S'il porte la main un peu en avant et à gauche, en fermant la jambe gauche, le cheval tournera à gauche.

Pour déterminer son cheval à marcher en avant et à tourner ensuite à droite, toujours en marchant, le cavalier *rendra la main*, c'est-à-dire portera la main en avant en l'abaissant un peu, et il fermera également les deux jambes ; le cheval se portant en avant, il appuiera légèrement la main en avant et à droite, en maintenant la jambe gauche contre le flanc, mais en appuyant davantage la jambe droite.

Pour déterminer son cheval à marcher en avant et à tourner ensuite à gauche, toujours en marchant, le cavalier rendra la main, comme il est dit ci-dessus ; il fermera également les deux jambes ; le cheval se portant en avant, il appuiera légèrement la main en avant et à gauche en maintenant la jambe droite contre le flanc, mais en appuyant davantage la jambe gauche.

Pour empêcher le cheval de s'arrêter, quand il a exécuté son mouvement à droite ou à gauche, le cavalier replace la main dans sa position, en *sentant* à peine la tension des rênes, c'est-à-dire *l'appui du mors* dans la bouche du cheval, et il exerce avec les deux jambes une pression égale sur les deux flancs. Le cheval ayant pris une allure aisée et franche, exempte de velléités d'arrêt, le cavalier replace les jambes par degrés dans leur position naturelle.

Quand le cheval a exécuté son mouvement à droite ou à gauche, pour l'arrêter dans la nouvelle direction qu'on vient de lui faire prendre, on élève lentement la main en la rapprochant du corps et l'on *tient les jambes près des flancs* pour empêcher le cheval de reculer après s'être arrêté. Il faut que ce mouvement de la main soit souple, doux, exempt de brusquerie et de rudesse, et s'étende successivement du poignet à l'épaule.

En augmentant l'effet des rênes et des jambes, on fait reculer le cheval, mais, dans ce mouvement, les jambes maintiennent seulement les hanches et évitent d'appuyer trop fortement, ce qui arrêterait le mouvement de recul.

DE L'ÉPERON.

L'éperon sert uniquement au cavalier comme moyen de châtiment lorsque son cheval refuse opiniâtrément d'obéir et se défend à outrance contre les sollicitations des aides. Il ne faut l'employer que très rarement pour que le cheval ne s'y habitue pas, surtout s'il est dur ;

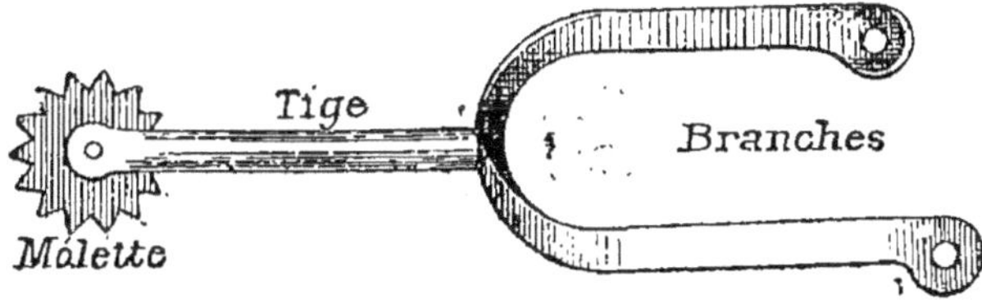

Fig. 98.

mais il faut alors le faire avec vigueur, et ne cesser le châtiment que lorsque l'obéissance est complète.

L'éperon (fig. 98) se compose de trois parties : les *branches*, la *tige* et la *molette*. C'est par les branches que l'éperon se fixe au talon de la botte, et c'est au moyen de la molette que l'on châtie le cheval.

Pour faire usage de l'éperon, il faut assêoir le corps le plus en avant possible de la selle, position que le cavalier doit toujours conserver d'ailleurs, mais que les réactions et les défenses du cheval pourraient lui avoir fait perdre. Il ferme ensuite les jambes en les appliquant fortement contre les flancs du cheval pour se lier complètement à lui, et, tournant la pointe des pieds en dehors, il applique les éperons et les maintient rigoureusement au corps, jusqu'à ce que l'animal ait obéi.

On appelle cela *pincer des deux*.

Ce châtiment, je le répète, ne doit être employé qu'à la dernière extrémité et doit cesser avec la cause qui l'a provoqué. Le cavalier flatté ensuite son cheval et lui parle doucement, mais seulement quand l'animal exécute le mouvement qui lui est commandé. C'est alors que le cavalier relâche les jambes par degré, rend la main, et flatte le cheval.

Avant de continuer, je crois utile de donner tout d'abord les conseils nécessaires au cavalier, conseils qu'il doit profondément graver dans sa mémoire, pour les divers cas où le cheval refuse d'obéir, *se défend contre les aides*, et, loin d'exécuter la volonté du cavalier, entend au contraire exécuter le mouvement qui lui convient. Malheur au cavalier qui a cédé une ou deux fois à son cheval! Celui-ci s'en souvient longtemps, et il lui sera fort difficile, plus tard, de s'en faire obéir.

Tels chevaux qui, à un certain endroit de la route, de la plaine, d'une rue, se sont défendus et ont obligé leur cavalier à leur céder, se défendront encore au même endroit et avec plus de ténacité encore que la première fois. Ils ont conscience de la faiblesse ou de l'insouciance de leur maître et, en enfants capricieux, méchants ou volontaires, ils lui imposeront derechef leur volonté.

Quand le cheval, étant au repos, n'obéit pas aux aides et refuse de se porter en avant, le cavalier doit lui parler doucement, le flatter, puis, un moment après, rendre encore la main et fermer les jambes un peu plus fortement. S'il résiste encore, le cavalier replacera la main et les jambes dans leur position naturelle, parlera de nouveau à son cheval, le caressera, fera sentir l'appui du mors par de légères tensions des rênes, et, si la bride a un filet, il prendra de la main droite les rênes du filet, dont le mors est très doux (voir page 267) et jouera un peu avec ces rênes de façon à faire *goûter* le mors à l'animal, c'est-à-dire à le lui faire prendre dans les barres et la commissure des lèvres en assouplissant son encolure. Il lui fait faire, toujours avec le filet, des mouvements de droite et de gauche avec la tête ; prend les rênes de la bride, joue un peu avec le mors, reprend celles du filet, et continue le même exercice pendant quelque temps pour distraire le cheval et diminuer son entêtement ; puis, prenant les rênes de la bride, élevant la main, déchaussant les étriers, il applique vigoureusement les jarrets derrière les sangles, et *rend* la main en prononçant quelques mots brefs et sonores.

Si cette fois encore le cheval n'obéissait pas, il faudrait recommencer le même manège, moins longtemps cependant, et porter ensuite de nouveau le cheval en avant.

Si le cavalier rencontre encore une résistance complète, il applique alors vigoureusement les éperons au corps, par degrés, et les y laisse jusqu'à ce que l'obéissance s'ensuive.

Le cheval ayant obéi, cesser l'effet des éperons, mais continuer à avoir les *jambes près*. Quand l'obéissance est complète et réellement franche, le cavalier replace les jambes par degré, la main reprend sa position, et l'on flatte le cheval de la voix et de la main droite.

Si, au lieu d'avancer, le cheval continue à résister aux aides, malgré le châtiment de l'éperon, et se met à *reculer*, le cavalier aura soin de ne pas s'opposer à cette fantaisie. Au contraire : il élèvera la main en la rapprochant du haut du corps et, faisant fortement sentir au cheval l'appui du mors, en rendant un peu la main de temps en temps, il déterminera lui-même un recul plus franc et plus accéléré dont il réglera la direction en fermant les jambes du côté vers lequel la croupe du cheval se dirige.

Quand le cheval voudra ralentir le recul, et même s'arrêter, le cavalier appuiera encore davantage sur le mors, le haut du corps en arrière, les jambes près pour forcer l'animal à continuer à reculer. Il lui fera faire ainsi un des côtés du manège, et ne cessera d'ailleurs que lorsqu'il sentira que l'encolure devient lourde à la main, que les jambes du cheval sont molles et que ce n'est plus la désobéissance, mais de la fatigue, qui détermine le ralentissement de la reculade.

Alors il arrétera le cheval, le flattera de la main, le calmera, et lui accordera un repos d'une minute à peine; moins, si c'est possible. Il faut, en effet, que le cavalier s'habitue à juger par *la tenue* du cheval de l'état particulier dans lequel il se trouve. Si, après cette *leçon de savoir-vivre*, le cheval *s'ébroue*, c'est-à-dire secoue la tête et souffle bruyamment pour se moucher, et si cet ébrouement est prolongé et continu, il ne faut pas l'interrompre. Le cheval a complètement oublié quels furent les préliminaires fantaisistes de la reculade à laquelle il vient d'être soumis; il ignore actuellement que c'est sa désobéissance qui a porté le cavalier à continuer un mouvement choisi par lui-même, et il est tout entier au bien-être que lui cause le moment de repos qui lui est accordé; mais, après le premier moment de soulagement, le cavalier, tout en le flattant, fera tout à coup sentir l'appui du mors sur les barres en élevant la main et en la rapprochant du haut du corps, il appliquera vigoureusement les jarrets contre les flancs en baissant la main, et le cheval obéira enfin et se portera en avant. *C'est alors qu'il se souviendra de l'effet qu'a eu tout à l'heure la reculade qu'il avait voulu entamer.*

Le cavalier ne doit jamais oublier ceci : la volonté du

cheval est presque toujours bestiale et non raisonnée. Par conséquent, avec de la ténacité et un emploi judicieux des aides, le cavalier aura toujours raison de ses défenses, de sa désobéissance et de son entêtement.

Maintenant, il peut se présenter d'autres cas.

Le cheval peut être vicieux, rétif, méchant, et avoir une dose d'intelligence supérieure, dont il se sert pour raisonner ses défenses.

Dans ce cas le cavalier, qui est toujours mis au courant de ces défauts par le loueur de chevaux ou, — si le cheval lui appartient, — par les antécédents de sa monture, doit toujours surveiller les oreilles de l'animal et *sentir* sous lui les moindres tressaillements de son corps, pour prévoir autant que possible les mouvements qu'il se dispose à exécuter.

Si, quand le cavalier veut porter son cheval en avant, celui-ci se secoue, trépigne et se cabre, le cavalier portera le haut du corps légèrement en avant, déchaussera les étriers et englobera son cheval avec les jambes, les appliquant au corps le plus fortement possible. Le cheval s'étant remis à terre, le cavalier tiendra la main ferme et, sentant l'appui du mors, les jambes près, il flattera et calmera l'animal pendant un certain temps, plus ou moins long suivant le degré d'irritabilité que manifeste le cheval.

Il essayera ensuite de le porter en avant.

Si la même résistance se présente, les mêmes moyens seront employés, en évitant surtout de faire sentir l'éperon au moment de la cabrade, car le cheval s'abattrait infailliblement sur les jarrets, *se renverserait*, et compromettrait, dans la plupart des cas, la vie de son cavalier.

Il faut alors condamner le cheval à un repos plus prolongé.

Si, de lui-même, il veut se porter en avant, sans que

le cavalier l'y détermine, celui-ci devra l'en empêcher.

Il faut avant tout qu'il obéisse.

Troisième reprise.

Si le cheval continue ses défenses, le cavalier emploie derechef les mêmes moyens. Soyez bien persuadé que le cheval se fatiguera avant vous, et qu'il finira par devenir souple et docile. Il faut de la patience. L'animal, fatigué par ces alternatives de combat, de lutte contre son cavalier, trouvera plus agréable une *marche directe en avant* qu'une série de cabrades et de sauts de mouton.

Il peut enfin arriver que le cheval, s'affolant et entrant subitement en fureur, s'emporte, *s'emballe*, et parte à fond de train droit devant lui. C'est encore ici que le cavalier doit conserver tout son sang-froid, toute sa présence d'esprit, et surtout ne se créer aucune inquiétude sur les conséquences de cette course insensée.

Il évitera d'abord soigneusement d'irriter le cheval et de compléter son affolement par des saccades du mors et surtout par le contact des éperons.

Mais il lui fera légèrement sentir le mors, le filet, élèvera la main, la rapprochera du haut du corps, rendra la main, jouera avec les rênes de façon à faire comprendre au cheval qu'il n'est pas abandonné et *que l'on n'a aucune inquiétude sur les résultats de son allure;* se liant parfaitement à tous ses mouvements, surveillant bien ses oreilles, se tenant en garde contre les arrêts brusques ou les écarts que l'animal pourrait faire, il dirigera sa course fantaisiste, et, s'il se trouve à proximité un terrain difficile, labouré par exemple, il l'y engagera.

Quand l'animal commencera à ralentir l'allure, le cavalier fermera les jambes, rendra la main, et le forcera ainsi à conserver la même vitesse. Bientôt la lassitude arrivera et le cheval voudra encore ralentir l'allure. Le cavalier saisira ce moment pour le déterminer à faire un demi-tour à droite ou à gauche, aussi allongé que possible ; puis il reprendra en sens inverse la direction et le chemin que l'animal indocile a parcourus, et il l'y engagera à fond de train en se servant au besoin de l'éperon pour l'y contraindre.

Au moment d'arriver au point de départ, le cavalier ralentira l'allure, élèvera doucement la main de la bride, tiendra les jambes près, et enfin il arrêtera le cheval.

Il lui laissera à peine le temps de s'ébrouer et il le portera de nouveau en avant. Cette fois, le cheval ne résistera pas et il obéira franchement aux aides qui le sollicitent.

A l'époque où j'étais chargé de la remonte et des jeunes chevaux du 2e régiment de chasseurs d'Afrique, j'avais parmi les quatre-vingt-dix ou cent chevaux dont la surveillance et l'éducation m'étaient confiées un magnifique isabelle, venant de je ne sais quelle tribu, et qu'un officier du régiment avait choisi pour monture. Il était tellement rétif que l'on avait la plus grande difficulté à le faire sortir du quartier.

Son propriétaire n'osait guère le monter.

Aussitôt qu'il arrivait devant la grille il exécutait une série de cabrades et de ruades qui démoralisaient complètement l'ordonnance chargé de le promener, paralysaient ce malheureux chasseur et le forçaient à descendre le plus rapidement possible et à ramener le capricieux animal à sa mangeoire. Les reproches que j'adressais à ce cavalier sur la facilité avec laquelle il cédait à sa monture ne produisaient aucun résultat.

Je résolus de monter moi-même l'animal dans mes promenades du soir, et, l'ayant fait seller et tenir par un chasseur, — il était en outre difficile au montoir et ruait contre le cavalier, — je l'enfourchai et je restai au repos pendant quelques minutes, le flattant, le caressant et lui parlant le plus doucement possible.

Je le portai ensuite doucement en avant, en continuant à lui parler, et je lui fis faire cinq ou six fois tour de la grande cour du quartier.

Toutes les fois qu'il passait devant la grille, ses oreilles se dressaient et s'agitaient. Enfin je l'y dirigeai en employant les aides franchement. Parvenu à trois pas de la sortie, il s'arrêta net et refusa obstinément d'avancer. Pendant un gros quart d'heure j'épuisai tous les moyens de douceur possible. Rien n'y fit. Soudain il se mit à reculer vivement. Je modifiai la direction du recul, et peu à peu j'amenai la croupe du cheval dans la direction de la grille. Il voulut s'arrêter : je le contraignis encore à reculer et je le fis ainsi sortir du quartier.

Continuant à reculer, je ne m'arrêtai que lorsque je fus à une quinzaine de pas de la sortie. Je flattai l'animal, je le laissai s'ébrouer tout à son aise, puis, rendant la main et faisant légèrement sentir les jambes, je le portai en avant et il rentra au quartier avec la plus grande facilité ; c'était d'ailleurs tout ce qu'il demandait. Continuant à la même allure, je lui fis décrire un cercle et je le ramenai devant la grille pour l'en faire sortir.

Même arrêt obstiné ; même refus ; même reculade ; et même procédé de ma part pour le faire sortir. Je le fis rentrer une deuxième fois dans le quartier.

Une troisième expérience eut encore le même résultat.

La quatrième fois, comme il s'arrêtait encore et se disposait à faire des sauts de mouton qui lui étaient familiers pour accentuer davantage son refus, je lui cinglai vigoureusement les épaules avec ma cravache. Je pinçai des deux, et, d'un bond, il fut hors du quartier.

Mais alors, s'emballant franchement, il partit à fond de train droit devant lui. La route était fort belle et très unie ; je le laissai courir autant qu'il voulut, puis sentant que son ardeur diminuait et que son galop, au lieu de deux battues en faisait entendre trois, je serrai les jambes et je maintins l'animal au galop de charge pendant cinq minutes. Un champ fraîchement laboure et hersé se trouvait alors à proximité ; j'y dirigeai le cheval et je l'y tins, au grand galop, pendant cinq autres minutes ; puis lui faisant décrire un grand cercle, et après avoir changé plusieurs fois de main sur ce cercle, je le ramenai sur la grand'route, dans la direction du quartier, et le grand galop reprit de plus belle. A environ 200 mètres du quartier je pris le grand trot, et c'est à cette allure que je passai la grille. A cette même allure je fis le tour de la grande cour du quartier une seule fois, et, ramenant le cheval vers la grille, je la passai cette fois franchement, sans hésitation et sans le moindre ralentissement.

Depuis ce jour, l'isabelle rétif ne fit aucune difficulté pour sortir du quartier.

DE LA CRAVACHE.

La cravache, comme l'éperon, ne doit servir qu'à châtier le cheval. Pour la dame elle constitue une *aide*, comme nous le verrons dans l'ÉCOLE DE LA DAME (chapitre XX, 2ᵉ leçon) ; en effet elle remplace la jambe droite, repliée dans la fourche de la selle.

Pour se servir de la cravache, le cavalier la tient dans la main droite, le pommeau en l'air, la main à 8 ou 10 centimètres du pommeau, la pointe dirigée vers l'épaule du cheval, sans la toucher (voir la figure 111). Si le cheval refuse d'obéir aux aides ou n'y obéit que très mollement, on fait siffler la cravache en agitant rapidement le bas de la main tout en laissant cette dernière dans la position indiquée, et en évitant de toucher le cheval. Si cette menace ne suffit pas, on appuie simplement la cravache à l'épaule et un peu en arrière au besoin, sans frapper. Si ce contact ne modifie en rien la manière d'être de l'animal, on frappe l'épaule de petits coups légers. Enfin, si ce moyen ne réussit pas, il faut alors frapper vigoureusement l'une et l'autre épaule, et au besoin les flancs.

Le cavalier devra se méfier de sa monture si elle est irritable de la croupe; frapper la croupe avec la cravache serait, dans ce cas, déterminer l'animal à ruer, habitude qu'il faut s'attacher à lui faire perdre plutôt que de lui fournir les occasions de la manifester ou de la contracter.

—C'est d'ailleurs sur les flancs seulement que l'action de la cravache doit se faire sentir en arrière.

RASSEMBLER SON CHEVAL.

Le lecteur a remarqué que, toutes les fois que je parle d'un changement d'allures, je recommande d'élever la main de la bride en la rapprochant du corps, de manière à sentir l'appui du mors. Cette précaution est nécessaire pour avertir le cheval qu'on va lui commander un mouvement; cela éveille son attention et le fait se tenir sur ses gardes. Pendant l'exécution de ce mouvement de la main, je recommande aussi de tenir les jambes près, dans le même but.

On appelle cela : RASSEMBLER SON CHEVAL.

Pour rassembler son cheval, le cavalier *élève* donc *la main de la bride en la rapprochant du corps, et il tient les jambes près.*

Au repos, dès que le cheval est *rassemblé*, il commence à faire quelques petits mouvements particuliers des épaules, des hanches et de la tête.

Si les jambes seules agissaient, il se porterait en avant; si la bride seule agissait, il se porterait en arrière. Les deux aides agissant ensemble, c'est absolument comme s'il reculait de l'avant-main et avançait de l'arrière-main; *il se rassemble sous lui,* pour ainsi dire; il est prêt à faire ce qui va lui être commandé, et à se porter indifféremment en avant ou en arrière, à droite ou à gauche, au pas, au trot ou au galop.

CHAPITRE XVII

CINQUIÈME LEÇON

Porter son cheval en avant. — Marche directe au pas. — Arrêter
le cheval. — Le remettre en marche.

TRAVAIL AU PAS

PORTER SON CHEVAL EN AVANT.

Le cavalier étant à cheval, et dans la position exacte
prescrite à la page 289 (2° LEÇON), il rassemblera son
cheval, doucement et sans brusquerie, faisant attention
que le poignet de la main de la bride soit souple, et
que le mouvement en arrière et en haut de ce poignet
s'étende de la main à l'épaule, sans à-coup. Les jambes
devront être près du cheval, le pli des genoux très
liant, sans cependant que les jarrets fassent trop sentir
leur appui derrière les sangles.

Le cheval ayant manifesté, par les mouvements légers
des épaules et des hanches dont j'ai déjà parlé, l'attention qu'il prête au cavalier, celui-ci baissera la main
de la bride, fermera les jambes, et le cheval se portera
en avant.

Le cheval ayant obéi, le cavalier replacera les jambes
et la main par degrés.

MARCHE DIRECTE AU PAS.

Le cheval étant en marche, le cavalier s'attachera à bien rectifier la position des fesses, à avoir les reins souples, les épaules dégagées, les cuisses bien à plat sur les quartiers, les jambes tombant naturellement, le pli des genoux très liant (fig. 99).

Fig. 99.

A cet effet, et se liant bien lui-même aux réactions, d'ailleurs douces de la marche du cheval, le cavalier tiendra les coudes au corps, les épaules effacées, le haut du corps relevé et non ramassé sur les reins, ce qui leur enlèverait de leur souplesse, la tête droite sans être gênée aucunement, le cou libre, le bras droit tombant le long du corps par son propre poids.

A l'aide de légers mouvements du petit doigt de la main de la bride, il jouera souvent et doucement avec les rênes, de façon à faire goûter le mors au cheval et à tenir continuellement son attention en éveil. Il le flattera de la voix.

Il tournera souvent la tête à droite et à gauche, sans déranger la position du corps ; il cherchera à la tourner le plus en arrière possible, à droite et à gauche alternativement. Sans déranger le haut du corps, il inclinera la tête à droite et à gauche de façon à voir le bout de ses bottes, l'étrier et la partie inférieure de l'étrivière.

Fig. 100.

Il lèvera le bras droit en l'air, perpendiculairement ; il l'étendra horizontalement, en avant et à droite, puis il le fera tourner d'avant en arrière et d'arrière en avant, en évitant que son corps soit impressionné de ces mouvements violents de moulinet, et que ses jambes, surtout, en éprouvent le moindre déplacement.

Il saisira ensuite les rênes de la main droite, les *ajus-*

tera, c'est-à-dire les égalisera en tenant leur extrémité avec la main gauche, en glissant entre les deux le petit doigt de la main droite, et en fermant cette main quand les rênes sont bien égales dans leur longueur et quand la main est placée au point nécessaire pour qu'elle puisse, dans sa position définitive, sentir légèrement l'appui du mors (fig. 100).

Dans le mouvement dont il s'agit, le cavalier devra tenir les jambes près, pour empêcher le cheval de ralentir l'allure.

Puis, tenant les rênes de la main droite, il exécutera avec le bras gauche tous les *assouplissements* qu'il a exécutés avec le bras droit, en observant toujours de ne déranger en quoi que ce soit la position du corps et des jambes.

Après avoir fait pendant quelque temps les assouplissements de la tête et des bras, il passera à ceux des pieds et des jambes.

A cet effet il déchaussera l'étrier droit et cherchera à le reprendre de la pointe du pied sans tourner la tête et sans y porter ses regards.

Puis, l'étrier déchaussé, et conservant toujours la cuisse droite dans la même position, sans remonter ni abaisser le genou, il portera la jambe le plus en arrière possible, puis alternativement en arrière et en avant, plusieurs fois de suite, en évitant de toucher le cheval, ce qui accélérerait son allure. Il pliera ensuite sa jambe en arrière de façon à pouvoir saisir l'éperon avec la main droite, sans pencher le corps en arrière ni le tourner à droite.

Il répétera ces exercices pour le pied et la jambe gauches.

Il fera ensuite les assouplissements des deux bras à la fois, conservant toujours la position correcte en selle ; puis, passant aux pieds et aux jambes, il fera à la fois les assouplissements de droite et de gauche, saisissant ensemble ses deux éperons sans pencher le moins du monde le haut du corps en arrière.

Chaque quart d'heure ou chaque vingt minutes, le cavalier arrêtera le cheval pour lui laisser prendre un peu de repos et le laisser s'ébrouer, et il le fera de la manière suivante :

ARRÊTER LE CHEVAL.

Le cavalier s'asseoira bien en selle, les fesses en avant, grandira le haut du corps en le portant légèrement en arrière, élèvera la main de la bride en la rapprochant du corps, et tiendra les jambes près.

Dès que le cheval aura obéi, il replacera les jambes et la main par degrés, puis flattera son cheval et le caressera.

REMETTRE LE CHEVAL EN MARCHE.

Pour reporter son cheval en avant, le cavalier le rassemblera d'abord, puis, fermant les jambes par degrés, comme il a été expliqué plus haut, il les replacera, ainsi que la main, dès que le cheval aura obéi.

De temps en temps pendant le travail, c'est-à-dire toutes les demi-heures si la leçon doit durer deux heures, et au milieu de la leçon seulement si elle ne doit durer qu'une heure ou une heure et demie, le cavalier mettra pied à terre pour soulager son cheval et lui-même.

SIXIÈME LEÇON

Changements de direction au pas. — Oblique à droite. — Oblique
à gauche. — A droite. — A gauche. — Demi-tour à droite. —
Demi-tour à gauche. — Appuyer à droite ou à gauche.

CHANGEMENTS DE DIRECTION AU PAS

OBLIQUE A DROITE.

Le cavalier commencera à exécuter ce mouvement
de pied ferme, pour se bien pénétrer de son mécanisme.

Il rassemblera d'abord son cheval, celui-ci étant de
pied ferme, c'est-à-dire au repos. Puis, portant la
main de la bride légèrement à droite et en avant, il
fermera un peu la jambe droite, tout en soutenant un
peu le flanc opposé avec la jambe gauche pour ne pas
forcer le mouvement. Ce dernier sera terminé lorsque
le cheval aura pris une direction intermédiaire entre
celle qu'il avait d'abord et une direction perpendiculaire, à droite. Par conséquent, le cavalier fait exécuter
au cheval un angle de 45 degrés, et, quand il a pris la
nouvelle direction, il l'arrête.

Étant au pas, le cavalier exécute le même mouvement, mais, loin d'arrêter le cheval quand le mouvement est terminé, il tient les jambes près, surtout la
gauche, baisse la main et maintient le cheval au pas
dans la nouvelle direction.

En exécutant ces mouvements le cavalier doit employer franchement les aides, et surtout se servir
d'abord de la jambe du côté vers lequel il veut tourner. La jambe du côté opposé s'appuie aussi, mais
très légèrement, sur le cheval. Quand le mouvement est
terminé, les deux jambes appuient également, et la

main et les jambes se replacent par degrés dès que le cheval a pris une allure bien franche dans la nouvelle direction.

OBLIQUE A GAUCHE.

Le cavalier commencera à exécuter ce mouvement de pied ferme pour se bien pénétrer de son mécanisme.

Il rassemblera son cheval, celui-ci étant au repos; puis, portant la main de la bride légèrement à gauche et en avant, il fermera un peu la jambe gauche, tout en soutenant un peu le flanc opposé avec la jambe droite, pour ne pas forcer le mouvement d'obliquité. Ce dernier sera terminé lorsque le cheval aura pris une direction intermédiaire entre celle qu'il avait d'abord et une direction perpendiculaire, à gauche. Par conséquent, le cavalier fait exécuter au cheval un angle de 45 degrés, et, quand il a pris la nouvelle direction, il l'arrête.

Étant au pas, le cavalier exécute le même mouvement; mais, loin d'arrêter le cheval, il tient les jambes près, surtout la droite, baisse la main et maintient le cheval au pas dans la nouvelle direction.

Pendant la leçon, le cavalier exécutera souvent ces mouvements pour se rendre bien maître de son cheval et se familiariser avec le maniement de la bride et l'usage des jambes. Il fera alternativement des *oblique à droite* et des *oblique à gauche*, et entremêlera ces exercices des mouvements déjà détaillés : *arrêter le cheval* et le *remettre en marche*.

A-DROITE.

Ce mouvement s'exécute comme l'*oblique à droite*. Mais le cavalier, au lieu d'arrêter le cheval dans son mouvement d'obliquité quand il a tourné de 45 degrés,

lui fait faire un angle droit complet avec la direction
qu'il suivait d'abord.

A cet effet, le cavalier, marchant au pas, rassemble
son cheval sans ralentir son allure. Il porte ensuite la
main en avant et à droite, en fermant la jambe droite
et en soutenant de la jambe gauche, et il fait ainsi
parcourir au cheval un arc de cercle de *trois pas*.
Quand le cheval est dans une position perpendiculaire
à celle qu'il suivait précédemment, le cavalier replace
la main et les jambes par degrés, ces dernières en dernier lieu pour maintenir franchement le cheval dans la
nouvelle direction.

A-GAUCHE.

Ce mouvement s'exécute comme *l'oblique à gauche*.
Mais le cavalier, au lieu d'arrêter le cheval dans son
mouvement d'obliquité quand il a tourné de 45 degrés,
lui fait faire un angle droit complet avec la direction
qu'il suivait d'abord.

A cet effet, le cavalier, marchant au pas, rassemble
son cheval sans ralentir son allure. Il porte ensuite la
main de la bride en avant et à gauche, en fermant la
jambe gauche et en soutenant de la jambe droite, et il
fait ainsi parcourir au cheval un arc de cercle de *trois
pas*. Quand le cheval est dans une direction perpendiculaire à celle qu'il suivait précédemment, le cavalier
replace la main et les jambes par degrés, ces dernières
en dernier lieu, pour maintenir franchement le cheval
dans la nouvelle direction.

DEMI-TOUR A DROITE.

Le cavalier étant en marche rassemble son cheval et,
suivant les principes donnés pour l'*à-droite*, il détermine
son cheval sur une demi-circonférence d'une longueur
de *six pas* au lieu de *trois;* arrivé à l'autre extrémité

de cette demi-circonférence, le cheval doit être tourné dans une direction exactement opposée à celle qu'il suivait d'abord.

A ce moment le cavalier soutient plus fortement de la jambe gauche, pour empêcher le cheval de forcer l'obliquité ; il replace la main dans sa position naturelle, tient encore les jambes près pour que le cheval entame franchement la nouvelle marche, et les replace ensuite par degrés.

DEMI-TOUR A GAUCHE.

Le cavalier étant en marche rassemble son cheval et, suivant les principes donnés pour l'*à-gauche*, il détermine son cheval sur une demi-circonférence d'une longueur de *six pas* au lieu de *trois ;* arrivé à l'autre extrémité de cette demi-circonférence, le cheval doit être tourné dans une direction exactement opposée à celle qu'il suivait d'abord.

A ce moment, le cavalier soutient plus fortement de la jambe droite, pour empêcher le cheval de forcer le mouvement d'obliquité ; il replace la main dans sa position naturelle, tient encore les jambes près pour que le cheval entame franchement la nouvelle marche, et les replace ensuite par degrés.

Dans ces divers changements de direction, le cavalier devra entamer carrément la nouvelle marche. Il faut que le cheval ne puisse éprouver aucune hésitation dans l'exécution des mouvements qui lui sont commandés, et le cavalier doit employer *en même temps* et franchement les moyens de la main et des jambes. De même, le mouvement exécuté, le cavalier doit tenir les jambes près, pour que le cheval se porte directement et sans velléités d'arrêt dans la nouvelle direction.

Cela fait, le cavalier laissera marcher le cheval pendant dix ou quinze pas droit devant lui, puis il exécutera successivement dès *à-droite*, des *à-gauche*, des *oblique à droite* et des *oblique à gauche*.

APPUYER A DROITE OU A GAUCHE.

Pour *appuyer à droite*, le cheval étant au repos, le cavalier le rassemblera d'abord, puis portera la main de la bride à droite, sans avancer, de manière à déterminer les épaules de son cheval à droite. Immédiatement après il fermera la jambe gauche pour déterminer les hanches à suivre le même mouvement, et le cheval se transportera ainsi latéralement, de gauche à droite.

Il faut éviter, en exécutant cet exercice, d'exiger du cheval un mouvement latéral absolument régulier par rapport aux épaules et aux hanches. Ce n'est que lorsque le cavalier sera absolument maître de ses aides et de son cheval, et à la condition que celui-ci soit très fin et très sensible aux aides, qu'il pourra lui demander cela. Le cavalier devra donc se borner, — et ce sera déjà très heureux s'il y réussit vite, — à déterminer tout d'abord à droite les épaules du cheval et à faire suivre ensuite les hanches. Il pourra appuyer à droite dans une position légèrement oblique. Plus tard le cheval se transportera de gauche à droite dans une position parallèle à lui-même.

Si en exécutant ce mouvement le cheval veut trop porter les épaules à droite, le cavalier fermera davantage la jambe gauche et portera la main un peu à gauche ; il tiendra en même temps la jambe droite près et baissera la main pour empêcher le cheval de reculer ; si au contraire le cheval tendait à avancer, il élèverait la main en la rapprochant du haut du corps.

Si le cheval avait des tendances à ranger les hanches plus qu'il ne le faudrait, c'est-à-dire si, en appuyant, ses hanches avançaient à droite plus vite que les épaules, le cavalier fermerait la jambe droite en relâchant un peu la jambe gauche, et il accentuerait davantage l'effet de la main.

Au bout de quelques pas de cet exercice, le cavalier remet la main dans sa position naturelle, tient les jambes près, redresse son cheval, l'arrête, le flatte de la voix et de la main, et le laisse quelque temps en repos.

Puis il recommence du côté opposé, par les mêmes principes et les moyens inverses.

SEPTIÈME LEÇON

Marche circulaire. — Marcher à main droite. — Marcher à main gauche. — Changement de main sur le cercle.

MARCHE CIRCULAIRE

MARCHER A MAIN DROITE.

Le cheval étant au pas et marchant droit devant lui, le cavalier le rassemblera, sans ralentir son allure, et le déterminera, d'après les principes posés pour le *demi-tour à droite*, à marcher sur un cercle de 10 ou 15 mètres de diamètre.

Si le cavalier exécute ce cercle à droite, il marche A MAIN DROITE.

S'il exécute ce cercle à gauche, il marche à MAIN GAUCHE.

Pour marcher *en cercle à droite*, le cavalier porte légèrement la main à droite et appuie la jambe droite. De cette façon, il détermine les épaules du cheval vers la droite et range ses hanches vers la gauche. En même temps il fait légèrement sentir la jambe gauche, pour empêcher le cheval de faire un *à-droite* ou un *oblique à droite* complets, et il le maintient ainsi sur le cercle fictif que trace son œil, de manière que les hanches du cheval passent toujours par l'endroit où les épaules sont passées, et que son corps soit ployé suivant la circonférence du cercle parcouru.

Il faut avoir le plus grand soin de combiner exactement l'effet de la main et des jambes, car le cheval, au lieu de tourner, pourrait *appuyer* seulement, et ce ne serait plus alors une marche circulaire.

Dans cet exercice, le cavalier doit toujours rester parfaitement lié à tous les mouvements de son cheval, conserver son aplomb, s'asseoir carrément en selle, ne pas refuser l'épaule gauche ni pencher le corps à droite ou à gauche, toutes choses qui contrarient les aides, embarrassent et troublent le cheval, et sont un obstacle continuel à la parfaite exécution de l'exercice.

Si le cheval veut tourner trop promptement et *raccourcir le cercle*, le cavalier portera la main *en dehors du cercle*, à gauche, tout en tenant les jambes près, surtout la droite, pour empêcher l'excès contraire, c'est-à-dire la sortie du cercle. Si au contraire le cheval tendait à suivre une direction rectiligne plutôt qu'une direction circulaire, s'il voulait en un mot *agrandir le cercle*, le cavalier ferait usage des moyens opposés : il porterait la main en dedans, en tenant les jambes près, surtout la droite.

Au bout de trois ou quatre tours sur le cercle, le cavalier redresse son cheval en le rassemblant d'abord, et il entame la marche directe le long des côtés du manège.

Arrivé vers le milieu de l'un des grands côtés, il entame la marche circulaire à gauche, et *marche à main gauche*.

MARCHER A MAIN GAUCHE.

A cet effet, le cavalier porte légèrement la main à gauche et appuie la jambe gauche. De cette façon il détermine les épaules de son cheval vers la gauche et range ses hanches vers la droite. En même temps il fait légèrement sentir la jambe droite pour empêcher le cheval de faire un *à-gauche* ou un *oblique à gauche* complets, et il le maintient ainsi sur le cercle fictif que trace son œil sur le terrain, de manière que les hanches du cheval passent toujours par l'endroit où les épaules sont passées.

En exécutant la marche circulaire à main droite et à main gauche, tout en maintenant le cheval sur le cercle, le cavalier doit faire sentir le mors, jouer avec les rênes, lever légèrement le poignet et rendre la main alternativement, et observer la rigoureuse concordance de l'action des jambes avec celle du mors; il déterminera ensuite son cheval sur une ligne droite, rejoindra l'un des côtés du manège, et continuera la marche directe pendant quelque temps, rendant la bride à son cheval pour lui permettre de s'ébrouer, d'assouplir et d'allonger son encolure, et de se soulager à son aise de la contrainte qui vient de lui être imposée.

CHANGEMENT DE MAIN SUR LE CERCLE.

Quand le cavalier aura bien acquis l'habitude de marcher à main droite et à main gauche sur le cercle, il pourra marcher alternativement à main droite et à main gauche, sans passer d'abord par la marche directe intermédiaire, comme je viens de le prescrire.

A cet effet, *marchant à main droite*, il portera franchement son cheval *à droite, suivant un diamètre du cercle qu'il parcourt*, et, arrivé à l'extrémité de ce diamètre, à *trois pas* avant d'atteindre le cercle, il décrira un à-gauche, rentrera sur le cercle, et entamera la marche circulaire *à main gauche*. Après avoir fait quatre ou cinq fois le tour du cercle, il portera franchement son cheval *à gauche, suivant un diamètre du cercle qu'il parcourt*, et, arrivé à l'extrémité de ce diamètre, à trois pas avant d'atteindre le cercle, il décrira un *à-droite*, rentrera sur le cercle, et entamera la marche circulaire *à main droite*; ainsi de suite pendant dix minutes environ, en changeant de main toutes les minutes.

Reprendre ensuite la marche directe pendant deux ou trois minutes en abandonnant un peu le cheval sans lui faire sentir l'effet des rênes; puis faire un repos et mettre pied à terre pour laisser le cheval se secouer et s'ébrouer.

HUITIÈME LEÇON

Reculer. — Allonger le pas. — Passer du pas au trot et du trot
au pas. — Arrêter.

RECULER.

Pour *reculer*, le cavalier rassemble son cheval, les rênes bien ajustées, tenant la main un peu haute et les jambes près. Puis, s'asseyant bien, redressant le haut du corps et le portant un peu en arrière, il élève la main davantage et continue doucement ce mouvement jusqu'à ce que le cheval recule. Il a bien soin de tenir les jambes *également près*, pour que l'effet de l'une ne soit pas supérieur à celui de l'autre. Il doit également porter la plus grande attention à ne pas faire basculer le mors à droite ou à gauche, c'est-à-dire à maintenir la main de la bride bien en face de la ligne médiane de la poitrine.

En effet :

Si la jambe droite appuyait plus que la gauche, le cheval ne reculerait pas droit, il jetterait les hanches à gauche.

Si la jambe gauche appuyait plus que la droite, le cheval jetterait les hanches à droite.

Si la main se portait un peu à droite, le cheval porterait les épaules à droite.

Si la main se portait un peu à gauche, les épaules se porteraient à gauche.

Cependant il arrive très souvent que le cheval, peu habitué au recul, ou désobéissant aux aides, — comme aussi cela arrive plus souvent encore par la faute du cavalier, — porte les hanches ou les épaules à droite ou à gauche.

Si donc le cheval porte les épaules à droite, il faut fermer la jambe gauche, en soutenant de la jambe droite; s'il porte les épaules à gauché, il faut fermer la jambe droite en soutenant de la jambe gauche. C'est ce que l'on appelle *opposer les hanches aux épaules*.

Si le cheval porte les hanches à droite, il faut lui faire sentir la rêne droite et fermer la jambe droite; s'il la porte à gauche, il faut lui faire sentir la rêne gauche et fermer la jambe gauche. De cette façon on le redresse et on le détermine ensuite à un recul régulier en combinant correctement l'action des jambes et du poignet. C'est ce que l'on appelle *opposer les épaules aux hanches*.

Si le cheval se cabre, il faut se garder de s'attacher aux rênes, car on le mettrait facilement sur les jarrets et il pourrait se renverser. Il faut au contraire pencher le corps en avant, en observant de porter la tête à droite ou à gauche de l'encolure pour éviter les coups de tête, et fermer vigoureusement les jambes derrière la sangle en rendant la main. Quand le cheval a repris terre, le rassembler doucement du devant et recommencer à faire sentir légèrement le mors en tenant la jambe près. Élever le poignet par degrés. Lorsque le cheval a commencé à attaquer le recul, rendre la main; l'élever ensuite, puis l'abaisser, et ainsi de suite pendant tout le recul, qui ne doit pas durer plus de cinq à six pas: c'est ce qu'on appelle *arrêter et rendre*.

Le cavalier doit avoir bien soin, au moment d'entamer le recul, de porter le haut du corps en arrière; autrement il serait projeté en avant et perdrait son assiette dès les premiers pas que le cheval ferait en arrière.

Après avoir cessé de reculer, le cavalier accorde un petit instant de repos à son cheval, puis il le porte en avant et marche à cette allure pendant quelques minutes.

ALLONGER LE PAS.

Le cavalier marchant au pas, à une allure franche, ajustera les rênes et rassemblera son cheval, surtout des jambes; puis, continuant l'effet des jambes, il baissera la main de la bride quand le cheval aura accéléré l'allure. Il continuera néanmoins à sentir l'appui du mors, car le cheval, qu'un pas allongé fatigue quelquefois, préfère prendre un petit trot qui devient facilement un *trot sur place*, trot dans lequel on fait moins de chemin qu'au pas allongé.

Par conséquent, si des mouvements particuliers de la tête et un dandinement des hanches et des épaules, joints à un léger ralentissement du pas allongé, dénotent au cavalier que le cheval se dispose à prendre le trot, il le rassemblera doucement du devant en élevant les poignets, et il évitera de faire trop sentir les jambes, car il pourrait provoquer l'effet qu'il s'agit d'éviter.

Le cheval ayant marché au pas allongé pendant deux minutes environ, le rassembler doucement et lui faire reprendre l'allure ordinaire.

Quand on passe d'une allure vive à une allure plus lente, il faut avoir soin de tenir les jambes près pour empêcher le cheval de passer à une allure encore plus lente ou de s'arrêter. C'est seulement après avoir fait cinq ou six pas que le cavalier replace la main et les jambes par degrés.

PASSER DU PAS AU TROT ET DU TROT AU PAS.

Le cheval étant au pas, à une allure franche, le cavalier s'asseoira bien en selle, rectifiera la position des jambes, embrassera bien le cheval des cuisses, puis, le rassemblant légèrement et faisant sentir plus vivement l'action des jambes suivant le plus ou moins de finesse et de sensibilité de l'animal, il baissera le poignet et rendra la main. Le cheval ayant pris l'allure du trot, le cavalier replacera la main et les jambes par degrés.

_ Le trot doit être d'abord très modéré, mais il ne faut pas cependant que le cheval trotte sur place, car les réactions seraient encore plus dures qu'au trot franc.

Le cavalier fera à cette allure deux fois le tour du manège.

Il aura soin de bien laisser tomber les jambes pour que leur poids et leur *allongement normal* lui servent pour ainsi dire de soutien et de *balancier*. Les cuisses devront être complètement tournées sur leur plat pour bien embrasser le cheval. Les reins seront souples pour éviter au haut du corps des réactions désagréables ; les épaules seront effacées et tomberont naturellement, car si le cavalier les élève, il leur communique une raideur qui se propage instantanément dans les reins et l'empêche de se lier complètement aux mouvements du cheval. La tête sera aisée et libre : le cou exempt de contractions qui se communiqueraient infailliblement aux épaules et aux bras, puis aux reins. Le haut du corps, dans cette allure, sera d'abord légèrement penché en arrière : c'est un moyen pour le cavalier de se lier plus intimement aux mouvements de sa monture et d'éviter la dureté des réactions.

Le cavalier aura la main légère et évitera de s'atta-

cher aux rênes; il évitera aussi de saisir le pommeau
de la selle avec la main droite, car son corps se pencherait en avant, et il perdrait l'aplomb nécessaire à la
régularité de l'allure et à celle de la position à cheval;
en outre, les réactions seraient beaucoup plus dures et,
peu habitué à ces secousses et à ces contacts réitérés,
il se blesserait bien plus facilement. Il devra simplement
faire sentir au cheval l'appui du mors, en le sentant
lui-même et légèrement avec les rênes, par de petits
mouvements du petit doigt.

Quand il aura mis son cheval à une allure franche et
régulière, il s'exercera à déchausser les étriers sans
pour cela élever les genoux : la cuisse est une partie
du corps qui, chez le cavalier, doit être *toujours parfaitement immobile*. Si la jambe est bien placée et si
l'étrier est à la longueur voulue, un simple mouvement
de la pointe du pied en l'air suffira pour le dégager de
l'étrier. Ayant les pieds libres, le cavalier évitera d'en
relever la pointe en les raidissant; cette raideur se
communiquerait immédiatement aux jambes et aux reins,
et le pli du genou ne serait plus liant. En outre, les réactions seraient dures, le cavalier s'assimilant par sa
raideur à un corps rigide quelconque tout d'une pièce.
Il ne faut jamais oublier qu'une condition essentielle à
une bonne tenue à cheval, et surtout à une tenue exempte
de fatigue, c'est la souplesse des reins ; or la raideur
d'un membre quelconque entraîne inévitablement la
raideur des reins et du reste du corps.

Le cavalier fera quelques pas au trot, *sans étrier ;* puis
il les chaussera sans aucun mouvement des cuisses. Il
peut les retrouver très facilement en levant la pointe du
pied et en lui faisant faire quelques mouvements de
droite à gauche et de gauche à droite.

Le cavalier, ayant les étriers chaussés, exécutera les
assouplissements de la tête, du cou, des bras, et des

jambes dont il a été fait mention dans la marche directe au pas (cinquième leçon).

Il tournera franchement la tête à droite, sans déranger la position du corps, la tiendra dans cette direction pendant deux ou trois secondes, puis la dirigera vers la gauche, où il la maintiendra aussi pendant deux ou trois secondes.

Il étendra le bras droit horizontalement, en avant, à droite, puis en l'air, de toute sa longueur.

Il fera de même pour le bras gauche.

Puis il exécutera une rotation du bras droit, d'avant en arrière et d'arrière en avant.

Il ajustera les rênes et les tiendra dans la main droite, et il répétera les mêmes exercices avec le bras gauche.

Il déchaussera ensuite les étriers et, sans déranger aucunement la position de la cuisse, il portera sa jambe droite alternativement en avant et en arrière. Il répétera ce mouvement pendant quelques secondes.

Il exécutera le même exercice avec la jambe gauche, puis il reprendra les étriers sans pencher la tête, rien qu'en se servant du contact de la pointe des pieds pour les retrouver.

Ayant marché quelque temps avec les étriers chaussés, il les déchaussera de nouveau et, sans déranger la position des cuisses, — je ne saurais trop le répéter, — le corps droit, et légèrement penché en arrière pour mieux se lier aux mouvements du cheval, les reins souples, il portera sa jambe droite le plus en arrière possible, de façon à pouvoir saisir l'éperon avec la main sans déranger la position du corps. Il fera huit ou dix pas au trot dans cette position, puis il replacera doucement la jambe dans sa position normale et rechaussera les étriers.

Il exécutera le même mouvement avec la jambe gauche.

Puis il chaussera les étriers et fera deux tours de manège au trot en rendant les rênes à son cheval et en le flattant.

Déchaussant encore les étriers, le cavalier assurera la position du corps, rassemblera son cheval, rectifiera la position de la main de la bride après avoir ajusté les rênes, — *ce qu'il faut faire de temps en temps*, — et il exécutera les assouplissements des deux jambes à la fois.

Ayant abandonné les rênes sur le cou du cheval après avoir fait glisser jusqu'à l'encolure le passant-coulant qui les maintient, il saisira ses éperons avec les deux mains et trottera ainsi pendant six ou huit pas. Puis il replacera doucement les jambes, ressaisira les rênes, les ajustera, et, chaussant les étriers, il replacera les jambes et les mains dans leur position normale et se préparera *à passer au pas*.

Pour passer au pas le cavalier rassemble son cheval, porte légèrement le haut du corps en arrière, élève le poignet en le rapprochant du corps et le replace dès que le cheval a obéi. Cependant il tient encore les jambes près pour empêcher le cheval de s'arrêter et pour le maintenir au pas.

Dès que le cheval a entamé une allure franche et régulière, le cavalier replace la main et les jambes par degrés.

Le cavalier ne devra jamais oublier qu'une condition essentielle pour ne pas se fatiguer au trot et ne pas fatiguer le cheval, c'est d'avoir toujours une position correcte, d'après les principes que j'ai donnés dans la douxième leçon (page 289). Les reins doivent toujours conserver la plus grande souplesse, et les jambes, surtout, doivent tomber naturellement. Le pied doit être sans raideur, tombant aussi naturellement, ne cherchant pas l'appui de l'étrier, mais se reposant simplement dessus par son propre poids. De temps en temps le cavalier déchaussera les étriers, et trottera ainsi en laissant tomber naturellement la pointe des pieds.

Pour soulager le cheval, il saisira de temps en temps aussi les rênes du filet avec la main droite et badinera avec le mors pour rafraîchir la bouche, échauffée par l'appui continuel des fonceaux sur les barres; il fera de même avec le mors quand il aura repris l'appui du mors de la bride.

ARRÊTER.

Le cavalier arrête son cheval, étant au pas, comme il a été prescrit à la cinquième leçon (page 314).

CHAPITRE XVIII

TRAVAIL AU TROT

NEUVIÈME LEÇON

Marche directe au trot. — Arrêter le cheval. — Étant de pied
ferme, repartir au trot.

MARCHE DIRECTE AU TROT.

Les principes de la marche directe au trot ont été
donnés dans la leçon précédente. Dans le courant de la
neuvième leçon, le cavalier s'attachera à acquérir chaque
jour plus d'aisance et de facilité dans l'emploi des aides.
Il assurera son corps, se liera sans difficulté aux mouvements du cheval, se penchera en avant, le caressera
à l'encolure et aux épaules.

Il s'exercera à laisser les rênes sur l'encolure du cheval,
et à se servir de ses deux mains pour déboutonner et
reboutonner son vêtement, pour allonger ou raccourcir
les étrivières, pour se moucher, ôter même son vêtement
et le remettre ; il fera en sorte de prendre de plus en
plus l'habitude de cette allure, la plus fatigante des
trois, et à n'y plus éprouver aucune gêne.

Il aura soin de badiner de temps en temps avec le mors,
de parler à son cheval, de le caresser, surtout s'il témoigne quelque impatience, et, après sept à huit minutes de trot, de passer au pas et d'abandonner un peu
les rênes, sans les lâcher, pendant deux ou trois minutes,
pour laisser le cheval s'ébrouer.

ARRÊTER LE CHEVAL, AU TROT.

Le cavalier étant au trot, pour arrêter son cheval, il s'asseoit bien en avant sur la selle, ajuste les rênes, rassemble son cheval, se grandit du haut du corps en se penchant un peu en arrière, et porte le poignet vers le corps en l'élevant plus ou moins selon la sensibilité du cheval.

Le cheval étant arrêté, replacer la main et les jambes par degrés.

Cependant, avant de replacer la main et les jambes, le cavalier doit s'opposer à ce que le cheval recule, ce qui arrive souvent quand l'effet du mors a été un peu vif et maladroitement déterminé. Il doit donc tenir les jambes près et la main haute, jusqu'à ce que le cheval soit immobile.

Si, en arrêtant, le cheval se traversait, c'est-à-dire jetait ses hanches à droite ou à gauche, il faudrait fermer la jambe de ce côté pour remettre le cheval droit.

Il est bien entendu que, pour arrêter étant au trot, le cavalier doit agir plus fortement des rênes et des jambes que pour arrêter étant au pas. Cependant je répète encore ce que j'ai dit souvent : il faut que l'action du mors soit progressive, et que le mouvement du poignet se propage aisément et sans brusquerie de la main à l'épaule. Dans le cas contraire, si au lieu d'élever le poignet par degrés, quoique fortement mais d'une façon continue, on tirait violemment et par à-coups sur les rênes, le cheval porterait la tête en l'air, se mettrait sur les jarrets, se cabrerait, se traverserait, et l'on risquerait fort de le blesser à la bouche, tout en le rendant difficile à obéir par la suite.

ÉTANT DE PIED FERME, REPARTIR AU TROT.

Pour partir au trot étant de pied ferme, le cavalier

rassemble son cheval, *le tenant bien dans les rênes et dans les jambes,* c'est-à-dire un peu plus fortement que dans le *rassemblé* pour partir de pied ferme au pas. Puis, rendant la main, il ferme les jambes plus ou moins vivement suivant la sensibilité du cheval, et lorsque l'allure est franche et correcte, il replace la main et les jambes par degrés.

ÉTANT AU TROT, ARRÊTER.

Le cavalier étant au trot arrête son cheval suivant les principes détaillés ci-dessus. Il le rassemble d'abord, s'asseoit, les fesses bien en avant, porte le haut du corps en arrière, et élève et rapproche la main de la bride assez fortement, mais sans brusquerie ni saccades, jusqu'à ce que le cheval ait obéi. Dès qu'il est immobile, le cavalier replace la main et les jambes par degrés.

DIXIÈME LEÇON

Changements de direction au trot. — Oblique à droite. — Oblique à gauche. — A droite. — A gauche. — Demi-tour à droite. — Demi-tour à gauche.

CHANGEMENTS DE DIRECTION AU TROT

OBLIQUE A DROITE.

Les principes que le cavalier doit suivre dans cette dixième leçon sont les mêmes que ceux que j'ai proscrits dans la sixième (page 315).

Le cavalier marchant au trot rassemblera d'abord son cheval; puis, portant la main de la bride légèrement à droite et en avant, il fermera un peu la jambe droite, tout en soutenant un peu le flanc opposé avec la jambe gauche, pour ne pas forcer le mouvement d'obliquité.

Le mouvement sera terminé lorsque le cheval aura été déterminé dans une direction intermédiaire entre celle qu'il avait d'abord et une direction perpendiculaire, à droite. Par conséquent le cavalier fait exécuter au cheval un demi-quart de cercle, ou un angle de 45°.

Quand le cheval a exécuté le mouvement, le cavalier replace la main d'abord, les jambes ensuite, et le cheval se porte droit devant lui.

En exécutant cet exercice, le cavalier doit employer franchement les aides, ne pas laisser ralentir le trot, et surtout se servir d'abord de la jambe du côté vers lequel il veut obliquer. La jambe du côté opposé s'appuie aussi, mais très légèrement, sur le cheval. Quand le mouvement est terminé, les deux jambes appuient également et la main se replace vis-à-vis du milieu du corps.

OBLIQUE A GAUCHE.

Le cavalier, marchant au trot, rassemblera d'abord son cheval, puis portant la main de la bride légèrement à gauche et en avant, il fermera un peu la jambe gauche, tout en soutenant un peu le flanc opposé avec la jambe droite, pour ne pas forcer le mouvement d'obliquité.

Le mouvement sera exécuté, comme il est dit ci-dessus, lorsque le cheval aura parcouru un angle de 45°.

Quand le cheval a exécuté le mouvement le cavalier replace la main d'abord, les jambes ensuite, et le cheval entame la nouvelle direction en se portant droit devant lui.

A-DROITE.

Ce mouvement s'exécute comme l'*oblique à droite ;*

mais le cavalier, au lieu d'arrêter le cheval dans son mouvement d'obliquité quand il a parcouru 45 degrés, lui fait faire un angle droit complet avec la direction qu'il suivait précédemment.

A cet effet le cavalier, marchant au trot, rassemble son cheval sans ralentir l'allure. Il porte ensuite la main en avant et à droite en fermant la jambe droite et en soutenant de la jambe gauche, et il fait ainsi parcourir au cheval un arc de cercle de *trois pas*. Quand le cheval est dans une direction perpendiculaire à celle qu'il suivait précédemment, le cavalier replace la main et les jambes par degrés, ces dernières en dernier lieu, pour maintenir franchement le cheval dans la nouvelle direction sans ralentir le trot.

A-GAUCHE.

Ce mouvement s'exécute comme l'*oblique à gauche*; mais le cavalier, au lieu d'arrêter le cheval dans son mouvement d'obliquité quand il a tourné de 45 degrés, lui fait parcourir un angle droit complet avec la direction qu'il suivait précédemment.

A cet effet le cavalier, marchant au trot, rassemble son cheval sans ralentir l'allure et en forçant par conséquent un peu les aides de l'arrière-main. Il porte ensuite la main de la bride en avant et à gauche, en fermant la jambe gauche et en soutenant de la jambe droite, et il fait ainsi parcourir au cheval un arc de cercle de trois pas. Quand le cheval est dans une direction perpendiculaire à celle qu'il suivait précédemment, le cavalier replace la main et les jambes par degrés, ces dernières en dernier lieu pour maintenir franchement le cheval dans la nouvelle direction sans ralentir le trot.

DEMI-TOUR A DROITE.

Le cheval étant au trot, le cavalier le rassemble et, suivant les principes donnés pour exécuter un *à-droite*, il le détermine sur une demi-circonférence d'une longueur de *six pas*, au lieu de *trois;* arrivé à l'autre extrémité de cette demi-circonférence, le cheval doit être tourné dans une direction exactement opposée à celle qu'il suivait d'abord.

A ce moment, sans ralentir l'allure, le cavalier soutient plus fortement de la jambe gauche, pour empêcher le cheval de continuer le cercle; il replace ensuite la main dans sa position naturelle, tient encore les jambes près pour que le cheval entame franchement la nouvelle marche, et il les replace ensuite par degrés.

DEMI-TOUR A GAUCHE.

Le cheval étant au trot, le cavalier le rassemble, et, suivant les principes donnés pour exécuter un *à-gauche*, il le détermine sur une demi-circonférence de *six pas* au lieu de *trois*. Arrivé à l'autre extrémité de cette demi-circonférence, le cheval doit être tourné dans une direction exactement opposée à celle qu'il suivait avant de commencer le mouvement.

A ce moment, et sans ralentir l'allure, le cavalier soutient plus fortement de la jambe droite pour empêcher le cheval de continuer le cercle; il replace ensuite la main dans sa position naturelle, tient encore les jambes près pour que le cheval entame franchement la nouvelle marche, et il la replace ensuite par degrés.

Dans ces divers changements de direction, le cavalier devra entamer carrément la nouvelle marche. Il est essentiel que le cheval n'éprouve aucune hésitation dans l'exécution des mouvements qui lui sont commandés, et le cavalier doit employer *en même temps* et franchement les moyens de la main et des jambes. De même, le mouvement exécuté, le cavalier doit tenir les jambes près pour que le cheval se porte directement et sans velléité d'arrêt dans la nouvelle direction.

Cela fait, le cavalier laissera trotter le cheval droit devant lui pendant deux ou trois minutes, et il exécutera ensuite, à sa volonté, des *à-droite*, des *à-gauche*, des *oblique à droite*, des *oblique à gauche*, des *demi-tour à droite* et des *demi-tour à gauche*.

ONZIÈME LEÇON

Marche circulaire au trot. — Marcher à main droite. — Marcher à main gauche. — Changements de main sur le cercle.

MARCHE CIRCULAIRE AU TROT

MARCHER A MAIN DROITE.

Le cheval étant au trot et marchant droit devant lui, le cavalier le rassemble sans ralentir son allure, les rênes bien ajustées, et le détermine à marcher sur un cercle de 15 à 20 mètres de diamètre.

Si le cavalier exécute ce cercle à droite, il marche *à main droite*.

S'il l'exécute à gauche, il marche à *main gauche*, comme cela a déjà été expliqué pour la marche circulaire au pas.

Pour marcher au trot en *cercle à droite*, le cavalier porte légèrement la main à droite et appuie la jambe droite. De cette façon il détermine les épaules du cheval à droite et range ses hanches à gauche.

En même temps il fait légèrement sentir la jambe gauche pour empêcher le cheval de faire un *à-droite* ou ou *oblique à droite* complets, et il le maintient ainsi sur le cercle fictif que trace son œil, de manière que, le cheval étant ployé suivant la circonférence qu'il parcourt, ses hanches passent toujours par l'endroit où les épaules sont passées.

Il faut avoir le plus grand soin de combiner judicieusement et exactement l'effet de la main et celui des jambes; car le cheval, au lieu de *tourner*, pourrait *appuyer* seulement, et ce ne serait plus alors une marche circulaire. Dans cet exercice, le cavalier doit toujours rester parfaitement lié à tous les mouvements de son cheval, conserver son aplomb, s'asseoir carrément en selle, ne pas refuser l'épaule gauche ni pencher le corps à droite ou à gauche, toutes choses qui contrarient les aides, embarrassent et troublent le cheval, et sont un obstacle continuel à la parfaite exécution de l'exercice.

Si le cheval veut tourner trop promptement et *raccourcir le cercle*, le cavalier portera la main en dehors du cercle, à gauche, tout en tenant les jambes près, surtout la droite, pour empêcher l'excès contraire, c'est-à-dire la sortie du cercle. Si au contraire le cheval tendait à suivre une direction rectiligne plutôt qu'une direction circulaire, en un mot s'il voulait *agrandir le cercle*, le cavalier emploierait les moyens opposés : il porterait la main en dedans en tenant les jambes près, surtout la droite.

Au bout de trois ou quatre tours sur le cercle, sans ralentir le trot ni l'allonger, le cavalier redressera son cheval en le rassemblant d'abord, et il entamera la marche directe le long des côtés du manège.

MARCHER A MAIN GAUCHE.

Arrivé vers le milieu de l'un des grands côtés du manège, le cavalier entame la marche circulaire à main gauche.

A cet effet le cavalier porte légèrement la main à

gauche et appuie la jambe gauche. De cette façon il détermine les épaules de son cheval à gauche et range ses
hanches à droite. En même temps il fait légèrement
sentir la jambe droite pour empêcher le cheval de faire
un *à gauche* ou un *oblique à gauche* complets, et il le maintient ainsi sur le cercle fictif que trace son œil, de manière que ses hanches passent exactement par l'endroit
où ses épaules ont passé.

En exécutant la marche circulaire au trot, le cavalier,
tout en maintenant le cheval sur le cercle, doit lui faire
sentir le mors, jouer doucement avec les rênes, lever
légèrement le poignet et rendre la main, et observer
toujours la rigoureuse concordance de l'action de la
main et des jambes. Puis il déterminera son cheval sur
une ligne droite, tangente au cercle qu'il vient de parcourir, rejoindra l'un des côtés du manège et continuera
la marche directe pendant quelque temps, rendant la
bride à son cheval pour lui permettre de s'ébrouer,
d'assouplir et d'allonger son encolure, et de se soulager
à son aise de la contrainte que le cavalier vient de lui
imposer.

CHANGEMENTS DE MAIN SUR LE CERCLE.

Quand le cavalier a acquis l'habitude de marcher à
main droite et à main gauche sur le cercle, au trot;
quand il se lie facilement à tous les mouvements du
cheval, qu'il saisit bien le mécanisme de cet exercice, il
varie fréquemment la marche à main droite et à main
gauche, sans l'intermédiaire d'une marche directe pendant plus ou moins de temps. Sans quitter le cercle, il
change de main et exécute ce que l'on nomme des *changements de main sur le cercle.*

A cet effet, marchant à main droite, au trot, sur le
cercle, il portera son cheval franchement à droite, suivant un diamètre du cercle qu'il parcourt, et, arrivé à

l'extrémité opposée de ce diamètre, à *trois pas* avant d'atteindre la circonférence, il décrira un *à-gauche*, rentrera sur le cercle, et entamera la marche circulaire à main gauche.

Après avoir fait quatre ou cinq fois le tour du cercle, il portera franchement son cheval à gauche, suivant un diamètre du cercle qu'il parcourt, et arrivé à l'extrémité de ce diamètre, à *trois pas* avant d'atteindre la circonférence, il décrira un *à droite*, rentrera sur le cercle, et entamera de nouveau la marche circulaire à main droite.

Ainsi de suite pendant environ dix minutes, en changeant de main toutes les minutes.

Reprendre ensuite la *marche directe*, au pas, pendant deux ou trois minutes, en abandonnant un peu le cheval sans lui faire trop sentir l'effet des rênes, puis faire un repos et mettre pied à terre pour le délasser et lui permettre de se secouer et de s'ébrouer.

DOUZIÈME LEÇON

Allonger le trot. — Passer du trot au galop et du galop au trot. — Arrêter.

ALLONGER LE TROT.

Le cheval étant franchement au trot et allant droit devant lui (*marche directe*), pour lui faire prendre un trot plus rapide, c'est-à-dire plus *allongé*, le cavalier le rassemblera en élevant à peine la main et en sentant les jambes. Puis, rendant la main et continuant à avoir les jambes plus ou moins près, suivant la sensibilité du cheval, il replacera la main et les jambes par degrés dès que le cheval aura obéi.

A cette allure, les réactions du trot sont quelquefois très dures ; aussi je recommande encore au cavalier de se lier le plus possible avec le cheval en conservant toujours une grande souplesse de reins. C'est là une condition absolument essentielle. Il devra éviter de se pencher en avant, ce qui lui ferait perdre l'aplomb sur la selle et dérangerait sa position, ou de se trop pencher aussi en arrière, ce qui pourrait surcharger l'arrière-main et désunir ou fatiguer le cheval. Il relâchera les jambes, aura le corps droit et d'aplomb sur les fesses, les coudes au corps sans relever les épaules, les jambes tombant naturellement, les cuisses bien tournées sur leur plat, la tête droite; et il s'exercera, au bout d'un certain temps de cet exercice, à faire les assouplissements dont j'ai parlé dans la marche directe au pas et la marche directe au trot.

Pour reprendre le trot ordinaire, le cavalier rassemblera encore son cheval, en élevant le poignet suffisamment pour calmer l'animal; puis, l'ayant élevé et rapproché du corps jusqu'à ce qu'il ait obtenu l'allure voulue, il replacera le poignet et les jambes par degrés.

Il passera ensuite au pas, d'après les principes déjà prescrits, puis accordera au cheval un repos de huit à dix minutes.

PASSER DU TROT AU GALOP ET DU GALOP AU TROT.

Le cavalier doit se bien pénétrer de ce que j'ai dit au chapitre XI, page 202, en traitant des *allures*, à propos du galop.

Dans cette allure, le cheval exécute trois battues, et les membres portent sur le sol dans l'ordre suivant :

1° L'un des membres postérieurs;

2° L'un des bipèdes diagonaux dont ne fait pas partie ce membre postérieur;

3° L'un des membres antérieurs du côté opposé à celui des postérieurs qui a le premier posé à terre.

Remarquez que puisque, en s'enlevant pour partir au

galop, le cheval porte tout le poids du corps sur l'un des membres postérieurs, le corps ne peut pas rester absolument droit. Il dévie un peu à gauche ou à droite, selon le membre postérieur qui lui sert de point de sustentation, et par conséquent *l'épaule du côté opposé avance sur l'autre épaule*, c'est là l'explication et le motif de ce que je dis plus haut (page 204). « Dans la deuxième partie de cet ouvrage, en traitant spécialement de l'*Équitation*, je dirai quand le cavalier doit absolument faire galoper son cheval sur l'un ou l'autre pied, *au point de vue de sa sécurité personnelle et de celle de son cheval*, et j'expliquerai également les moyens en usage pour déterminer le cheval à entamer le galop sur le bon pied. »

Examinons maintenant le mécanisme du galop, très succinctement, et voyons le moyen infaillible d'obliger le cheval à galoper.

La figure 101 nous présente, en A, les quatre pieds du cheval au repos.

Le cheval, en partant au galop, devra exécuter trois battues, dont la première appartiendra *à l'un des pieds postérieurs*.

Admettons que ce pied soit le gauche, n° 1. Le cheval devant *s'enlever* sur ce pied, il rassemble son corps, le raccourcit pour ainsi dire en le rejetant en arrière, et les trois autres pieds quittent le sol. Dans ce mouvement, pour garder l'équilibre, le cheval rapproche le plus possible du pied 1, qui est à terre, la verticale du centre de gravité ; par conséquent, il tourne le corps à gauche, en rejetant en arrière l'épaule gauche, comme le montre la partie B de la figure.

La deuxième foulée s'exécutera par le bipède diagonal gauche (pieds 2 et 3), et la troisième par le membre de devant opposé à celui de derrière qui a exécuté la première foulée, c'est-à-dire par le pied antérieur n° 4.

Si la première foulée était exécutée par le membre
postérieur droit, le cheval emploierait les moyens
inverses. Son corps se rejetterait à droite par le refus
de l'épaule droite, pour faire passer la verticale du centre

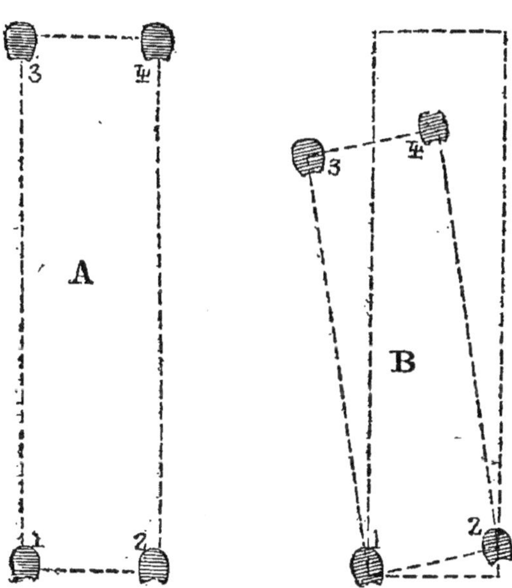

Fig. 101.

de gravité le plus près possible du pied postérieur droit,
le bipède diagonal droit exécuterait la deuxième foulée,
et la troisième serait faite par le pied antérieur gauche.

Remarquez maintenant la partie B de la figure 101.
L'épaule droite de devant est en avant de l'autre ; par
conséquent la jambe sera rejetée bien en avant.

Dans le cas contraire, c'est la jambe gauche qui sera
en avant.

De là les définitions suivantes sur la manière de
galoper du cheval :

1° Quand la jambe droite de devant dépasse la jambe
gauche de devant, — et il en est de même, dans ce cas,

pour les jambes de derrière, — on dit que le cheval
GALOPE SUR LE PIED DROIT.

La figure 102 représente un cheval galopant sur le
pied droit.

2° Quand la jambe gauche de devant dépasse la
jambe droite de devant, — et il en est de même, dans ce
cas, pour les jambes de derrière, — on dit que le cheval
GALOPE SUR LE PIED GAUCHE.

Fig. 102.

La figure 103 représente un cheval galopant sur le
pied gauche.

3° Quand on travaille à *main droite*, — c'est-à-dire
lorsque, au manège, on a l'épaule gauche au mur et
l'épaule droite en dedans du manège, ou bien lorsque,
travaillant en cercle, on a l'épaule droite en dedans du
cercle, — le cheval DOIT GALOPER SUR LE PIED DROIT.

Quand on travaille à *main gauche*, c'est-à-dire quand on a l'épaule gauche *en dedans des changements de direction*, le cheval DOIT GALOPER SUR LE PIED GAUCHE.

Quand le cheval remplit ces conditions, on dit qu'IL GALOPE JUSTE.

4° Dans le cas contraire, lorsque, en travaillant

Fig. 103.

ou en tournant à main droite, le cheval galope sur le pied gauche ; ou lorsque, travaillant ou tournant à main gauche, il galope sur le pied droit, on dit qu'IL GALOPE FAUX.

5° Quand le cheval galope sur le pied droit, des membres antérieurs, et sur le pied gauche des membres postérieurs, et vice versa, on dit qu'IL EST DÉSUNI.

Il est essentiel que le cavalier apprenne et s'habitue à faire galoper le cheval *sur le bon pied*.

Si, travaillant à main droite, sur un cercle de court

rayon, le cheval galopait sur le pied gauche, le galop serait entièrement décousu et saccadé, ses jambes s'enchevêtreraient et il pourrait s'abattre, se blesser et blesser le cavalier.

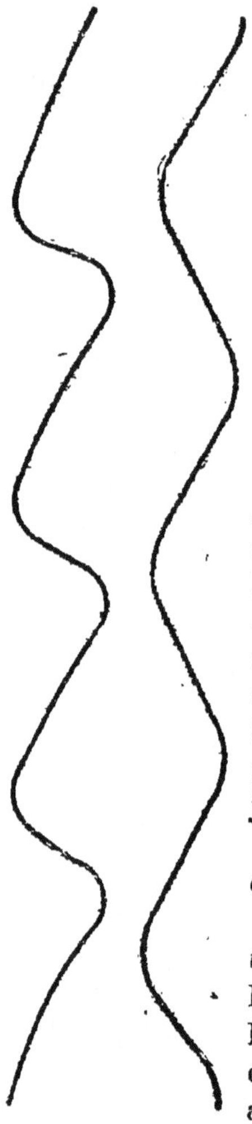

Il en serait de même si, travaillant à main gauche, il galopait sur le pied droit.

Ces principes bien compris, passons au mouvement indiqué en tête de cet article.

Pour passer du trot au galop *en travaillant à main droite*, le cavalier rassemble son cheval, et porte la main à gauche pour déterminer le cheval à placer l'épaule droite en avant; il ferme en même temps les jambes derrière les sangles, en faisant plus fortement sentir l'effet de la jambe gauche; et, le cheval ayant obéi, il rend la main et tient encore un peu les jambes près. Le galop étant franc et bien entamé, le cavalier replace les jambes et la main par degrés. Les rênes doivent toujours être parfaitement ajustées.

Le cheval galope ainsi sur le pied droit.

Pour passer du trot au galop, *en travaillant à main gauche*, le cavalier rassemble son cheval, et porte la main à droite pour déterminer le cheval à placer l'épaule gauche en avant; il ferme en même temps les jambes derrière les sangles, en faisant plus fortement sentir l'effet de la jambe droite; et.

Fig. 104.

le cheval ayant obéi, il rend la main et tient encore un peu les jambes près. Le galop étant franc et bien entamé, le cavalier replace les jambes et la main par degrés.

Le cheval galope ainsi sur le pied gauche.

Le cavalier fait faire deux ou trois tours de manège au cheval, à cette allure, puis il passe au *grand trot* de la manière suivante :

Le cheval étant au galop, le cavalier le rassemble légèrement en lui faisant sentir doucement l'effet du mors et en tenant les jambes près, sans pourtant ralentir le galop.

Il élève ensuite la main en la rapprochant du haut du corps, sans à-coup, mais par degrés, tenant toujours les jambes près, et portant légèrement le haut du corps en arrière : dès que le cheval a obéi, il rend la main et tient encore les jambes près pour l'empêcher de trop ralentir la nouvelle allure. Quand le trot est franc, bien lancé et égal dans ses battues, le cavalier replace les jambes et la main par degrés.

Usant des mêmes principes, il passe au trot ordinaire et fait à cette allure deux tours de manège ; puis il met son cheval au pas et lui donne un repos de cinq ou six minutes pour le laisser souffler et s'ébrouer.

L'allure du galop est celle qui fatigue le moins le cavalier, mais qui fatigue le plus le cheval.

Le dos du cheval décrit en l'air une suite de courbes dont la série est douce et permet au cavalier de se lier à ses mouvements avec la plus grande facilité. Au contraire, dans le trot, le dos du cheval décrit des courbes très petites, presque insignifiantes, et qui sont reliées entre elles par des lignes droites de direction opposée.

La figure 104 donne une idée de cette différence de réactions.

Dans l'allure du galop, surtout aux passages des

coins et à tous les changements de direction, le cavalier aura soin de bien rester lié à tous les mouvements du cheval. Il évitera de s'abandonner, de lever les épaules à *l'enlevé* du cheval, et de les laisser lourdement retomber à la troisième foulée, c'est-à-dire quand le cheval va recommencer un temps de galop. Il faut que sa position soit aussi correcte qu'au pas et au trot : les épaules également tombantes, les cuisses embrassant bien le cheval, les jambes tombant naturellement, sans appui sur les étriers, la tête droite et aisée. La main doit jouer légèrement avec les rênes, de manière à éveiller toujours l'attention du cheval et à lui rafraîchir la bouche; les fesses doivent être placées bien en avant pour que les réactions soient encore plus douces et fatiguent moins le cheval.

A cette allure, le cavalier répétera les assouplissements de tête, de bras et de jambes que j'ai déjà prescrits pour les allures du pas et du trot; il se rendra bien compte du mécanisme du galop, de manière à se placer en selle dans une position qui permette au cheval tout le développement de ses moyens. Si, s'échauffant, le cheval *allongeait* le galop, le cavalier le rassemblerait doucement, levant la main et tenant les jambes près; puis, l'allure étant rectifiée, il replacerait la main et les jambes par degrés.

ARRÊTER.

Le cheval étant au trot, le cavalier l'arrête suivant les principes prescrits dans la neuvième leçon.

CHAPITRE XIX

TRAVAIL AU GALOP

TREIZIÈME LEÇON

Marche directe au galop. — Arrêter le cheval. — Remettre le cheval au galop de pied ferme. — Arrêter.

MARCHE DIRECTE AU GALOP.

Le cavalier fera faire au cheval plusieurs fois le tour du manège au pas, puis il le mettra au trot et le maintiendra à cette allure quatre ou cinq minutes ; il passera ensuite au pas, et arrêtera.

Étant de pied ferme, pour déterminer son cheval au galop, le cavalier le rassemblera fortement, de la main et des jambes, en ayant soin d'appuyer un peu plus la jambe du côté opposé au pied sur lequel le cheval doit galoper.

Si le cavalier travaille *à main droite*, il fermera un peu plus la jambe gauche en portant un peu la main à gauche.

S'il travaille *à main gauche*, il fermera un peu plus la jambe droite en portant un peu la main à droite.

Le cheval étant bien rassemblé, le cavalier rendra la main, *tout en la laissant du côté où il l'a portée*, fermera vivement les jambes derrière les sangles, sans choc ni brusquerie, et, le cheval ayant obéi, il replacera la main et les jambes par degrés.

Il se conformera d'ailleurs aux principes exposés à la

fin de la douzième leçon pour régler sa position et l'allure du cheval.

ARRÊTER LE CHEVAL.

Le cheval étant au galop, le cavalier, pour l'arrêter, le rassemblera d'abord doucement, sans ralentir l'allure, en tenant les jambes légèrement près et en sentant l'appui du mors. Quand il jugera que l'attention du cheval est suffisamment en éveil, il portera le haut du corps en arrière, élèvera plus ou moins le poignet en le rapprochant du corps, suivant le plus ou moins de résistance ou de sensibilité du cheval, et tiendra les jambes près.

Le cheval ayant obéi et s'étant calmé, le cavalier replacera la main et les jambes par degrés.

Le cavalier évitera de tirer trop brusquement ou trop fortement sur les rênes, car le cheval pourrait se mettre sur les jarrets.

Il tiendra toujours les jambes près, car le cheval pourrait se traverser. Il aura le corps droit et légèrement en arrière dans l'arrêt, car le cheval, en se défendant et en *encensant*, pourrait l'atteindre d'un coup de tête au visage.

Du reste, *pour paralyser l'effet de la vitesse acquise*, il est nécessaire qu'au moment de l'arrêt le cavalier ait le haut du corps un peu en arrière, et les fesses le plus en avant possible.

REMETTRE LE CHEVAL AU GALOP DE PIED FERME.

Pour exécuter ce mouvement, le cavalier, après avoir laissé souffler son cheval en le mettant au pas sur la piste et en lui faisant faire à cette allure quelques tours du manège, l'arrêtera, et se conformera à ce qui vient d'être dit dans le paragraphe précédent pour le remettre au galop.

Le cheval étant au galop, et le cavalier ayant une position qui lui permet de se lier exactement à tous ses mouvements sans les contrarier en quoi que ce soit, il prendra les rênes du filet et relâchera un peu celles de la bride ; il reprendra ces dernières, et ainsi de suite alternativement. Il continuera les mouvements d'assouplissement, et s'efforcera d'acquérir l'aisance la plus complète dans sa position à cette allure.

Il ne laissera son cheval au galop que pendant cinq minutes au plus, ayant bien soin de ne pas trop *arrondir les angles* du manège, c'est-à-dire d'empêcher son cheval de tourner trop tôt, ce qui lui ferait décrire une sorte d'ellipse au lieu d'un carré dont les angles seuls sont légèrement arrondis. Pour cela, il le tiendra toujours dans la main et dans les jambes, l'empêchant de s'abandonner, et dirigeant lui-même la course, au lieu de la laisser au caprice ou à l'entêtement de l'animal.

ARRÊTER.

Le cavalier arrêtera suivant les principes prescrits plus haut.

QUATORZIÈME LEÇON

Changements de direction au galop. — Oblique à droite. — Oblique à gauche. — A droite. — A gauche. — Demi-tour à droite. — Demi-tour à gauche.

CHANGEMENTS DE DIRECTION AU GALOP.

OBLIQUE A DROITE.

Le cavalier, ayant mis son cheval au galop et exécutant la marche directe, rassemblera son cheval. Il portera ensuite la main de la bride un peu en avant et à droite, en fermant la jambe droite. Quand le cheval aura décrit un arc de cercle de 45 degrés, le cavalier fermera également les jambes, replacera la main et cessera l'effet des jambes quand le cheval aura entamé franchement la marche dans la nouvelle direction.

OBLIQUE A GAUCHE.

Ce mouvement sera exécuté par le cavalier suivant les mêmes principes.

Le cheval étant au galop dans la marche directe, le cavalier le rassemblera. Puis, portant la main un peu à gauche et fermant la jambe gauche, il déterminera son cheval vers la gauche. Quand ce dernier aura décrit ainsi un arc de cercle de 45 degrés, le cavalier, tenant les jambes près et replaçant la main de la bride, le déterminera dans la nouvelle direction.

Quand le cheval aura entamé franchement la nouvelle marche, il replacera la main et les jambes par degrés.

A DROITE.

Le cheval étant au galop, le cavalier le rassemble. Puis, portant la main à droite et fermant la jambe droite, il détermine le cheval à faire un *à droite* complet sur un arc de cercle de 90 degrés (deux fois 45) et d'une longueur de *trois pas*. Replaçant alors la main de la bride et tenant les jambes également près, le cavalier maintient le cheval à un galop franc dans la nouvelle direction.

C'est ici surtout que le cavalier doit avoir l'attention de faire galoper son cheval sur le bon pied, car, ainsi que je l'ai déjà expliqué, le cheval pourrait s'embarrasser dans ses jambes et tomber.

A GAUCHE.

Le cheval étant au galop, le cavalier exécute l'inverse du mouvement précédent. Il rassemble son cheval, puis, portant la main en avant et à gauche, et fermant la jambe gauche, il détermine le cheval à faire un *à gauche* complet sur un arc de cercle de 90 degrés, et sur une longueur d'environ *trois pas*.

Replaçant alors la main de la bride et tenant les jambes près, le cavalier maintient le cheval dans la nouvelle direction, sans ralentissement de l'allure.

Quand la marche est franchement continuée, le cavalier replace la main et les jambes par degrés.

DEMI-TOUR A DROITE.

Le cheval étant au galop, en marche directe, le cavalier le rassemble et le détermine ensuite, suivant les principes prescrits pour l'*à-droite*, sur une demi-circonférence d'une longueur de six ou huit pas, ayant bien soin de faire partir le cheval sur le pied droit, c'est-à-dire l'épaule droite en avant. Arrivé à l'autre extrémité de la circonférence, il tient les jambes près, la gauche surtout, replace la main, et entame la nouvelle direction.

Lorsque le demi-tour à droite est achevé, le cheval est dans une direction complètement opposée à celle qu'il suivait avant le mouvement.

DEMI-TOUR A GAUCHE.

Ce mouvement s'exécute suivant les mêmes principes que le demi-tour à droite, et par les moyens opposés.

QUINZIÈME LEÇON

Marche circulaire au galop. — Marcher à main droite. — Marcher à main gauche. — Changements de main sur le cercle. — Allonger le galop. — Galop de course.

MARCHE CIRCULAIRE AU GALOP.

MARCHER A MAIN DROITE.

La marche circulaire au galop s'exécute d'après les mêmes principes que la marche circulaire au pas (septième leçon) et au trot (onzième leçon).

Le cavalier marchant au galop, il rassemble son cheval, se lie bien à ses mouvements, puis, levant la main et fermant les jambes, principalement la jambe gauche, il porte la main en avant et à droite pour le déterminer à droite, et maintient le cheval sur le cercle fictif que trace son œil, de manière que les hanches passent toujours par l'endroit où les épaules sont passées.

Le cavalier fera d'abord un cercle de très grand diamètre, et il le rétrécira de plus en plus jusqu'à ce qu'il ne soit plus que de cinq ou six mètres seulement. Dans cet exercice, et surtout quand le cercle sera de petit diamètre, il devra être absolument lié aux mouvements du cheval, la moindre hésitation, la moindre vacillation sur la selle pouvant produire un *changement de pied*. Or, dans un cercle très petit, un cheval *galopant faux* peut très-facilement tomber.

MARCHER A MAIN GAUCHE.

Ce mouvement s'exécute comme le précédent, et par les moyens inverses. Mêmes recommandations.

CHANGEMENTS DE MAIN SUR LE CERCLE.

Le cavalier marchant à main droite, au galop, sur

le cercle, fait faire un *à droite* à son cheval, rentre dans le cercle en suivant un diamètre, et, trois pas avant d'atteindre à l'autre extrémité de ce diamètre, il fait un à gauche *en ayant bien soin de changer de pied*. Puis il rentre sur le cercle et continue le travail en cercle à main gauche. Après quatre ou cinq tours, il fait un *à gauche*, rejoint l'extrémité opposée du diamètre, et entre sur le cercle par un à droite en faisant d'abord changer de pied à son cheval et en lui faisant parcourir un arc de cercle de trois pas avant d'atteindre le cercle. Il continue alors le travail en cercle, à main droite, pendant cinq ou six tours, puis il détermine son cheval sur une ligne droite, reprend la piste, et fait deux ou trois tours de manège, en rendant et en élevant la main successivement pour entretenir le cheval dans la même allure et l'empêcher de s'abandonner ou d'allonger le galop.

Puis il passe au trot et au pas, et laisse souffler le cheval pendant huit ou dix minutes.

ALLONGER LE GALOP.

Le cavalier étant au galop, en marche directe, il rassemblera son cheval en élevant très légèrement la main de la bride et en faisant à peine sentir les jambes. Il rendra ensuite la main en fermant les jambes, et le cheval ayant allongé l'allure, il replacera la main et les jambes par degrés.

Le cavalier, dans le *grand galop*, aura soin de ne pas abandonner le cheval, de ne pas le laisser s'échauffer, et par conséquent de lui faire toujours sentir l'effet des jambes et du mors. Il prendra alternativement les rênes de la bride et du filet, pour le rafraîchir, tiendra les rênes de la bride alternativement avec les deux mains, fera exécuter au cheval des *à droite* et des *à gauche*, des *quart d'à droite* et des *quart d'à gauche ;* puis, le rassemblant doucement de l'avant-main, il le remettra au galop ordinaire en élevant la main davantage et en tenant les jambes près.

Il recommencera cet exercice deux ou trois fois de suite, s'attachant à se rendre de plus en plus maître de son cheval; puis, le rassemblant de nouveau, il l'arrêtera sans passer d'abord par le trot et le pas.

GALOP DE COURSE.

C'est le galop dans lequel le cheval développe toute la vitesse dont il est susceptible. Dans l'armée, il prend le nom de *galop de charge*.

Dans ce galop on n'entend plus que deux battues, celle du bipède postérieur et celle du bipède antérieur. Le cheval s'allonge, prend à chaque élan le plus de terrain possible, et les pieds de devant paraissent se cramponner au sol.

Le cavalier doit, dans cette allure précipitée, la plus rapide, surveiller attentivement son cheval, se bien lier à lui des cuisses et des jambes, pencher très légèrement le corps en avant pour faciliter le départ de chaque temps de galop, et sentir convenablement l'appui du mors pour empêcher le cheval de s'emporter.

Puis, le rassemblant, il le ramène doucement au grand galop et au galop.

Il le fait ensuite passer au trot, au pas, et il l'arrête.

Après avoir fait faire cet excercice au cheval, le cavalier met pied à terre et le promène un instant en le tenant comme il est prescrit dans le paragraphe *amener son cheval sur le terrain* (deuxième leçon). Il fera en sorte, si le cheval est en sueur, de ne pas le laisser dans un courant d'air; il le promènera de préférence au soleil, et, si la sueur est trop abondante, il le bouchonnera avec une touffe de paille ou d'herbe.

Il aura soin d'ailleurs de ne faire cet exercice que de

loin en loin, et lorsqu'il sera absolument maître de son
cheval et des moyens de le conduire, ce qu'il ne peut
acquérir qu'après des exercices nombreux au galop ordinaire, et une étude consciencieuse de l'emploi des aides
pour transformer une allure rapide en une autre qui le
soit moins.

SEIZIÈME LEÇON

Saut du fossé. — Saut de la barrière.

SAUT DU FOSSÉ.

Lorsque le cavalier a acquis l'aisance et la solidité
nécessaires pour bien conduire un cheval à toutes les
allures et pour en supporter sans fatigue les réactions,
quelque pénibles qu'elles soient ; en un mot, lorsqu'il est
devenu bon cavalier, il s'exerce à *sauter le fossé* et à
franchir la barrière.

A cet effet, il fait creuser un fossé large d'environ
80 centimètres et long de 6 mètres, dans une plaine
unie, dure et solide, au moins aux abords du fossé.

Se portant à une cinquantaine de mètres du fossé, le
cavalier met son cheval au pas. Arrivé à une vingtaine
de mètres de l'obstacle, il met son cheval au trot.

Arrivé à trois ou quatre mètres, les rênes bien ajustées, le corps bien d'aplomb, les cuisses embrassant
bien le cheval, il le rassemble du devant en tenant
aussi les jambes très près (fig. 105).

Arrivé sur le fossé, le cavalier rend la main et ferme
vigoureusement les jambes derrière les sangles pour
déterminer le cheval à sauter.

Au moment où les pieds de devant vont poser à terre,
le cavalier porte le haut du corps en arrière pour dégager l'avant-main, de même qu'il l'a porté en avant
au moment de *l'enlevé,* pour dégager l'arrière-main. En

même temps il tient la main haute pour soutenir son cheval; les jambes près pour le maintenir au trot, puis, à quatre ou cinq pas du fossé, il reprend le pas, s'éloigne à une cinquantaine de mètres et fait un *demi-tour à droite*.

Il se dirige de nouveau sur le fossé, le franchit de la même manière, continue à marcher et, revenant à son premier point de départ, il exécute encore un à

Fig. 105.

droite, et saute successivement deux ou trois fois le fossé.

Si, en arrivant à l'obstacle, le cheval refuse de le franchir, on l'y déterminera par des aides de plus en plus vives. S'il persiste dans ses défenses, on l'y contraindra par le châtiment de la cravache d'abord, et de l'éperon ensuite. Ce serait engager le cheval à refuser complètement plus tard que de lui céder une seule fois. Le cheval ayant obéi, le cavalier le caressera, le flattera, et fera cinq ou six fois le tour du fossé, au pas, laissant le cheval le flairer à son aise.

Il faut avoir le plus grand soin, je ne saurais trop le répéter, de choisir un terrain dur et solide, au moins aux abords du fossé, car si le terrain est friable, les pieds de devant du cheval feront écrouler les arêtes du bord opposé et le cheval pourrait tomber dedans. D'un autre côté, tout le poids du cheval et du cavalier se trouvant

Fig. 106.

reporté sur les pieds de derrière, au moment de l'enlevé, le terrain pourrait également s'affaisser, s'effondrer, la force vive de *l'enlevé* serait diminuée dans des proportions considérables, et il serait impossible à l'animal d'atteindre au bord opposé.

Un petit ruisseau peut parfaitement tenir lieu de fossé si les berges en sont suffisamment fortes.

Le fossé peut être peu à peu porté jusqu'à une largeur de 2 mètres.

Le cavalier s'exerce ensuite à sauter le fossé dans une marche directe au galop.

SAUT DE LA BARRIÈRE.

On construit une barrière en bois, ou mieux une haie dans les commencements de ce genre d'exercice, et on lui donne pour hauteur 70 centimètres environ. Cette hauteur peut atteindre successivement jusqu'à 1 mètre.

Le cavalier, prenant position à cinquante mètres environ de la haie, se dirige sur elle au pas.

Arrivé à une vingtaine de mètres de l'obstacle, il met son cheval au trot.

Arrivé à trois ou quatre mètres, les rênes bien ajustées, le corps bien d'aplomb, les cuisses embrassant bien le cheval, il le rassemble du devant en tenant aussi les jambes très près (fig. 106).

Arrivé sur la barrière, le cavalier lève la main de la bride et ferme vigoureusement les jambes derrière les sangles pour déterminer son cheval à sauter. Celui-ci s'étant enlevé, rendre la main et porter le haut du corps en avant pour faciliter *l'enlevé* et dégager l'arrière-main.

Quand le cheval est arrivé de l'autre côté de la haie, quand ses pieds de devant vont atteindre le sol, lever la main pour le soutenir, et porter le haut du corps en arrière pour soulager l'avant-main.

Dans le saut du fossé et de la barrière, les réactions de *l'enlevé* et du *posé* sont très fortes, et le cavalier serait très facilement désarçonné s'il ne se liait de la façon la plus entière, des cuisses et du gras des jambes, avec le cheval.

Après avoir sauté, le cheval sera maintenu au trot pendant quelques pas, puis il reprendra le pas et continuera la marche directe.

Lorsque le cavalier se sera éloigné de cinquante pas de la haie, il fera un *à droite* et recommencera le même exercice.

Le cavalier s'exerce ensuite à sauter la barrière dans une marche directe au galop.

Mêmes observations que ci-dessus pour le cas où le

cheval se défendrait, et pour la nature du terrain où l'obstacle doit être établi.

PROGRESSION DES LEÇONS.

Les 16 LEÇONS que je viens d'expliquer doivent être étudiées pendant un temps plus ou moins long, selon l'intelligence du cavalier et la facilité avec laquelle il parvient à en comprendre les détails et à obtenir de son cheval ce qu'il lui demande. Cependant, et pour indiquer une progression déterminée, je crois devoir donner le nombre approximatif des jours qui peuvent être affectés à chaque leçon, en faisant toutefois observer que le cavalier ne doit passer à une autre leçon qu'après s'être rendu entièrement capable d'exécuter correctement et sans hésiter tous les articles de la leçon précédente.

La PREMIÈRE LEÇON n'a pas de durée ; c'est simplement la description et l'aménagement du manège.

Les DEUXIÈME LEÇON peut durer pendant *quatre jours ;*

La TROISIÈME, pendant *quatre jours* également ;

La QUATRIÈME, pendant *un jour* seulement. Elle a trait aux démonstrations relatives aux aides et aux châtiments, et à la manière de rassembler son cheval.

La CINQUIÈME peut durer *quatre jours ;*

La SIXIÈME, *six jours ;*

La SEPTIÈME, *six jours* aussi ;

La HUITIÈME, quatre jours seulement;

La NEUVIÈME,
La DIXIÈME } dix jours chacune.
Et la ONZIÈME

La DOUZIÈME, deux jours seulement;

La TREIZIÈME, dix jours;

La QUATORZIÈME, quinze jours;

La QUINZIÈME } dix jours chacune.
Et la SEIZIÈME

Ainsi, en trois mois environ, le cavalier pourra être rompu à tous les exercices du cheval, et il n'aura plus à acquérir que cette élégance dans la position, cette sûreté et cette délicatesse dans l'emploi des aides, qui constituent le véritable *écuyer*.

Chaque séance doit durer de deux à trois heures, et elle doit être coupée par un repos d'un quart d'heure environ.

Après la séance le cheval est ramené au pas à l'écurie, dessellé et bouchonné.

Dans les intervalles de repos, le cavalier continue à s'exercer à sauter à cheval et à terre des deux côtés.

Tous les mouvements développés dans les leçons doivent être exécutés en tenant les rênes alternativement de la main gauche et de la main droite, et ils doivent être exécutés pendant autant de temps en travaillant à chaque main, pour que le cavalier s'habitue bien à lier son corps aux mouvements du cheval.

De même, chaque changement de direction doit être exécuté autant de fois en tenant les rênes de la main gauche qu'en les tenant de la main droite.

J'arrête là ce cours d'équitation. Tous les tours de force de la *voltige* n'apprendront rien de plus à l'homme qui veut savoir monter à cheval, et des leçons de ce genre sont plutôt destinées au personnel des cirques et des hippodromes qu'au véritable cavalier.

CHAPITRE XX

II. — ÉCOLE DE LA DAME.

Des vêtements de la dame. — De la selle de son cheval. — Cheval qu'elle doit monter. — Du cavalier qui doit l'accompagner. Progression des leçons.

Comme le cavalier, la dame prendra ses premières leçons dans le manège, et elle ne s'exercera au dehors, dans une plaine ou sur une route, que lorsqu'elle aura acquis l'habitude de conduire son cheval et possédera la parfaite connaissance de l'emploi des aides.

La dame devra porter des vêtements qui, sans exclure la grâce et une certaine coquetterie, ne devront pas cependant compromettre l'entière liberté de ses mouvements et la solidité de sa position à cheval.

L'amazone dont elle sera revêtue ne sera pas trop longue, pour ne gêner en rien les jambes du cheval, surtout dans les allures rapides ou par un grand vent : il faudra que les entournures des manches laissent un jeu aisé et complet aux bras pour les assouplissements que la dame devra exécuter dans la marche directe au pas, au trot et au galop.

Elle aura des sous-pieds à son pantalon.

La coiffure devra être légère et parfaitement fixée à

la tête, pour que la dame n'ait aucune appréhension à son sujet ; la plus commode est un chapeau rond de feutre retenu derrière les cheveux par un lien en caoutchouc. Les cheveux devront être roulés de façon à bien dégager le cou, à lui laisser toute sa liberté, toute son aisance, et à ne lui causer aucune irritation dans les allures vives, toutes choses futiles de prime abord, mais qu'il faut soigneusement noter, car elles détournent l'attention de la dame, et la portent à rectifier à tout instant, aux dépens de sa bonne position à cheval, l'économie de sa coiffure.

Les chaussures devront être fortes et montantes, pour que le cou-de-pied et le bas de la jambe n'éprouvent aucune douleur ni aucune gêne appréciable au contact de l'étrivière tendue.

La dame sera gantée, également pour éviter le contact parfois douloureux des arêtes des rênes.

Enfin, si elle porte un voile, ce dernier sera *court* et *très clair*.

Il sera *court* pour que le vent ne le chasse pas à droite et à gauche, contre le visage de la dame, ou dans les rênes ou dans son cou, ce qui provoquerait encore des soins à apporter au rajustement de la toilette.

Il sera *clair* pour que la dame, suffisamment garantie contre la poussière, puisse voir parfaitement son cheval et son chemin, et tirer tout le parti possible des leçons qu'elle va prendre.

La selle doit être munie d'une croupière et d'un surfaix de cuir fixé aux quartiers de façon à se boucler à droite, sur les sangles.

Par conséquent, ce n'est pas un surfaix proprement dit, ce sont des sangles en cuir ajoutant leur effet aux premières et consolidant l'immobilité que la selle doit avoir. Ce surfaix doit se boucler à droite parce que, à gauche, il pourrait blesser la jambe de la dame. L'étrivière doit être garnie d'un coussinet, pour annuler l'effet douloureux que pourrait avoir son contact sur la jambe.

Enfin, pour empêcher le cheval de s'armer contre le mors, on ajoutera à la gourmette une fausse-gourmette en cuir, passée dans l'anneau du milieu, et dont les extrémités se rattachent aux extrémités des branches.

Le cheval qu'elle montera devra être parfaitement dressé, doux, calme au milieu des autres chevaux, solide, surtout des jambes de devant. Il ne devra pas être ardent, remuant, criard, trop joueur. Ses allures devront être très douces, surtout le trot, et elles devront également être très franches.

La dame sera toujours accompagnée par un cavalier

connaissant bien le cheval et pouvant, dans les leçons, joindre aux principes des exemples corrects et irréprochables. Le cavalier, à cheval, se tiendra toujours à la droite de la dame, son cheval dépassant d'une tête celui de sa compagne, et marchant côte à côte avec ce dernier. Le cavalier devra tenir les rênes dans la main droite, afin que sa main gauche soit toujours prête à saisir les rênes du cheval de la dame et à le contenir s'il se défend, se cabre ou veut accélérer son allure.

Aux allures vives, le cavalier observera de maintenir celle de son cheval dans une limite moyenne, c'est-à-dire de ne pas le lancer complètement; car deux chevaux marchant côte à côte s'excitent l'un l'autre; si la dame est écuyère novice, son cheval, du trot, pourrait très facilement passer au galop.

C'est en vertu de ce précepte que, à l'allure du galop modéré pris par le cheval de la dame, le cavalier maintiendra le sien au trot allongé ou au grand trot, selon le cas, pour forcer celui de la dame à se maintenir franchement et régulièrement au galop, sans accélérer l'allure.

La dame étant toujours accompagnée d'un cavalier, je supprime la leçon AMENER SON CHEVAL SUR LE TERRAIN. C'est un palefrenier qui, au sortir de l'écurie, amène le cheval à l'entrée du manège et conduit également celui du cavalier.

Avant de monter à cheval, celui-ci s'assure que la selle et la bride du cheval de la dame sont correctement placées; que les sangles sont bien mises et suffisamment serrées, que rien ne manque au harnachement, que le cheval est propre, que ses pieds sont sains, et que les fourchettes ne contiennent aucun corps étranger pouvant plus tard occasionner des défenses ou une boiterie.

Il mettra alors la dame en selle et, montant lui-même promptement à cheval, il se tiendra à la droite de son élève pendant toute la leçon.

J'emploierai pour l'ÉCOLE DE LA DAME la même progression que pour l'ÉCOLE DU CAVALIER, *et je me servirai autant que possible des mêmes expressions, pour la facilité de la leçon.* Dans des ouvrages de ce genre, chaque mot a sa signification et sa portée particulières, *et il est extrêmement utile de démontrer un principe toujours par les mêmes termes.* Du reste tout est semblable dans les deux *Écoles;* les principes sont les mêmes, les progressions sont les mêmes; une seule chose varie : les *aides.* La dame n'ayant que la jambe gauche pour agir sur l'arrière-main, *la cravache remplace la jambe droite;* c'est là la différence la plus marquée, la seule véritable, la seule essentielle, dans l'économie des deux Écoles, et elle résulte de la position particulière de la dame à cheval.

PROGRESSION DES LEÇONS.

1re LEÇON.	Monter à cheval. — Position de la dame à cheval. — Descendre de cheval.
2e LEÇON.	Des aides. — De la cravache. — Rassembler son cheval.

TRAVAIL AU PAS.

3e LEÇON.	Porter le cheval en avant. — Marche directe au pas. — Arrêter le cheval. — Le remettre en marche.
4e LEÇON.	Changements de direction au pas. — Oblique à droite. — Oblique à gauche. — A droite. — A gauche. — Demi-tour à droite. — Demi-tour à gauche. — Appuyer à droite et à gauche.
5e LEÇON.	Marche circulaire. — Marche à main droite. — Marche à main gauche. — Changements de main sur le cercle. — Reculer. — Allonger le pas. — Passer du pas au trot et du trot au pas. — Arrêter.

TRAVAIL AU TROT.

6e LEÇON.	Marche directe au trot. — Arrêter le cheval. — Le remettre en marche au trot. — Arrêter.
7e LEÇON.	Changements de direction au trot. — Oblique à droite. — Oblique à gauche. — A droite. — A gauche. — Demi-tour à droite. — Demi-tour à gauche.
8e LEÇON.	Marche circulaire au trot. — Marcher à main droite. — Marcher à main gauche. — Changements de main sur le cercle.
9e LEÇON.	Allonger le trot. — Passer du trot au galop et du galop au trot. — Arrêter.

TRAVAIL AU GALOP.

10e LEÇON.	Marche directe au galop. — Arrêter le cheval. — Remettre le cheval au galop de pied ferme. — Arrêter.

<table>
<tr><td>11e LEÇON.</td><td>Changements de direction au galop. — Oblique à droite. — Oblique à gauche. — A droite. — A gauche. — Demi-tour à droite. — Demi-tour à gauche.</td></tr>
<tr><td>12e LEÇON.</td><td>Marche circulaire au galop. — Marcher à main droite. — Marcher à main gauche. — Changements de main sur le cercle. — Allonger le galop. — Galop de course.</td></tr>
<tr><td>13e LEÇON.</td><td>— Saut du fossé. — Saut de la barrière.</td></tr>
</table>

PREMIÈRE LEÇON.

Monter à cheval. — Position de la dame à cheval. — Descendre de cheval.

MONTER A CHEVAL.

Le cavalier se place du côté montoir, faisant face au côté opposé à la tête du cheval, son côté gauche contre l'épaule droite du cheval, les bras tombant naturellement, les mains croisées un peu au-dessus des genoux, le dos des mains en dessous, le corps légèrement incliné.

La dame se place du côté montoir, faisant presque face au cavalier, le corps légèrement tourné à droite, le côté droit un peu en arrière de l'étrier, le poids du corps portant sur le pied droit, la main droite, tenant la cravache et l'extrémité des rênes, appuyée sur le montant de gauche de la fourche de la selle, la main gauche sur l'épaule droite du cavalier (fig. 107), le pied gauche dans les mains croisées du cavalier.

Ayant assuré le corps dans cette position, elle appuie fortement les mains sur la fourche gauche de la selle et sur l'épaule du cavalier et s'élance, le corps droit. Au moment où elle arrive dans cette position le cavalier

Fig. 107.

se redresse, et relevant un peu les mains il aide la dame à arriver à une plus grande hauteur. En même temps la dame, s'appuyant sur la fourche gauche principalement, fait un à gauche et s'asseoit sur la selle. Elle passe immédiatement la main sur la fourche droite et engage la cuisse droite dans la fourche de la selle, ayant soin de lever assez le genou en le portant à droite pour qu'une notable quantité de l'étoffe de l'amazone y pénètre.

Le cavalier présente la pantoufle de l'étrier à son

pied gauche, qui s'y engage. Passant alors les rênes de
la bride dans la main gauche, la dame se sert de la
droite, en s'élevant sur l'étrier, pour ajuster les plis de
l'amazone et les disposer de façon à éviter au genou une
tension trop forte de l'étoffe, tension qui deviendrait
douloureuse dans le courant de la leçon. Passant ensuite
les rênes dans la main droite, elle ajuste les plis de

Fig. 108.

l'amazone sur la jambe gauche, reprend les rênes dans
la main gauche et les ajuste.

Pour ajuster les rênes, la dame en prend l'extrémité
avec la main droite, qu'elle élève à hauteur du front en
ouvrant la main gauche dans laquelle elles glissent. Le
petit doigt étant placé entre les deux rênes bien à plat,
la dame allonge le pouce sur la rêne de ce côté; puis, la
main placée à 8 ou 10 centimètres de distance du
corps et de la selle, les rênes assez courtes pour sentir

légèrement dans cette position l'appui du mors, la dame
ferme la main gauche, rejette les rênes sur la main, en
avant, et place son pouce sur la rêne extérieure, celle
qui est du côté du pouce (fig. 108).

Le cavalier monte à cheval.

POSITION DE LA DAME A CHEVAL.

La dame doit être, en selle, aussi commodément assise

Fig. 109.

que dans un fauteuil. Elle doit n'y éprouver aucune gêne,
aucune souffrance, aucun malaise (fig. 109).

Les fesses doivent être exactement placées sur le siège,
de chaque côté de la ligne médiane, et doivent se trouver le plus en avant possible, car elles servent de base,
de point de sustentation, à tout le corps, et elles doivent
être également chargées de tout son poids. En outre,

comme c'est précisément vers le garrot que les réactions des allures vives se font le moins sentir, il est essentiel pour la dame de chercher à s'établir le plus près possible de cette base de l'encolure.

La cuisse droite doit être engagée le plus en avant possible dans la fourche de la selle, de façon à en éprouver le contact le plus étendu. Le mollet doit se trouver à la hauteur du genou gauche. La cuisse gauche doit tomber naturellement et être tournée sur son plat, c'est-à-dire que la partie interne doit se mettre le plus possible en contact avec le quartier de la selle et bien embrasser le corps du cheval. De cette façon, la dame

ayant de larges et nombreux points de contact avec sa monture, il lui sera très facile de résister aux effets des réactions et de se lier complètement avec le cheval. Les cuisses doivent être complètement et toujours immobiles.

Le pli de la jambe gauche doit être dépourvu de raideur. Il doit être souple et liant, c'est-à-dire que la jambe doit pouvoir osciller librement autour de ce point de suspension et se porter, soit en avant, soit en arrière, avec la plus grande facilité.

La jambe gauche doit, par conséquent, tomber naturellement et sans raideur; il faut qu'elle soit perpendiculaire au sol; loin de la porter en avant, en cherchant l'appui de l'étrier, il est même préférable de la porter légèrement en arrière quand on se méfie de son cheval, pour pouvoir le sentir et se tenir prête à le rassembler et à le maintenir au moment où il va commettre une faute ou une méchanceté.

Le pied doit également être souple et sans raideur. Il s'engage dans la pantoufle de l'étrier sans en rechercher l'appui : il pose simplement sur la partie inférieure, par son propre poids.

Les reins doivent être soutenus; il ne faut pas que la dame s'abandonne à cheval, s'affaisse, s'accroupisse.

Le corps doit être droit, sans rigidité ; il doit être souple comme les reins, afin que la dame puisse se lier avec la plus grande facilité, inconsciemment même, à tous les mouvements du cheval. Si les reins sont raides, les réactions s'y font sentir avec violence ; au contraire, s'ils sont souples, ces réactions se transmettent facilement en ondulation, des fesses au haut du corps, et la dame n'est pas sujette à ressentir de ces à-coups douloureux dans les reins quand le cheval butte, ou quand il fait un écart, ou quand il a le trot dur. Du reste cette raideur compromet par cela même l'aplomb de la dame et sa solidité à cheval.

Les épaules doivent tomber naturellement, ainsi que les bras; la dame évitera de se pencher en avant et d'avancer les épaules; rien d'aussi disgracieux : les mouvements du bras en sont gênés, et la dame est alors portée à raccourcir les rênes. Dans cette situation, si le cheval *s'encapuchonne* ou *encense*, la dame peut être blessée ou entraînée en avant.

Pas de raideur non plus dans les bras. Ils doivent être entièrement libres de leurs mouvements pour faire face à tous les incidents qui pourraient se produire. Tel cheval qui tient le cou en cygne et dont la crinière est épaisse présente l'inconvénient d'inonder de ses crins la main de la dame. Si celle-ci, — surtout aux allures vives, — a une position défectueuse, si ses bras sont raides, si sa main s'ouvre hors de propos, les crins s'y engagent et dès lors l'effet du mors est paralysé ; et si ses bras ne recouvrent pas leur souplesse et leur liberté d'action, leur aisance, il lui sera impossible de dépêtrer ses rênes des nombreuses touffes de crins qui s'y sont mélangées. Pendant le temps qu'elle emploiera à hésiter, à chercher à se tirer d'embarras, le cheval pourra fort bien gagner à la main, prendre une allure encore plus vive, et il s'emportera enfin si la dame, maladroite et affolée, se cramponne à lui de la jambe gauche, et à la selle des mains.

Enfin la tête doit être bien d'aplomb sur les épaules, droite et aisée dans tous les mouvements. Le cou sera libre ; un col trop étroit ou trop haut ne devra pas en gêner les mouvements, et la respiration s'opérera facilement et largement. Sans déranger la position du corps, la dame doit pouvoir regarder à droite et à gauche avec la plus grande facilité. Elle doit, dans tous ces mouvements de tête, maintenir carrément les épaules, ne pas bouger le corps.

Plus tard, quand elle aura acquis l'habitude du cheval, elle pourra s'abandonner davantage, se tourner à demi, sans cependant que les fesses et les cuisses bougent en rien, saluer en s'inclinant à droite et à gauche, exécuter enfin tous les mouvements de la tête, des bras, et du haut du corps qu'elle pourrait faire, comme je l'ai dit plus haut, assise dans un fauteuil.

Pour cela, il faut qu'elle s'attache d'abord à bien observer les principes qui lui sont donnés. De mauvais commencements, les premières leçons mal comprises ou mal exécutées parce qu'elles causent momentanément de la gêne, créeront toujours des obstacles à l'aisance, à la sûreté, à l'élégance et à la solidité de la position de la dame à cheval.

L'étrier doit être assez bas pour que le pied puisse le chausser facilement sans que la dame soit obligée de remonter la jambe et de déranger la position de la cuisse. Il faut que, la jambe tombant naturellement, la dame n'ait seulement qu'à élever la pointe du pied et à la tourner en dedans pour trouver de suite l'étrier et le prendre. Du reste, un moyen bien simple et communément employé pour trouver la longueur nécessaire à l'étrivière est celui-ci. .

Avant de monter à cheval, la dame place le bout des doigts de la main gauche sur la mortaise ou la chappe porte-étrivière où pend l'étrivière, et, prenant l'étrier de la main droite, elle le tire à elle et le place sous l'aisselle gauche. L'étrivière a la longueur voulue si, le bras gauche étant parfaitement allongé dans la position que je viens d'indiquer, l'étrivière arrive au contact de l'aisselle.

D'un autre côté, étant à cheval, la dame peut s'assurer de la longueur normale de l'étrivière si, se dressant tout debout sur l'étrier, elle peut placer le poing entre elle et la selle.

J'ai dit que la main gauche tient les rênes, le petit doigt placé entre les deux rênes, le pouce allongé sur la deuxième phalange de l'index, maintenant l'extrémité des rênes sortant de son côté. Dans cette position, le coude doit être très peu détaché du corps, et la main doit se maintenir à 8 ou 10 centimètres au-dessus de la selle. Elle est à la même distance du corps de la dame, le dessus un peu incliné en avant.

La main droite doit tomber naturellement sur le côté. Elle tient la cravache, le pommeau en l'air, le fouet un peu en arrière, à distance du cheval.

DESCENDRE DE CHEVAL.

Le cavalier met pied à terre et vient prendre, près de l'étrier de la dame, la position que j'ai prescrite au commencement de l'article précédent, mais il ne croise pas ses mains, et il se prépare à aider la dame à descendre de cheval.

La dame dégage doucement, sans brusquerie, la

Fig. 110.

cuisse droite de la fourche de la selle et la rapporte à côté de la cuisse gauche. Elle déchausse ensuite l'étrier, puis, passant la cravache dans la main gauche qui tient les rênes, elle appuie cette main sur la branche gauche de la fourche, pendant qu'elle porte la main droite sur l'arrière de la selle. Elle se tourne alors, s'enlevant sur les poignets et faisant face au cheval. Ayant assuré le corps un instant dans cette position, elle se laisse glisser à terre pendant que le cavalier, placé derrière elle et un peu sur la gauche, soutient sa taille avec les deux mains (fig. 110).

Arrivée à terre, la dame fait un à-gauche, prend la rêne gauche avec la main droite, et se place à la tête du cheval en saisissant également la rêne droite.

Elle flattera ensuite le cheval sur l'encolure et l'épaule, lui parlera, le regardera dans les yeux tout en répétant ses caresses, et fera en un mot en sorte d'être connue de lui et de l'habituer au son de sa voix.

DEUXIÈME LEÇON.

Des aides. — De la cravache. — Rassembler son cheval.

DES AIDES.

L'action du mors, l'action de la jambe gauche, et l'action de la cravache, constituent ce qu'on appelle les AIDES.

Les aides sont les moyens que possède la dame pour conduire son cheval, lui transmettre sa volonté et la faire exécuter.

L'action des aides doit presque toujours être simultanée. Jamais les aides ne doivent se contrarier.

Ainsi, lorsque la jambe et la cravache sollicitent le cheval pour le déterminer à se porter en avant, il ne faut pas que leur effet soit contrarié par celui du mors et que l'appui de celui-ci sollicite le cheval à s'arrêter ou à reculer. C'est élémentaire. Cependant beaucoup de dames paraissent ignorer ces premiers principes et, quand elles veulent partir au galop de pied ferme, elles tirent fortement sur les rênes, tout en appuyant la cravache et en fermant vigoureusement la jambe.

Nous allons étudier la façon dont on doit employer ces moyens de se faire comprendre et obéir par le cheval.

La dame étant dans une position correcte à cheval, la main de la bride bien placée, la jambe gauche tombant naturellement, la main droite, tenant la cravache, à hauteur de la main gauche, le bout de la cravache en bas, en face de l'épaule du cheval, sans le toucher, si elle baisse un peu la main en l'avançant légèrement, en fermant doucement la jambe derrière la sangle et en appuyant doucement la cravache à l'épaule du cheval, sans à-coup ni choc, le cheval se portera en avant, au pas.

Si elle porte la main un peu en avant et à droite, en faisant sentir la cravache à l'épaule, le cheval tournera à droite.

Si elle porte la main un peu en avant et à gauche en fermant la jambe gauche, le cheval tournera à gauche.

Pour déterminer son cheval à marcher en avant et à tourner ensuite à droite, toujours en marchant, la dame *rendra la main,* c'est-à-dire portera la main en avant en l'abaissant un peu, elle fermera la jambe gauche et appuiera la cravache à l'épaule droite du cheval.

Le cheval étant en marche, elle portera la main en avant et à droite, en maintenant près la jambe gauche, mais en appuyant la cravache plus fortement pour le faire tourner à droite. Suivant le degré de sensibilité du cheval, elle appuiera la cravache au flanc droit pour mieux le déterminer à ranger les hanches.

Pour déterminer son cheval à marcher en avant et à tourner à gauche, la dame commencera le mouvement comme il est dit ci-dessus. Le cheval se portant en avant, elle portera la main en avant et à gauche, en maintenant légèrement le contact de la cravache à l'épaule, mais en appuyant plus fortement la jambe gauche.

Pour empêcher le cheval de s'arrêter quand il a exécuté son mouvement à droite ou à gauche, la dame replace la main au milieu du corps, en *sentant* à peine la tension des rênes, c'est-à-dire *l'appui du mors* dans la bouche du cheval, et elle exerce, avec la jambe gauche et la cravache, une pression égale sur le flanc gauche et l'épaule droite du cheval. L'animal ayant pris une allure aisée et franche, exempte de velléités d'arrêt, la dame replace la jambe et la cravache par degrés.

Quand le cheval a exécuté son mouvement à droite ou à gauche, pour l'arrêter dans la nouvelle direction qu'il a prise, la dame élève lentement la main en la rapprochant du corps *et elle tient la jambe gauche et la cravache près*, pour empêcher le cheval de reculer après s'être arrêté.

Il faut que ce mouvement de la main de la bride soit doux, souple, exempt de brusquerie et de rudesse, et s'étende successivement du poignet à l'épaule.

En augmentant l'effet des rênes, de la jambe gauche et de la cravache, on fait reculer le cheval; mais dans ce mouvement, la jambe et la cravache maintiennent seulement les hanches.

Quand le cheval refuse d'obéir et se défend contre les aides, ce qui doit être fort rare, *puisque le cheval d'une dame doit être toujours choisi tout particulièrement parmi les plus obéissants et les plus doux*, la dame ne doit jamais lui céder, ce serait une faute dont les conséquences pourraient se faire longtemps sentir.

Tels chevaux qui, à certains endroits de la route, se sont défendus et ont obligé la dame à leur céder, se défendent au même endroit et encore avec plus de ténacité que la première fois. Ils sont convaincus de la faiblesse ou de l'insouciance de la personne qui les monte et, en enfants capricieux, méchants ou volontaires, ils lui imposeront derechef leur volonté.

Quand le cheval, étant au repos, n'obéit pas aux aides et refuse de se porter en avant, la dame doit lui parler doucement, le flatter, puis, un moment après, rendre encore la main, fermer la jambe gauche et appuyer la cravache au flanc droit, derrière les sangles, plus fortement que la première fois.

S'il résiste encore, la dame replacera la main et la jambe, les rênes bien ajustées; elle s'asseoira bien en selle, parlera de nouveau à son cheval, le caressera, prendra de la main droite les rênes du filet, jouera alternativement avec les rênes du mors et celles du filet, de façon à rafraîchir la bouche du cheval et à assouplir son encolure en lui faisant goûter le mors de la bride. Elle lui fait faire, avec le filet, des mouvements de tête à droite et à gauche et continue le même exercice pendant quelque temps pour distraire le cheval et diminuer son entêtement; puis, prenant les rênes de la bride, élevant la main, déchaussant l'étrier, elle ferme vivement la jambe gauche et appuie vigoureusement la cravache contre le flanc droit, sans frapper cependant. En même temps elle rend la main en prononçant quelques mots brefs et sonores.

Si cette fois encore le cheval n'obéissait pas, il faudrait recommencer le même manège, moins longtemps cependant, et porter ensuite le cheval en avant. Si la dame rencontre une résistance complète, elle devra châtier le cheval avec la cravache comme je l'expliquerai tout à l'heure.

Le cheval ayant obéi, replacer la jambe et les mains par degrés, et ajuster les rênes.

Si, au lieu d'avancer, le cheval continue à résister aux aides et même *recule*, la dame aura bien soin de ne pas s'opposer à ce mouvement. Au contraire; elle élèvera la main en la rapprochant du haut du corps et, faisant fortement sentir au cheval l'appui du mors en rendant un peu la main de temps en temps, elle déterminera elle-même un recul plus franc et plus accéléré dont elle réglera la direction en fermant la jambe gauche ou en mettant la cravache au flanc droit, selon le côté vers lequel le cheval dirige les hanches. Quand le cheval voudra ralentir le recul et même s'arrêter, la dame appuiera encore davantage sur le mors, le haut du corps en arrière, les jambes près, pour forcer l'animal à reculer; elle lui fera parcourir ainsi un des côtés du manège, et ne cessera d'ailleurs que lorsqu'elle sentira que l'encolure devient lourde à la main, que les jambes du cheval sont molles et que ce n'est plus de la désobéissance, mais de la fatigue, qui cause le ralentissement de la reculade.

Alors, elle arrêtera le cheval, le flattera de la main, le calmera, et lui accordera un repos d'une minute à peine; moins, si c'est possible. Il faut en effet que la dame juge, par la *tenue* du cheval, de l'état particulier dans lequel il se trouve. Si, après cette leçon de savoir-vivre, le cheval *s'ébroue*, c'est-à-dire secoue la tête et souffle bruyamment pour se moucher, et si cet ébrouement est prolongé, il ne faut pas l'interrompre. Le cheval a complètement oublié quels furent les préliminaires fantaisistes de la reculade à laquelle il vient d'être soumis; il ignore actuellement que c'est sa désobéissance qui a porté la dame à continuer un mouvement choisi par lui-même, et il est tout entier au bien-être que lui cause le moment de repos qui lui est accordé; mais, après ce moment de soulagement, la dame, tout en le flattant de la voix, ajuste les rênes, rassemble le cheval, et le porte vivement en avant en fermant la jambe gauche et en mettant nettement la cravache au flanc droit. C'est alors que le cheval se souviendra de la reculade qu'il avait voulu entamer tout à l'heure et du résultat qu'elle a produit, et il se portera enfin droit devant lui.

La dame ne doit jamais oublier ceci : la volonté du cheval est presque toujours bestiale et non raisonnée.

Par conséquent, avec de la ténacité et un emploi judicieux des aides, elle aura toujours raison de ses défenses, de sa désobéissance et de son entêtement.

Si, au lieu de tourner à gauche, le cheval veut tourner à droite, la dame le maintiendra dans ce mouvement et le fera tourner ainsi une dizaine de fois sur
lui-même; s'il veut tourner à gauche quand elle le détermine à droite, elle lui fera faire une dizaine de tours
à gauche. De cette façon, le cheval voyant et comprenant que la désobéissance tourne à son désavantage,
finira par exécuter la volonté de la dame.

Cependant, si la dame rencontrait un cheval semblable, chez lequel ces défauts sont habituels, elle devrait complètement le quitter. En effet, la dame n'a
réellement que deux aides, le mors et la jambe gauche ;
elle n'a pas l'éperon habituellement, *quoique aujourd'hui
plusieurs dames le portent*, et il lui est impossible de
tenir et de maintenir son cheval comme le fait le cavalier avec ses deux jambes ; il ne lui serait pas possible
de continuer dans ce cas des leçons profitables, et ses
promenades ne seraient pas sans danger.

Au cas où le cheval, surexcité et entrant subitement
en fureur, ou bien s'affolant, s'emporte et part à fond
de train droit devant lui, la dame doit conserver tout
son sang-froid, toute sa présence d'esprit, la plénitude
de ses moyens d'action, et surtout ne se créer aucune
inquiétude sur les conséquences de cette course insensée.

Elle évitera d'abord soigneusement d'irriter le cheval
et de compléter son affolement par des saccades du mors.
Mais elle lui fera légèrement sentir le mors, le filet, élèvera la main, la rapprochera du haut du corps, rendra
la main, jouera avec les rênes, de façon à faire comprendre au cheval qu'il n'est pas abandonné et *que l'on
n'a aucune inquiétude sur les résultats de son allure;* puis,
se liant exactement à tous ses mouvements, surveillant

bien ses oreilles, se tenant en garde contre les arrêts brusques ou les écarts subits que l'animal pourrait faire, la dame dirigera sa course fantaisiste, et, s'il se trouve à proximité un terrain labouré, elle l'y engagera. Quand l'animal commencera à ralentir l'allure, la dame fermera la jambe gauche, mettra la cravache au flanc droit, rendra la main, et le forcera ainsi à conserver la même vitesse. Bientôt la lassitudu arrivera et le cheval voudra encore ralentir l'allure. La dame saisira ce moment pour le déterminer à faire un demi-tour à gauche ou à droite, aussi allongé que possible, puis elle reprendra en sens inverse la direction et le chemin que l'animal indocile a parcourus, et elle l'y engagera à fond de train, en se servant au besoin du châtiment de la cravache pour l'y contraindre.

Au moment d'arriver au point de départ, la dame ralentira l'allure, élèvera doucement la main de la bride, tiendra la jambe et la cravache près, et arrêtera le cheval.

Elle lui laissera à peine le temps de s'ébrouer, et elle le portera de nouveau en avant. Cette fois, le cheval ne résiste plus. Il est maté, dompté, réduit, et il obéit franchement et promptement aux aides qui le sollicitent.

Si, au moment où le cheval *s'emballe*, la dame n'est pas seule, si son cavalier est avec elle, celui-ci prendra immédiatement le galop, toujours à droite, réglera son allure sur celle du cheval de la dame, et fera tous ses efforts pour saisir ce dernier par la rêne droite. Aussitôt qu'il le pourra il ralentira le galop et fera exécuter un à droite au cheval ; puis il lui fera parcourir un cercle de plus en plus étroit et enfin le montera.

Pour rentrer à l'écurie, il le surveillera attentivement, le cheval étant tout surexcité et très disposé à s'effrayer et à s'emporter encore.

DE LA CRAVACHE.

Dans les mains de la dame, la cravache est une *aide* et un *châtiment*.

Comme *aide*, la cravache remplace la jambe droite,

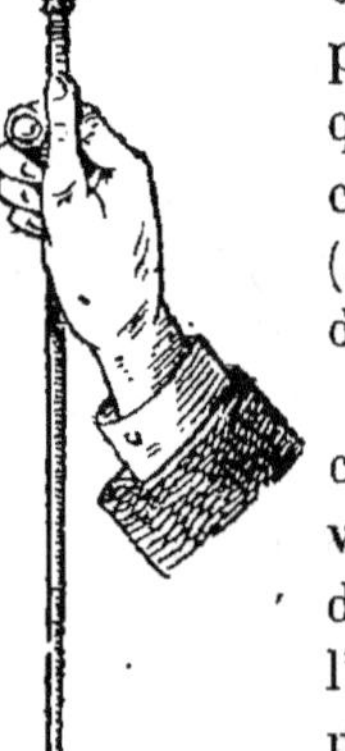

Fig. 111.

repliée dans la fourche de la selle. La dame la tient dans la main droite, le pommeau dépassant le pouce de quelques centimètres, ce dernier allongé contre la cravache, le fouet en bas (**fig. 111**), la cravache dirigée le long de l'épaule du cheval, sans la toucher.

Quand la dame veut déterminer le cheval en avant, elle *appuie* la cravache, *sans frapper*, le long de l'épaule du cheval. Dans les mouvements où l'accélération de l'allure doit être prompte, ou lorsque la sensibilité du cheval est émoussée, la dame porte la cravache sur le flanc droit, *sans frapper* et en multipliant autant que possible les points de contact.

Comme *châtiment*, la dame emploiera la cravache pour frapper de petits coups sur l'épaule droite ou le flanc droit en tenant la cravache comme l'indique la figure 111; mais si le cheval persiste à se défendre, et refuse opiniâtrément d'obéir, la dame prendra la cravache comme se prend un fouet, et elle cinglera vigoureusement l'une et l'autre épaule alternativement, en tenant la main de la bride haute et ferme, la jambe gauche près; si le cheval n'obéit pas, le même châtiment s'appliquera à l'un et à l'autre flanc.

Quand le cheval de la dame la met dans la nécessité de le châtier, il ne faut jamais que le cavalier se charge lui-même de cette correction ; il laissera faire la dame, se bornant à surveiller le cheval, et à le saisir au besoin par la rêne s'il se cabrait ou ruait assez fortement pour compromettre la sécurité de la novice écuyère ; mais le cheval doit savoir qu'il est châtié par la personne même qui le monte, lui commande, *et à laquelle il désobéit.*

La dame devra se méfier de sa monture si elle est irritable de la croupe ; frapper la croupe avec la cravache serait dans ce cas déterminer l'animal à ruer, habitude qu'il faut s'attacher à lui faire perdre plutôt que de lui fournir les occasions de la manifester ou de la contracter. C'est d'ailleurs sur les flancs seulement que l'action de la cravache doit se faire sentir en arrière.

La cravache sera légère, quoique possédant une certaine masse ; flexible sans exagération, et d'une grande solidité.

RASSEMBLER SON CHEVAL.

Ma lectrice a remarqué que, toutes les fois que j'ai parlé d'un changement d'allures, j'ai recommandé d'élever la main de la bride en la rapprochant du corps de manière à sentir l'appui du mors. Cette précaution est nécessaire pour avertir le cheval qu'on va lui commander un mouvement ; cela éveille son attention et le fait se tenir sur ses gardes.

Pendant l'exécution de ce mouvement de la main, j'ai aussi toujours recommandé de tenir la jambe gauche près et la cravache en léger, très léger contact avec l'épaule droite.

On appelle cela : RASSEMBLER SON CHEVAL.

Pour rassembler son cheval, la dame *élève* donc *la main de la bride en la rapprochant du corps, et elle tient la jambe gauche et la cravache près.*

Au repos, dès que le cheval est *rassemblé*, il commence à faire quelques petits mouvements particuliers des épaules, des hanches et de la tête.

Si la jambe et la cravache seules agissaient, il se porterait en avant; si la bride seule agissait, il se porterait en arrière. Les deux sortes d'aides agissant ensemble, c'est absolument comme s'il reculait de l'avant-main et avançait de l'arrière-main ; *il se rassemble sous lui,* pour ainsi dire; il est prêt à faire ce qui va lui être commandé et à se porter indifféremment en avant ou en arrière, à droite ou à gauche, au pas, au trot ou au galop, selon la volonté de la dame qui le monte.

CHAPITRE XXI

TRAVAIL AU PAS

TROISIÈME LEÇON

Porter son cheval en avant. Marche directe au pas. — Arrêter le cheval. Le remettre en marche.

Le cavalier se tiendra, comme je l'ai déjà dit, à la droite de la dame, son cheval dépassant le sien d'une tête à peu près.

La dame étant à cheval dans la position prescrite à la première *leçon* (page 372), elle rassemblera son cheval, doucement et sans brusquerie, faisant attention que le poignet de la main de la bride soit souple, et que le mouvement en arrière et en haut de ce poignet s'étende de la main à l'épaule, sans à-coup. La jambe gauche devra être près du cheval, le pli du genou très liant, sans cependant que le jarret fasse sentir derrière les sangles un contact trop prononcé ; la cravache arrivera presque au contact de l'épaule droite.

Le cheval ayant manifesté par les mouvements légers des épaules et des jambes dont j'ai déjà parlé l'attention qu'il prête aux avertissements de la dame, celle-ci baissera la main de la bride, fermera complètement

22.

la jambe gauche, appuiera la cravache à l'épaule droite du cheval, et ce dernier se portera en avant.

Dès que son allure sera franche, replacer la main, la jambe et la cravache par degrés.

MARCHE DIRECTE AU PAS.

Le cheval étant en marche, la dame s'attachera à bien rectifier la position des fesses et de la cuisse droite, qu'elle tiendra toujours engagée le plus en avant possible dans la fourche de la selle, de façon à bien en sentir l'étreinte et le contact ; elle aura les reins parfaitement souples, les épaules dégagées, la cuisse gauche bien à plat sur le quartier de la selle, la jambe tombant naturellement, le mollet droit à la hauteur du genou gauche, le pli du genou gauche très liant (fig. 109).

Le haut du corps sera relevé, et non ramassé sur les reins, ce qui leur enlèverait de leur souplesse ; la tête droite, sans être gênée en rien ; le cou libre ; le bras droit tombant le long du corps par son propre poids, ou bien relevé, la main tenant la cravache se trouvant à hauteur de la main gauche et à égale distance du corps.

A l'aide de légers mouvements du petit doigt de la main de la bride, la dame jouera souvent et doucement avec les rênes, de façon à faire *goûter* le mors au cheval et à tenir continuellement son attention en éveil. Elle le flattera de la voix.

Elle tournera souvent la tête à droite et à gauche, sans déranger la position du corps. Elle cherchera à la tourner le plus en arrière possible, à droite et à gauche alternativement. Sans déranger le haut du corps, elle inclinera la tête à droite et à gauche, de manière à bien voir les pieds de son cheval.

Elle lèvera le bras droit en l'air, perpendiculairement ; elle l'étendra horizontalement, en avant et à droite, puis elle le fera tourner d'avant en arrière et d'arrière en avant, en évitant que son corps ne soit impressionné de ces mouvements violents de moulinet, et que la jambe gauche surtout n'en éprouve le moindre dé-placement.

Elle saisira ensuite les rênes de la main droite, les *ajustera* (fig. 108), en tenant la jambe gauche et la cravache près, puis elle exécutera avec le bras gauche tous les *assouplissements* qu'elle a exécutés avec le bras droit, en observant toujours de ne déranger en quoi que ce soit la position du corps et de la jambe gauche.

Après avoir fait quelque temps les assouplissements de la tête et des bras, elle passera à ceux du pied et de la jambe.

A cet effet, elle déchaussera l'étrier, et cherchera à le reprendre de la pointe du pied sans tourner la tête à gauche et sans y porter ses regards.

Puis, l'étrier déchaussé, et conservant toujours la cuisse gauche dans la même position, sans remonter ni abaisser le genou, elle portera la jambe le plus en arrière possible, puis alternativement en arrière et en avant, plusieurs fois de suite, en évitant de toucher le cheval, ce qui accélérerait son allure. Elle pliera ensuite sa jambe en arrière de façon à pouvoir saisir le talon avec la main gauche, sans pencher le corps en arrière ni le tourner à gauche.

Elle fera ensuite les assouplissements des deux bras à la fois, conservant toujours le corps droit et les reins souples. Chaque quart d'heure ou chaque vingt minutes, la dame arrêtera le cheval pour lui faire prendre un peu de repos et le laisser s'ébrouer, et elle le fera de la manière suivante :

ARRÊTER LE CHEVAL.

La dame s'asseoira bien en selle, les fesses en avant, grandira le haut du corps en le portant légèrement en arrière, élèvera la main de la bride en la rapprochant du corps, et tiendra la jambe gauche et la cravache près.

Dès que le cheval aura obéi, elle replacera les mains et la jambe par degrés, puis flattera le cheval et le caressera.

REMETTRE LE CHEVAL EN MARCHE.

Pour reporter son cheval en avant, la dame, ayant ajusté les rênes, le rassemblera, puis, fermant la jambe gauche et appuyant la cravache à l'épaule droite, comme il a été expliqué plus haut, elle les replacera, ainsi que les mains, dès que le cheval aura obéi.

Le cavalier marchera à la droite de la dame, lui expliquant les propriétés particulières des aides ; de temps en temps, pendant le travail, c'est-à-dire toutes les demi-heures si la leçon doit durer deux heures, et au milieu de la leçon seulement si elle doit durer une heure ou une heure et demie, la dame mettra pied à terre pour se soulager et soulager son cheval.

QUATRIÈME LEÇON

Changements de direction au pas. — Oblique à droite. — Oblique à gauche. — A droite. — A gauche. — Demi-tour à droite. — Demi-tour à gauche. — Appuyer à droite ou à gauche.

CHANGEMENTS DE DIRECTION AU PAS.

OBLIQUE A DROITE.

La dame commencera à exécuter ce mouvement de pied ferme, pour bien se pénétrer de son mécanisme.

Elle rassemblera son cheval, celui-ci étant de pied ferme, c'est-à-dire au repos. Puis, dirigeant la main de la bride légèrement à droite et en avant, elle portera la cravache contre le flanc droit, tout en soutenant un peu le flanc opposé avec la jambe gauche pour ne pas forcer le mouvement d'obliquité. Ce dernier sera terminé lorsque le cheval aura pris une direction intermédiaire entre celle qu'il avait d'abord, et une direction perpendiculaire à droite. Par conséquent, la dame fait exécuter au cheval un angle de 45 degrés, et quand il a pris la nouvelle direction, elle l'arrête.

Étant au pas, la dame exécute le même mouvement, mais au lieu d'arrêter le cheval quand le mouvement est terminé, elle tient la jambe gauche et la cravache près, celle-ci à l'épaule, rend la main, et maintient le cheval au pas dans la nouvelle direction.

En exécutant ces mouvements la dame doit employer franchement les aides et surtout se servir de la jambe gauche plus fortement que de la cravache quand elle veut tourner à gauche, et de la cravache, sur le flanc ou l'épaule plus fortement que de la jambe, quand elle veut tourner à droite. L'aide du côté opposé agit aussi, mais moins fortement, pour contenir le cheval.

Quand le mouvement est terminé, les aides agissent avec la même intensité, puis la jambe et les mains se replacent par degrés lorsque le cheval a pris une allure bien franche.

OBLIQUE A GAUCHE.

La dame commence à exécuter ce mouvement de pied ferme pour bien se pénétrer de son mécanisme.

Elle rassemble d'abord son cheval, celui-ci étant au repos. Puis, portant la main de la bride légèrement à gauche et en avant, elle ferme un peu la jambe gauche, tout en soutenant un peu le flanc opposé avec la cravache pour ne pas forcer le mouvement d'obliquité.

Ce dernier est terminé quand le cheval a pris une direction intermédiaire entre celle qu'il avait d'abord

et une direction perpendiculaire, à gauche. Par conséquent, la dame fait exécuter à son cheval un angle de
45 degrés, et elle l'arrête quand il a pris la nouvelle
direction.

Étant au pas, la dame exécute le même mouvement;
mais, loin d'arrêter le cheval quand il est terminé,
elle tient la jambe gauche et la cravache près, surtout
la cravache, rend la main, et maintient le cheval au
pas dans la nouvelle direction.

Pendant la leçon, la dame exécutera souvent ces
mouvements pour se rendre bien maîtresse de son
cheval et se familiariser avec l'usage de la bride, de la
jambe gauche et de la cravache. Elle entremêlera ces
exercices des mouvements déjà détaillés : *arrêter le
cheval* et *le remettre en marche*.

Tous ces mouvements, comme d'ailleurs ceux qui vont
suivre, seront faits par la dame, le cavalier étant à sa
droite et les exécutant lui-même en lui en démontrant
le mécanisme; mais ils seront ensuite exécutés par
elle seule, et, pour cela, le cavalier la quittera et vien-
dra se placer au milieu du manège.

A cet effet, la dame et lui étant en marche sur la
piste, *à main droite*, le cavalier fera un à-droite et ira
directement au milieu du manège; s'ils marchent à
main gauche, le cavalier ralentira l'allure, se laissera
dépasser par la dame, fera un à-gauche, et ira directement se placer au milieu du manège. Pendant que le
cavalier ralentit son allure ou lorsque, marchant à main
droite, il fait immédiatement un à-droite pour s'éloigner,
le cheval de la dame a de la tendance à ralentir l'allure,
lui aussi, ou à suivre son compagnon : la dame devra le
rassembler, au moment où le cavalier rassemble le sien,
et, quand celui-ci s'éloignera, elle tiendra la jambe et
la cravache près pour que son cheval ne ralentisse pas
l'allure et ne change pas de direction.

A DROITE.

Ce mouvement s'exécute comme *l'oblique à droite :* mais la dame, au lieu d'arrêter le cheval dans son mouvement d'obliquité quand il a tourné de 45 degrés, lui fait faire un angle droit complet avec la direction qu'il suivait d'abord.

A cet effet, la dame, marchant au pas, rassemble son cheval sans ralentir l'allure. Elle porte ensuite la main en avant et à droite, en appuyant la cravache au flanc droit du cheval et en soutenant un peu de la jambe gauche, et elle fait ainsi parcourir au cheval un arc de cercle de *trois pas.* Quand le cheval est dans une direction perpendiculaire à celle qu'il suivait précédemment, la dame replace la main et la jambe par degrés, la jambe et la cravache après la main pour maintenir franchement le cheval dans la même direction.

A GAUCHE.

Ce mouvement s'exécute comme l'oblique à gauche. Mais la dame, au lieu d'arrêter le cheval dans son mouvement d'obliquité quand il a tourné de 45 degrés, lui fait faire un angle droit complet avec la direction qu'il suivait d'abord.

A cet effet, la dame, marchant au pas, rassemble son cheval sans ralentir l'allure. Elle porte ensuite la main en avant et à gauche, en fermant la jambe gauche, et en soutenant un peu de la cravache au flanc droit, et elle fait ainsi parcourir au cheval un arc de cercle de *trois pas.* Quand le cheval est dans une direction perpendiculaire à celle qu'il suivait d'abord, la dame replace la main et la jambe par degrés, en ayant soin toutefois de tenir un instant la jambe et la cravache près pour que le cheval entame franchement la nouvelle direction sans ralentissement dans l'allure.

DEMI-TOUR A DROITE.

La dame étant en marche rassemble son cheval, et, suivant les principes donnés pour *l'à-droite*, elle détermine son cheval sur une demi-circonférence d'une longueur de *six pas*, au lieu de *trois*. Arrivé à l'autre extrémité de cette demi-circonférence le cheval doit être tourné dans une direction exactement opposée à celle qu'il suivait d'abord.

A ce moment, la dame soutient plus fortement de la jambe pour empêcher le cheval de forcer l'obliquité; elle replace la main de la bride, tient encore la jambe et la cravache près pour que le cheval entame franchement la nouvelle marche, et elle les replace ensuite par degrés dès qu'il a obéi.

DEMI-TOUR A GAUCHE.

La dame étant en marche rassemble son cheval et, suivant les principes donnés pour *l'à-gauche*, elle détermine son cheval sur une demi-circonférence d'une longueur de *six pas*, au lieu de *trois*. Arrivé à l'autre extrémité de cette demi-circonférence, le cheval doit être tourné dans une direction exactement opposée à celle qu'il suivait d'abord.

A ce moment, la dame soutient plus fortement de la cravache, appliquée au flanc droit, pour empêcher le cheval de forcer le mouvement; elle replace la main de la bride, tient encore la jambe et la cravache près pour que le cheval entame franchement la marche dans la nouvelle direction, et elle les replace ensuite par degrés, dès qu'il a obéi.

APPUYER A DROITE OU A GAUCHE.

La dame rassemblera son cheval, tenant les rênes de la bride de la main gauche et les rênes du filet de la main droite, et elle portera les deux mains légèrement à droite, de façon à déterminer de ce côté les épaules de son cheval.

Puis elle fermera la jambe derrière les sangles en continuant le mouvement des mains, et le cheval appuiera à droite, c'est-à-dire se transportera de gauche à droite, parallèlement à lui-même, sans avancer ni reculer. La dame aura bien soin de s'asseoir carrément en selle, le corps droit et les reins bien souples. Elle évitera, en exécutant cet exercice, d'exiger du cheval un mouvement latéral absolument régulier par rapport aux épaules et aux hanches; ce n'est que lorsqu'elle sera absolument maîtresse de ses aides et de son cheval, — et à la condition que celui-ci soit très fin et très sensible aux aides, — qu'elle pourra lui demander cela. La dame devra donc se borner dans les commencements à déterminer tout d'abord à droite les épaules de son cheval et à faire suivre ensuite les hanches : elle appuiera ainsi à droite dans une position légèrement oblique. Plus tard le cheval se transportera de gauche à droite dans une position rigoureusement parallèle à lui-même.

La dame devra *arréter et rendre* continuellement pendant ce mouvement, c'est-à-dire rendre la main et faire alternativement sentir l'effet du mors.

Si, en exécutant ce mouvement, le cheval veut trop porter les épaules à droite, la dame fermera davantage la jambe et portera la main un peu à gauche ou vers le milieu du corps; elle tiendra en même temps la cravache près et elle rendra la main pour empêcher le cheval de reculer; si au contraire le cheval tendait à avancer, elle élèverait la main en la rapprochant du corps.

Si le cheval avait des tendances à ranger les hanches plus qu'il ne faudrait, c'est-à-dire si, en appuyant, ses hanches avançaient à droite plus vite que les épaules, la dame appuierait la cravache plus ou moins fortement au flanc droit, derrière les sangles, en relâchant un peu la jambe, et elle accentuerait davantage l'effet des rênes.

Au bout de quelques pas dans l'*appuyer à droite*, la dame replace la main, tient la jambe et la cravache près, redresse son cheval, l'arrête de la voix et de la main, et le laisse quelque temps au repos.

Puis elle *appuie à gauche* suivant les mêmes principes et par les moyens inverses.

Tous ces exercices sont faits en premier lieu par le cavalier, seul, devant la dame, afin qu'elle en comprenne bien le mécanisme. Puis ils sont exécutés par elle et le cavalier, marchant côte à côte, et enfin par la dame seule, *le cavalier se plaçant au milieu du manège.*

CINQUIÈME LEÇON

MARCHE CIRCULAIRE.

MARCHER A MAIN DROITE.

Le cheval étant au pas et marchant droit devant lui, la dame ajustera les rênes et le rassemblera, sans ralentir son allure. Elle le déterminera ensuite, d'après les principes posés pour le *demi-tour à droite*, à marcher sur un cercle de 10 ou 15 mètres de diamètre.

Quand la dame exécute ce cercle, *à droite*, elle MARCHE A MAIN DROITE; quand elle l'exécute en tournant à gauche, elle MARCHE A MAIN GAUCHE.

Pour marcher *en cercle à droite*, la dame porte légèrement la main de la bride à droite et appuie la cravache au flanc. De cette façon, elle détermine les épaules du cheval vers la droite et range ses hanches vers la gauche. En même temps elle fait légèrement sentir la jambe gauche pour empêcher le cheval de faire un *à-droite* ou un *oblique à droite* complet, et elle le maintient ainsi sur le cercle fictif que trace son œil sur le terrain, de manière que les hanches du cheval passent toujours par où ont passé les épaules, et que son corps soit ployé suivant la circonférence du cercle parcouru.

Elle aura le plus grand soin de combiner judicieusement l'emploi de la main, de la jambe et de la cravache, car le cheval, au lieu de tourner, pourrait *appuyer* seulement, et ce ne serait plus alors une marche circulaire.

Dans cet exercice, la dame doit toujours rester parfaitement liée à tous les mouvements de son cheval, conserver son aplomb, s'asseoir carrément en selle, ne pas refuser *l'épaule du dehors*, c'est-à-dire l'épaule gauche, en marchant à main droite, ni pencher le corps à droite ou à gauche, toutes choses qui contrarient les aides, embarrassent et troublent le cheval et sont un obstacle continuel à la parfaite exécution de l'exercice.

Si le cheval veut tourner trop promptement et *raccourcir le cercle*, la dame portera la main en *dehors du cercle*, à gauche, tout en tenant la jambe et la cravache près, surtout la cravache, pour empêcher l'excès contraire, c'est-à-dire la sortie du cercle. Si au contraire le cheval tendait à suivre une direction rectiligne plutôt qu'une direction circulaire, s'il voulait en un mot *agrandir le cercle*, la dame emploierait les moyens opposés : elle porterait la main en dedans en tenant la jambe, et surtout la cravache, près.

Au bout de trois ou quatre tours sur le cercle, la dame redresse son cheval en le rassemblant d'abord, et elle entame la marche directe le long des côtés du manège.

Arrivée vers le milieu de l'un des grands côtés, elle entame la marche circulaire à gauche, et *marche à main gauche*.

MARCHER A MAIN GAUCHE.

A cet effet, la dame porte légèrement la main à gauche et appuie la jambe. De cette façon elle détermine les épaules de son cheval vers la gauche et range les hanches vers la droite. En même temps elle fait légèrement sentir l'appui de la cravache au flanc droit pour empêcher le cheval de faire un *à-gauche* ou un *oblique à gauche* complet, et elle le maintient ainsi sur le cercle fictif que trace son œil sur le terrain, de manière que les hanches du cheval passent toujours par l'endroit où les épaules sont passées.

En exécutant la marche circulaire à main droite et à main gauche, tout en maintenant le cheval sur le cercle, la dame doit faire sentir le mors, jouer avec les rênes, lever légèrement le poignet et rendre la main alternativement, et observer la rigoureuse concordance de l'action de la jambe et de la cravache avec celle du mors; puis elle déterminera son cheval sur une ligne droite, rejoindra l'un des côtés du manège et continuera pendant quelque temps la marche directe, rendant la bride à son cheval pour lui permettre de s'ébrouer, d'assouplir et d'allonger son encolure, et de se soulager à son aise de la contrainte qui vient de lui être imposée.

CHANGEMENT DE MAIN SUR LE CERCLE.

Quand la dame saura bien marcher à main droite et à main gauche sur le cercle, le cavalier instructeur la fera marcher alternativement à ces deux mains sans la faire passer d'abord par la marche directe intermédiaire, comme je l'ai prescrit ci-dessus.

A cet effet, il exécutera lui-même, seul, la dame se tenant à cheval à l'une des extrémités du manège, la leçon prescrite à la page 322 de l'*École du cavalier*.

Puis la dame le rejoindra, et ils entameront ensemble

la marche circulaire et les changements de main sur le cercle.

Marchant à main droite, la dame portera franchement son cheval à droite, *suivant un diamètre du cercle qu'elle parcourt*, et, arrivée à l'extrémité de ce diamètre, à *trois pas* avant d'atteindre le cercle, elle décrira un *à-gauche*, rentrera sur le cercle, et entamera la marche circulaire *à main gauche*. Après avoir fait quatre ou cinq fois le tour du cercle, elle portera franchement et sans hésitation son cheval à gauche, suivant un diamètre du cercle qu'elle parcourt, et, arrivée à l'extrémité de ce diamètre, à trois pas avant d'atteindre le cercle, elle décrira un *à-droite*, rentrera sur le cercle, et entamera la marche circulaire *à main droite*.

Ainsi de suite pendant environ dix minutes, en changeant de main toutes les minutes.

Puis le cavalier se séparera de la dame et, comme pour tous les autres exercices, elle exécutera seule le travail.

La dame reprendra ensuite la marche directe pendant deux ou trois minutes en abandonnant un peu le cheval, sans lui faire sentir l'effet des rênes.

Elle mettra ensuite pied à terre pour laisser le cheval se secouer et s'ébrouer.

RECULER.

Pour reculer, la dame ajuste bien ses rênes, rectifie la position des fesses sur la selle et de la cuisse droite dans la fourche, assure le haut du corps, rassemble son cheval, tenant la main un peu haute et la jambe près, ainsi que la cravache portée au flanc. Puis, le haut du corps se penchant un peu en arrière, elle élève la main davantage en la rapprochant du corps et continue ce mouvement jusqu'à ce que le cheval recule. Elle a bien soin de faire également sentir l'effet de la jambe et de la cravache, et de conserver la main exactement vis-à-vis le milieu de la poitrine.

En effet :

Si l'appui de la cravache était plus fort que celui de la jambe gauche, le cheval ne reculerait pas droit, et jetterait les hanches à gauche;

Si la jambe gauche appuyait plus fort que la cravache, le cheval jetterait les hanches à droite.

Si la main se portait un peu à droite, le cheval porterait les épaules à droite;

Si la main se portait un peu à gauche, les épaules se porteraient à gauche.

Cependant il arrive très souvent que le cheval, peu habitué au recul ou désobéissant aux aides, — comme aussi cela arrive encore plus souvent par la faute de l'écuyère, — porte les hanches ou les épaules à droite ou à gauche.

Si donc le cheval porte les épaules à droite, la dame fermera la jambe, en soutenant la hanche droite avec la cravache; s'il porte les épaules à gauche, elle fera sentir l'appui de la cravache sur le flanc droit, en soutenant de la jambe. C'est ce que l'on appelle *opposer les hanches aux épaules*.

Si le cheval porte les hanches à droite, la dame fera sentir l'effet de la cravache derrière la sangle et portera en même temps la main à droite; s'il les porte à gauche, la dame fermera la jambe et portera la main à gauche. De cette façon elle redressera le cheval, et elle le déterminera ensuite à un recul régulier en combinant correctement l'action de la jambe, du poignet et de la cravache. C'est ce que l'on appelle *opposer les épaules aux hanches*.

Si le cheval se cabre, la dame devra éviter de s'attacher aux rênes, car elle le mettrait facilement sur les jarrets et il pourrait se renverser. Elle penchera au contraire le corps en avant, en observant de porter la tête à gauche ou à droite de l'encolure pour éviter les coups de tête, et fermera vigoureusement la jambe en appliquant la cravache derrière les sangles et en rendant la main. Quand le cheval reposera à terre, le rassembler doucement du devant, et recommencer à faire sentir légèrement le mors en tenant la jambe et la cravache près. Élever le poignet par degrés. Lorsque le cheval a commencé à attaquer le recul, rendre la main ; l'élever ensuite, puis l'abaisser, et ainsi de suite pendant tout le recul, qui ne doit pas durer plus de cinq à six pas. C'est là ce qu'on appelle *arrêter et rendre*.

La dame doit avoir bien soin, au moment d'entamer le recul, de porter le haut du corps en arrière ; autrement il serait projeté en avant et perdrait de son assiette dès les premiers pas que ferait le cheval en arrière.

Après avoir cessé de reculer, la dame accorde un petit instant de repos à son cheval ; puis elle le porte en avant, et elle marche à cette allure, c'est-à-dire au pas, pendant quelques minutes.

ALLONGER LE PAS.

La dame marchant au pas, à une allure franche, ajustera ses rênes et rassemblera son cheval, surtout de la jambe et de la cravache (à l'épaule). Puis, continuant l'effet de la jambe et de la cravache, elle baissera la main de la bride quand le cheval aura accéléré l'allure.

Elle continuera néanmoins à sentir l'appui du mors, car le cheval, qu'un pas allongé fatigue quelquefois, préfère prendre un petit trot qui devient facilement un *trot sur place*, trot dans lequel on fait moins de chemin qu'à un bon pas.

Par conséquent si des mouvements particuliers de la tête et un dandinement des hanches et des épaules, joints à un léger ralentissement du pas allongé, dénotent à la dame que le cheval se dispose à prendre le trot, elle le rassemblera doucement du devant en élevant le poignet, et elle évitera de trop accentuer l'effet de la jambe et de la cravache, car elle pourrait provoquer l'effet qu'il s'agit d'éviter.

Le cheval ayant marché au pas allongé pendant deux minutes environ, le rassembler doucement et lui faire reprendre l'allure ordinaire.

Quand on passe d'une allure vive à une plus lente, il faut avoir soin de tenir la jambe et la cravache près pour empêcher le cheval de passer à une allure encore plus lente ou de s'arrêter. C'est seulement après avoir fait cinq ou six pas que la dame replace la jambe et la main par degrés.

PASSER DU PAS AU TROT ET DU TROT AU PAS.

Le cheval étant au pas à une allure franche, la dame s'asseoira bien en selle, la cuisse droite ayant avec les branches de la fourche le plus de points de contact possible, la cuisse gauche bien sur son plat.

Elle ajustera les rênes, puis, rassemblant légèrement le cheval et lui faisant subir plus vivement l'action de la jambe et de la cravache (derrière les sangles) suivant le plus ou moins de finesse et de sensibilité de l'animal, elle baissera le poignet et rendra la main. Le cheval ayant pris l'allure du trot modéré, la dame replacera la jambe et la main par degrés.

Le trot doit être d'abord très modéré, mais il ne faut pas cependant que le cheval trotte sur place, car les réactions seraient encore plus dures qu'au trot franc.

La dame fera à cette allure deux fois le tour du manège, marchant à main droite ; au passage des coins, le cavalier portera la main aux rênes du cheval de la dame, si cela est nécessaire, c'est-à-dire si la nouveauté et les dures réactions de cette allure dérangent l'assiette de la dame et privent cette dernière de ses moyens d'action.

Puis il la fera trotter à main gauche, en mettant comme d'habitude son cheval à droite du sien.

La dame aura soin de bien laisser tomber la jambe gauche pour que son poids et son *allongement normal* serve de soutien et pour ainsi dire de contre-poids à son corps. La cuisse gauche devra être complètement sur son plat pour bien embrasser le cheval. Les reins seront souples pour éviter au haut du corps des réactions dou-

Fig. 112.

loureuses; les épaules seront effacées et tomberont naturellement, car si la dame les élève, elle leur communique une raideur qui se propage immédiatement dans les reins et l'empêche de se lier complètement aux mouvements du cheval. La tête sera aisée et libre; le cou, exempt de contractions qui se communiqueraient infailliblement aux épaules et aux bras, puis aux reins. Le haut du corps, dans cette allure, sera d'abord légèrement penché en arrière : c'est un moyen pour la dame de se lier plus intimement aux mouvements de sa monture et d'éviter la dureté des réactions (fig. 112).

23.

La dame aura la main légère et évitera de s'attacher aux rênes ; elle évitera aussi de saisir la fourche de la selle avec la main droite, car son corps se pencherait en avant et il perdrait l'aplomb nécessaire à la régularité de l'allure et à celle de la position à cheval ; en outre, les réactions seraient beaucoup plus dures et, peu habituée à ces secousses et à ces contacts réitérés, la dame se blesserait facilement. Elle devra simplement faire sentir au cheval l'appui du mors, en le sentant elle-même et légèrement avec les rênes par de légers mouvements du petit doigt.

Quand elle aura mis son cheval à une allure franche et régulière, la dame s'exercera à déchausser l'étrier, sans pour cela hausser le genou : la cuisse est une partie du corps qui, chez le cavalier ou l'écuyère, doit être *toujours parfaitement immobile*. Si la jambe est bien placée et si l'étrier est à la longueur voulue, un simple mouvement de la pointe du pied en l'air suffira pour le dégager de l'étrier ; ayant le pied libre, la dame évitera d'en élever la pointe en le raidissant ; cette raideur se communiquerait immédiatement aux jambes et aux reins, et le pli du genou ne serait plus liant. En outre les réactions seraient dures, la dame s'assimilant, par sa raideur, à un corps rigide quelconque, tout d'une pièce. Il ne faut jamais oublier qu'une condition essentielle à une bonne tenue exempte de fatigue, c'est la souplesse des reins ; or, la raideur d'un membre quelconque entraîne inévitablement la raideur des reins et du reste du corps.

La dame fera quelques pas au trot, sans *étrier ;* puis elle chaussera l'étrier sans aucun mouvement de la cuisse ; elle peut le retrouver très facilement en levant la pointe du pied et en lui faisant faire quelques mouvements de droite à gauche et de gauche à droite.

La dame ayant l'étrier chaussé exécutera les assouplissements de la tête, du cou, des bras et des jambes dont il a été fait mention dans la *marche directe au pas* (3e leçon, page 390).

Elle tournera franchement la tête à droite, sans déranger la position du corps, la tiendra dans cette position pendant deux ou trois secondes, puis la dirigera à gauche, où elle la maintiendra aussi pendant deux ou trois secondes.

Elle étendra le bras droit, horizontalement, en avant, à droite, puis en l'air de toute sa longueur.

Elle fera de même pour le bras gauche.

Puis elle exécutera une rotation du bras droit, d'avant en arrière et d'arrière en avant.

Elle ajustera les rênes après les avoir prises de la main droite, et elle exécutera les mêmes exercices avec le bras gauche.

Elle déchaussera ensuite l'étrier, et, sans déranger l'aplomb du corps, sans raideur dans les reins, sans que la cuisse bouge, elle portera la jambe alternativement en avant et en arrière. Elle continuera ce mouvement pendant quelques secondes, la main de la bride bien placée. Elle reprendra ensuite l'étrier, sans pencher la tête, rien qu'en se servant du contact de la pointe du pied pour le retrouver.

Ayant marché quelque temps avec l'étrier chaussé, elle le déchaussera de nouveau et, sans déranger la position de la cuisse, — je ne saurais trop le répéter, — le corps droit et légèrement penché en arrière pour mieux se lier aux mouvements du cheval, les reins souples et flexibles, elle portera la jambe le plus en arrière possible, de façon à pouvoir saisir le talon avec la main gauche, sans déranger la position du corps. Elle fera huit ou dix pas au trot dans cette position, puis elle replacera doucement la jambe dans sa position normale, et rechaussera l'étrier.

Elle fera deux tours de manège au trot, ajustera les rênes, et rendra un peu la main à son cheval, en le flattant de la voix.

Le cavalier aura soin de faire prendre à son cheval un trot modéré et de l'y maintenir soigneusement, pour éviter que celui de la dame n'allonge le sien peu à peu.

Pour passer au pas, la dame rassemble son cheval, porte légèrement le haut du corps en arrière, élève le poignet en le rapprochant de la poitrine, tient la jambe et la cravache près, et replace la main dès que le cheval a obéi. Cependant elle tient encore la jambe près ainsi que la cravache pour empêcher le cheval de s'arrêter et le maintenir au pas. Dès que le cheval a entamé une allure franche et régulière, la dame replace la jambe et la cravache par degrés.

La dame ne devra jamais perdre de vue qu'une condition essentielle pour ne pas se fatiguer au trot et ne pas fatiguer son cheval, c'est d'avoir toujours une position correcte, d'après les principes que j'ai exposés dans la 1re leçon, page 373. Les reins doivent toujours conserver la plus grande souplesse, et la jambe, surtout, doit tomber naturellement et ne s'allonger que par son propre poids. Le pied doit être sans raideur, tombant aussi naturellement, ne cherchant pas l'appui de l'étrier, mais se reposant simplement dessus par son propre poids. De temps en temps la dame déchaussera l'étrier et trottera quelques minutes ainsi en laissant tomber la pointe du pied.

Pour soulager le cheval elle saisira de temps en temps les rênes du filet avec la main droite, tenant toujours la cravache, et badinera avec le mors pour rafraîchir la bouche échauffée par l'appui continuel des fonceaux sur les barres. Elle fera de même avec le mors de la bride.

ARRÊTER.

La dame, étant passée du trot au pas, et ayant marché quelque temps à cette dernière allure, arrête son cheval comme il est prescrit à la 3ᵉ leçon (page 391).

CHAPITRE XXII

TRAVAIL AU TROT.

SIXIÈME LEÇON.

Marche directe au trot. — Arrêter le cheval. — Le remettre en
marche au trot. — Arrêter.

MARCHE DIRECTE AU TROT.

Les principes de la marche directe au trot ont été
donnés dans la leçon précédente. Dans le courant de
la *sixième leçon*, la dame s'attachera à acquérir chaque
jour plus d'aisance et de facilité dans l'emploi des aides.
Elle assurera la position du corps et le liant de la cuisse
droite dans la fourche de la selle, le haut du corps un
peu en arrière, pour s'unir complètement aux mouvements du cheval et amortir la dureté des réactions.

Elle se penchera en avant, caressera le cheval à l'encolure et aux épaules. Elle s'exercera à abandonner les
rênes sur l'encolure du cheval et à se servir de ses deux
mains pour rajuster sa coiffure, l'enlever, la remettre,
ôter sa voilette, la replacer, ôter ses gants, les remettre, etc., etc. Elle fera en sorte de prendre de plus en
plus l'habitude de cette allure, la plus fatigante des trois,
et de n'y plus éprouver aucune gêne.

Elle aura soin de badiner de temps en temps avec le mors, de parler à son cheval, de le caresser, surtout s'il témoigne quelque gaieté ou quelque impatience et, après sept ou huit minutes de trot, de passer au pas et de rendre la main, sans trop abandonner les rênes, pendant deux ou trois minutes, pour laisser le cheval s'ébrouer.

ARRÊTER LE CHEVAL AU TROT.

Le cheval étant au trot, pour l'arrêter, la dame s'asseoit bien en avant sur la selle, ajuste les rênes, rassemble son cheval, se grandit du haut du corps en se penchant un peu en arrière, et porte le poignet vers la poitrine en l'élevant plus ou moins selon la sensibilité du cheval.

Le cheval étant arrêté, replacer la main, la cravache, et la jambe par degrés.

Cependant, avant de replacer la jambe et la cravache, la dame doit s'opposer à ce que le cheval recule, ce qui arrive souvent quand l'effet du mors a été un peu vif et maladroitement déterminé. Elle doit donc tenir la jambe et la cravache près jusqu'à ce que le cheval soit immobile.

Si, en arrêtant, le cheval se traversait, c'est-à-dire jetait ses hanches à droite ou à gauche, il faudrait presser la jambe ou faire sentir l'appui de la cravache de ce côté.

Il est bien entendu que, pour arrêter étant au trot, la dame doit faire sentir l'effet des aides bien plus fortement que pour arrêter étant au pas. Cependant je répète encore une fois ce que j'ai déjà dit bien souvent. Il faut que l'action du mors soit progressive, et que le mouvement du poignet se propage aisément et sans brusquerie de la main à l'épaule. Dans le cas contraire, si au lieu d'élever le poignet par degrés, quoique for-

tement et d'une façon continue, la dame tirait violemment et par à-coup sur les rênes, le cheval porterait
la tête en l'air, se mettrait sur les jarrets, se cabrerait,
se traverserait, et elle risquerait fort de le blesser à la
bouche tout en le rendant difficile à obéir par la
suite.

ÉTANT DE PIED FERME, REPARTIR AU TROT.

Pour partir au trot, étant de pied ferme, la dame
rassemble son cheval, *le tenant bien dans la main, la
jambe et la cravache* (derrière les sangles), c'est-à-dire
plus fortement que dans le *rassemblé* pour partir de
pied ferme au pas. Puis, rendant la main, elle ferme fortement la jambe, appuie franchement la cravache au
flanc droit du cheval, et lorsque l'allure du trot est
franche et correcte elle replace la main et la jambe
par degrés.

ÉTANT AU TROT, ARRÊTER.

Le cheval étant au trot, la dame l'arrête suivant les
principes détaillés ci-dessus. Elle le rassemble d'abord,
s'asseoit, les fesses bien en avant, porte le haut du
corps en arrière, et élève et rapproche la main de la
bride assez fortement, mais sans brusquerie ni sac-
cadés, jusqu'à ce que le cheval ait obéi.

Dès qu'il est immobile, la dame replace la main et
la jambe par degrés.

SEPTIÈME LEÇON.

Changements de direction au trot. — Oblique à droite. — Oblique
à gauche. — A droite. — A gauche. — Demi-tour à droite. —
Demi-tour à gauche.

CHANGEMENTS DE DIRECTION AU TROT.

OBLIQUE A DROITE.

Les principes que la dame doit suivre dans cette septième leçon sont absolument les mêmes que ceux que
j'ai prescrits dans la 4ᵉ leçon (page 392); seulement,
l'effet des aides devra se faire sentir un peu plus fortement.

Le cavalier exécutera lui-même d'abord les diverses
parties de la leçon et il en démontrera les mouvements
à la dame. Il se replacera ensuite à sa droite et les exécutera avec elle. Il se placera enfin au milieu du manège et les lui fera exécuter isolément.

Le cheval marchant au trot, la dame le rassemblera,
puis, portant la main de la bride légèrement à droite
et en avant, elle fermera un peu la jambe tout en
soutenant de la cravache le flanc opposé pour ne pas
forcer le mouvement d'obliquité.

Le mouvement sera terminé lorsque le cheval aura
été déterminé dans une direction intermédiaire entre
celle qu'il avait d'abord et une direction perpendiculaire, à droite. Par conséquent, la dame fait exécuter
au cheval un quart de cercle, ou un angle de 45 degrés.

Quand le cheval a exécuté le mouvement, la dame
replace la main d'abord, la jambe et la cravache ensuite, et le cheval se porte droit devant lui.

En exécutant cet exercice, la dame doit employer franchement les aides, ne pas laisser ralentir le trot, et
surtout, se servir d'abord de l'appui de la cravache si

elle veut obliquer à droite, ou de l'appui de la jambe si elle veut obliquer à gauche. L'aide du côté opposé s'appuie aussi, mais très légèrement, sur le cheval : seulement pour contenir.

Quand le mouvement est terminé, les deux aides se font sentir également et la main se replace vis-à-vis le milieu du corps.

OBLIQUE A GAUCHE.

Mêmes principes que pour le mouvement précédent et moyens inverses.

A DROITE.

Ce mouvement s'exécute comme l'oblique à droite ; mais la dame, au lieu d'arrêter le cheval dans son mouvement d'obliquité quand il a tourné de 45 degrés, lui fait faire un angle droit complet avec la direction qu'il suivait précédemment:

A cet effet, elle rassemble son cheval sans ralentir l'allure.

Elle porte ensuite la main en avant et à droite, en faisant sentir l'appui de la cravache derrière les sangles et en soutenant légèrement de la jambe gauche. Elle fait ainsi parcourir au cheval un arc de cercle de *trois pas.* Quand le cheval est dans une direction perpendiculaire à celle qu'il suivait précédemment, la dame replace la main, la jambe et la cravache par degrés, ces dernières en dernier lieu pour maintenir franchement le cheval dans la nouvelle direction sans ralentir le trot.

A GAUCHE.

Mêmes principes que pour le mouvement précédent, et moyens inverses.

DEMI-TOUR A DROITE.

Le cheval étant au trot, la dame le rassemble et,

suivant les principes donnés pour exécuter l'*à-droite*, elle le détermine sur une demi-circonférence approximative de *six pas*, au lieu de *trois*. Arrivé à l'autre extrémité de cette demi-circonférence le cheval doit être tourné dans une direction exactement opposée à celle qu'il suivait d'abord.

A ce moment, sans ralentir l'allure, la dame soutient plus fortement de la jambe pour empêcher le cheval de continuer le cercle; elle replace ensuite la main dans

sa position naturelle, tient encore la jambe et la cravache près pour que le cheval entame franchement la nouvelle marche, et elle les replace ensuite par degrés.

DEMI-TOUR A GAUCHE.

Mêmes principes que pour le mouvement précédent et moyens inverses.

Dans ces divers changements de direction, la dame devra entamer carrément la nouvelle marche. Il est essentiel que le cheval n'éprouve aucune hésitation dans l'exécution des mouvements qui lui sont commandés, et la dame doit employer *en même temps* et franchement les moyens de la main et de la jambe. De même, le mouvement exécuté, la dame doit tenir encore un peu de temps la jambe et la cravache près pour que le cheval se porte directement, et sans velléités d'arrêt ou de ralentissement d'allure, dans la nouvelle direction.

Cela fait, la dame laissera trotter le cheval droit devant lui pendant deux ou trois minutes, et elle exécutera ensuite, à sa volonté, des *à droite*, des *à gauche*, des *oblique à droite*, des *oblique à gauche*, des *demi-tour à droite*, des *demi-tour à gauche*.

HUITIÈME LEÇON.

Marche circulaire au trot. — Marcher à main droite. — Marcher à main gauche. — Changements de main sur le cercle.

MARCHE CIRCULAIRE AU TROT.

MARCHER A MAIN DROITE.

Le cheval étant au trot, et marchant droit devant lui, la dame le rassemble sans ralentir son allure, les rênes bien ajustées, et le détermine à marcher sur un cercle de quinze à vingt mètres de diamètre.

Si la dame exécute ce cercle à droite, elle *marche à main droite*.

Si elle l'exécute à gauche, elle *marche à main gauche*, comme cela a déjà été expliqué pour la marche circulaire au pas (5e leçon, page 398).

Pour marcher au trot, *en cercle à droite*, la dame porte légèrement la main à droite, et fait sentir l'appui de la cravache au flanc droit.

De cette façon, elle détermine les épaules du cheval à droite et range ses hanches à gauche. En même temps elle fait légèrement sentir la jambe pour empêcher le cheval de faire un *à droite* ou un *oblique à droite* com-

 ÉQUITATION.

plet, et elle le maintient ainsi sur le cercle fictif que trace son œil, de manière que, le cheval étant ployé suivant la circonférence qu'il parcourt, ses hanches passent toujours par l'endroit où les épaules sont passées.

Il faut avoir le plus grand soin de combiner judicieusement et exactement l'effet de la main et celui de la jambe et de la cravache; car le cheval, au lieu de *tourner*, pourrait seulement *appuyer*, et ce ne serait pas alors une marche circulaire. Dans cet exercice, la dame doit toujours rester parfaitement liée à tous les mouvements de son cheval, conserver son aplomb, s'asseoir carrément en selle; ne pas refuser l'épaule gauche ni pencher le corps à droite ou à gauche, toutes choses qui contrarient les aides, embarrassent et troublent le cheval, et sont un obstacle continuel à la parfaite exécution de l'exercice.

Si le cheval veut tourner trop promptement et *raccourcir le cercle*, la dame portera la main en dehors du cercle, à gauche, tout en tenant la cravache au flanc droit et en sentant légèrement la jambe pour empêcher l'excès contraire, c'est-à-dire la sortie du cercle. Si, au contraire, le cheval tendait à suivre une direction rectiligne plutôt qu'une direction circulaire, en un mot s'il voulait *agrandir le cercle*, la dame emploierait les moyens opposés; elle porterait la main en dedans du cercle, en tenant la jambe près et en faisant franchement sentir l'appui de la cravache au flanc droit.

MARCHER A MAIN GAUCHE.

Mêmes principes que pour le mouvement précédent et moyens inverses.

CHANGEMENTS DE MAIN SUR LE CERCLE.

Quand la dame a acquis l'habitude de marcher à main droite et à main gauche, au trot, sur le cercle; quand elle se lie facilement à tous les mouvements du cheval, quand elle saisit bien le mécanisme de cet exercice, elle varie fréquemment la marche à main droite et à main gauche, sans l'intermédiaire d'une marche directe pendant plus ou moins de temps. Sans quitter le cercle, elle change de main et exécute ce que l'on nomme des *changements de main sur le cercle*.

A cet effet, marchant à main droite, au trot, sur le cercle, elle portera franchement son cheval à droite,

suivant un diamètre du cercle qu'elle parcourt, et, arrivée à l'extrémité opposée de ce diamètre, à *trois pas* avant d'atteindre la circonférence, elle décrira un *à gauche*, rentrera sur le cercle, et entamera la marche circulaire à main gauche.

Après avoir fait quatre ou cinq fois le tour du cercle elle portera franchement son cheval à gauche, suivant un diamètre du cercle qu'elle parcourt, et, arrivée à l'extrémité de ce diamètre, à *trois pas* avant d'atteindre la circonférence, elle décrira un à droite, rentrera sur le cercle, et entamera de nouveau la marche circulaire à main droite.

Ainsi de suite pendant environ dix minutes, en changeant de main toutes les minutes.

Elle reprendra ensuite la *marche directe*, au pas, pendant deux ou trois minutes, en abandonnant un peu le cheval sans lui faire trop sentir l'effet des rênes ; puis elle fera un repos et mettra pied à terre, avec l'aide du cavalier, pour laisser le cheval se secouer et s'ébrouer.

Ayant mis pied à terre, et pendant que le cavalier tiendra son cheval, la dame évitera de rester trop longtemps en place. Mettant son amazone dans le pli du bras gauche, elle marchera pendant quelque temps pour rétablir la circulation du sang dans la jambe droite et faire disparaître le malaise qu'elle y éprouve, surtout dans les premiers temps.

NEUVIÈME LEÇON.

Allonger le trot. — Passer du trot au galop et du galop au trot. Arrêter.

ALLONGER LE TROT.

Le cheval étant franchement au trot et allant droit devant lui (*marche directe*), pour lui faire prendre un trot plus rapide, c'est-à-dire plus *allongé*, la dame le rassemblera en élevant à peine la main et en faisant sentir l'appui de la jambe et de la cravache (à l'épaule). Puis, rendant la main et continuant l'effet des autres aides plus ou moins, suivant la sensibilité du cheval, elle replacera la jambe et la cravache par degrés, dès qu'il aura obéi.

A cette allure les réactions du trot sont quelquefois très dures ; aussi je recommande encore à la dame de se lier le plus possible aux mouvements du cheval en conservant toujours une grande souplesse des reins. C'est là une condition absolument essentielle. Elle devra éviter de se pencher en avant, ce qui lui ferait perdre l'aplomb sur la selle et dérangerait sa position, et de se trop pencher aussi en arrière, ce qui pourrait surcharger l'arrière-main et désunir ou fatiguer le cheval.

Elle relâchera la jambe, aura le corps droit et d'aplomb sur les fesses, les coudes au corps sans relever les épaules, la jambe tombant naturellement, la cuisse bien tournée sur son plat, la tête droite et aisée. Elle s'exercera, au bout d'un certain temps de cet exercice, à faire les assouplissements dont j'ai parlé dans la marche directe au pas et la marche directe au trot.

Pour reprendre le trot ordinaire, la dame rassemblera encore son cheval en élevant suffisamment le poignet pour le calmer ; puis l'ayant élevé et rapproché du corps jusqu'à ce qu'elle ait obtenu l'allure voulue, elle replacera le poignet, la jambe et la cravache par degrés.

Elle passera ensuite au pas, suivant les principes déjà prescrits, puis accordera au cheval un repos de huit à dix minutes.

PASSER DU TROT AU GALOP ET DU GALOP AU TROT.

La dame devra bien se pénétrer de ce que j'ai dit au chapitre IX (page 200) en traitant des *allures*, à propos du galop, et dans la 12ᵉ leçon de l'*École du cavalier* (page 346), sur le mécanisme particulier de cette allure.

Le cavalier, s'inspirant de ces principes, les démontrera à la dame en galopant lui-même le long des côtés du manège, et en lui faisant remarquer la succession des foulées ou battues des membres du cheval.

Il fera bien comprendre à la dame les définitions et principes suivants :

1° Quand la jambe droite de devant dépasse la jambe gauche de devant, — et il en est de même dans ce cas pour les jambes de derrière, — on dit que le cheval GALOPE SUR LE PIED DROIT.

La figure 113 représente un cheval galopant sur le pied droit.

2° Quand la jambe gauche de devant dépasse la jambe droite de devant, — et il en est de même, dans ce cas, pour les jambes de derrière, — on dit que le cheval GALOPE SUR LE PIED GAUCHE.

Fig. 113.

La figure 114 représente un cheval galopant sur le pied gauche.

3° Quand on travaille à main droite, c'est-à-dire lorsque, au manège, on a l'épaule gauche au mur et l'épaule droite en dedans du manège, ou bien lorsque, travaillant en cercle, on a l'épaule droite en dedans du cercle, LE CHEVAL DOIT GALOPER SUR LE PIED DROIT.

Quand on travaille à main gauche, c'est-à-dire quand on a l'épaule gauche *en dedans des changements de direction*, LE CHEVAL DOIT GALOPER SUR LE PIED GAUCHE.

Quand le cheval remplit ces conditions, on dit qu'il
GALOPE JUSTE.

4° Dans le cas contraire, lorsque, en travaillant ou
en tournant à main droite, le cheval galope sur le pied
gauche, ou lorsque, travaillant ou tournant à main
gauche, il galope sur le pied droit, on dit qu'il GALOPE
FAUX.

Fig. 114.

5° Quand le cheval galope sur le pied droit des membres antérieurs, et sur le pied gauche des membres postérieurs, — et *vice versa*, — on dit qu'il est DÉSUNI.

Il est essentiel que la dame apprenne et s'habitue à
faire galoper le cheval juste, c'est-à-dire *sur le bon pied*.

Si, travaillant à main droite, sur un cercle de court
rayon, le cheval galopait sur le pied gauche, le galop
serait extrêmement décousu et saccadé, ses jambes s'enchevêtreraient, et il pourrait s'abattre, se blesser et
blesser l'écuyère.

Il en serait de même si, travaillant à main gauche, il galopait sur le pied droit.

Ces principes bien compris par la dame, le cavalier lui fera exécuter le mouvement indiqué en tête de ce paragraphe.

Pour passer du trot au galop *en travaillant à main droite*, la dame rassemble son cheval et porte la main à gauche pour déterminer le cheval à placer l'épaule droite en avant; elle ferme en même temps la jambe et appuie la cravache derrière les sangles, en faisant sentir un peu plus fortement l'effet de la jambe. Le cheval ayant obéi, elle rend la main et tient encore un peu la jambe et la cravache près. Le galop étant franc et bien enlevé, la dame replace la main, la jambe et la cravache par degrés. Les rênes doivent être toujours parfaitement ajustées.

Le cheval galope ainsi sur le pied droit.

Pour passer du trot au galop *en travaillant à main gauche*, la dame rassemble son cheval et porte légèrement la main à droite pour déterminer le cheval à placer l'épaule gauche en avant; elle ferme en même temps la jambe derrière les sangles et appuie la cravache au flanc, en faisant plus fortement sentir l'effet de cette dernière. Elle rend la main et tient encore un peu la jambe et la cravache près. Le galop étant franc et bien enlevé, la dame replace la main, la jambe et la cravache par degrés.

Le cheval galope ainsi sur le pied gauche.

La dame fait faire deux ou trois tours de manège au cheval à cette allure, puis elle passe au grand trot de la manière suivante:

Le cheval étant au galop, la dame le rassemble légèrement en lui faisant sentir doucement l'effet du mors, et en tenant la jambe et la cravache près, sans pourtant ralentir l'allure.

Elle élève ensuite la main en la rapprochant du haut du corps, sans à-coup, mais par degrés, tenant toujours la jambe et la cravache près, et portant légèrement le haut du corps en arrière. Dès que le cheval a obéi, elle rend la main et tient encore la jambe et la cravache près pour l'empêcher de ralentir la nouvelle allure. Quand le trot est franc, bien lancé et égal dans ses battues, la dame replace la jambe et la cravache par degrés.

Usant des mêmes principes, la dame passe au trot ordinaire et fait à cette allure deux ou trois tours de manège. Puis elle met son cheval au pas et lui donne un repos de cinq ou six minutes, pour le laisser souffler et s'ébrouer.

L'allure du galop est celle qui fatigue le moins l'écuyère, mais qui fatigue le plus le cheval.

Le dos du cheval décrit en l'air une suite de courbes dont la série est douce et permet à la dame de se lier à ses mouvements avec la plus grande facilité. Au contraire, dans le trot, le dos du cheval décrit des courbes très petites, presque insignifiantes, et qui sont reliées entre elles par des lignes droites de directions opposées.

La figure 104 (page 346) donne une idée de ces différences de réactions.

Dans l'allure du galop, surtout aux passages des coins et à tous les changements de direction, la dame aura bien l'attention de se lier à tous les mouvements du cheval. Elle évitera de s'abandonner, de lever les épaules à l'encolure du cheval, et de les laisser lourdement retomber à la troisième foulée, c'est-à-dire quand le cheval va recommencer un temps de galop. Il faut que sa position soit aussi correcte qu'au pas et au trot ; les épaules également tombantes, la cuisse embrassant bien la selle, la jambe tombant naturellement, sans ap-

pui sur l'étrier, la tête droite et aisée. La main doit
jouer doucement avec les rênes, de manière à éveiller
continuellement l'attention du cheval et à lui rafraîchir
la bouche; de temps en temps la main droite prend les
rênes du filet et la main gauche relâche les rênes de la
bride; les fesses doivent être placées bien en avant,
pour que les réactions soient encore plus douces et fatiguent moins la dame et le cheval.

A cette allure, la dame répétera les assouplissements
de tête, de bras et de jambe que j'ai déjà prescrits pour

la marche directe au pas et au trot. Elle se rendra bien
compte du mécanisme du galop, de manière à se placer
en selle dans une position qui permette au cheval tout
le développement de ses moyens. Si, s'échauffant, le
cheval *allongeait* le galop, la dame le rassemblerait
doucement, levant la main et tenant la jambe et la cravache près (à l'épaule); puis, l'allure étant rectifiée, elle
replacerait la main, la jambe et la cravache par
degrés.

Ainsi que je l'ai dit au chapitre xx (page 367), le
cavalier devra régler l'allure de son cheval de manière
à empêcher celui de la dame de s'échauffer et d'allonger

le galop. Voilà pourquoi, quand celui de la dame sera à
un galop ordinaire et modéré, il sera tout à fait préférable que le cavalier fasse prendre au sien un trot franc
et allongé.

ARRÊTER.

Le cheval étant au trot, la dame l'arrête suivant les
principes prescrits dans la 6e leçon (page 411).

CHAPITRE XXIII

TRAVAIL AU GALOP.

DIXIÈME LEÇON.

Marche directe au galop. — Arrêter le cheval. — Remettre le cheval au galop de pied ferme. — Arrêter.

MARCHE DIRECTE AU GALOP.

La dame fera faire au cheval plusieurs fois le tour du manège au pas, puis elle le mettra au trot et le maintiendra à cette allure pendant quatre ou cinq minutes.

Elle passera ensuite au pas et elle arrêtera.

Étant de pied ferme, pour déterminer son cheval au galop, la dame le rassemblera fortement, de la main, de la jambe et de la cravache, en ayant soin de faire sentir davantage l'aide de l'arrière-main du côté opposé au pied sur lequel le cheval doit galoper.

Si la dame travaille *à main droite*, elle fera sentir l'appui de la jambe un peu plus que celui de la cravache, et portera légèrement la main à gauche.

Si elle travaille *à main gauche*, elle fera sentir l'appui de la cravache, derrière les sangles, un peu plus que celui de la jambe, et portera légèrement la main à droite.

Le cheval étant bien rassemblé, la dame rendra la main tout en la laissant du côté où elle l'a portée, fera vivement sentir l'appui de la jambe et de la cravache, sans choc ni brusquerie, et, le cheval ayant obéi, elle replacera la main, la jambe et la cravache par degrés.

Elle se conformera d'ailleurs aux principes exposés à la fin de la 9e leçon (page 425) pour régler sa position et l'allure du cheval.

AU GALOP, ARRÊTER LE CHEVAL.

Le cheval étant au galop, la dame le rassemblera d'abord doucement, sans ralentir l'allure, en tenant la jambe et la cravache près et en sentant l'appui du mors. Quand elle jugera que l'attention du cheval est suffisamment en éveil, elle portera soudain le haut du corps en arrière, élèvera plus ou moins le poignet en le rapprochant du corps, suivant le plus ou moins de résistance ou de sensibilité du cheval, et elle tiendra la jambe et la cravache près.

Le cheval ayant obéi et s'étant calmé, la dame replacera la main, la jambe et la cravache par degrés.

La dame devra soigneusement éviter de tirer trop brusquement ou trop fortement sur les rênes, car le cheval pourrait se mettre sur les jarrets.

Elle tiendra toujours la jambe et la cravache près, car le cheval pourrait se traverser. Elle aura le corps droit, et légèrement en arrière dans l'arrêt, car le cheval, en se défendant et en *encensant*, pourrait l'atteindre d'un coup de tête au visage si elle se penchait en avant.

Du reste, *pour paralyser l'effet de la vitesse acquise*, il est nécessaire qu'au moment de l'arrêt la dame ait le haut du corps en arrière et les fesses le plus en avant possible.

REMETTRE LE CHEVAL AU GALOP DE PIED FERME.

Pour exécuter ce mouvement, la dame, après avoir

laissé souffler son cheval en le mettant au pas sur la piste et en lui faisant faire à cette allure quelques tours de manège, l'arrêtera, et se conformera ensuite à ce qui a été dit au premier paragraphe de ce chapitre.

Le cheval étant au galop, et la dame ayant une position qui lui permet de se lier exactement à tous ses mouvements sans les contrarier en quoi que ce soit, elle prendra les rênes du filet et relâchera celles de la bride ; elle reprendra ces dernières, et ainsi de suite alternativement.

Elle continuera les mouvements d'assouplissement, et s'efforcera d'acquérir l'aisance la plus complète dans sa position à cette allure.

Elle ne laissera son cheval au galop que pendant cinq minutes au plus, ayant bien soin de ne pas trop *arrondir les angles du manège*, c'est-à-dire d'empêcher son cheval de tourner trop tôt, ce qui lui ferait décrire une sorte d'ellipse au lieu d'un carré dont les angles seuls sont légèrement arrondis. Pour cela, elle le tiendra toujours dans la main, la jambe et la cravache, l'empêchant de s'abandonner et dirigeant elle-même sa course au lieu de la laisser au caprice ou à l'entêtement de l'animal.

ARRÊTER.

La dame arrêtera suivant les principes prescrits plus haut.

ONZIÈME LEÇON.

Changements de direction au galop. — Oblique à droite. — Oblique à gauche. — A droite. — A gauche. — Demi-tour à droite. — Demi-tour à gauche.

CHANGEMENTS DE DIRECTION AU GALOP.

OBLIQUE A DROITE.

La dame étant au galop et exécutant la marche directe rassemblera son cheval. Elle portera ensuite la main de la bride un peu en avant et à droite en mettant la cravache derrière les sangles et en soutenant de la jambe. Quand le cheval aura décrit un arc de cercle de 45 degrés, la dame fera sentir également l'appui de la cravache et de la jambe, replacera la main, et cessera l'effet des aides de l'arrière-main quand le cheval aura entamé franchement la marche dans la nouvelle direction.

OBLIQUE A GAUCHE.

Ce mouvement sera exécuté par la dame suivant les principes prescrits pour l'*oblique à droite* et par les moyens opposés.

A DROITE.

Le cheval étant au galop, la dame le rassemble. Puis, portant la main à droite et faisant sentir la cravache derrière les sangles en soutenant de la jambe gauche, elle déterminera le cheval à faire un *à droite* complet sur un arc de cercle de 90 degrés (*deux fois 45*) et d'une longueur de *trois pas*. Replaçant alors la main de la bride et tenant également près les aides de l'arrière-main, la dame maintient le cheval à un galop franc dans la nouvelle direction.

C'est ici surtout que la dame doit avoir l'attention de faire galoper son cheval sur le bon pied, car, ainsi que je l'ai déjà dit, le cheval pourrait s'embarrasser et tomber en exécutant l'*à droite*.

A GAUCHE.

Ce mouvement s'exécute suivant les principes prescrits pour l'*à droite*, et par les moyens opposés.

DEMI-TOUR A DROITE.

Le cheval étant au galop, en marche directe, la dame le rassemble et le détermine ensuite, suivant les principes prescrits pour exécuter l'*à droite*, sur une demi-circonférence d'une longueur de six ou huit pas, ayant bien soin de faire partir le cheval sur le pied droit, c'est-à-dire l'épaule droite en avant.

Arrivée à l'autre extrémité de la demi-circonférence, elle tient la jambe et la cravache près, la jambe surtout pour empêcher le cheval de forcer le mouvement sur le cercle, et elle entame franchement la nouvelle marche.

Lorsque le demi-tour à droite est achevé, le cheval doit être dans une direction complètement opposée à celle qu'il suivait avant le mouvement.

DEMI-TOUR A GAUCHE.

Ce mouvement s'exécute suivant les principes prescrits pour le *demi-tour à droite* et par les moyens contraires.

DOUZIÈME LEÇON.

Marche circulaire au galop. — Marcher à main droite. — Marcher à main gauche. — Changements de main sur le cercle. — Allonger le galop. — Galop de course.

MARCHE CIRCULAIRE AU GALOP.

MARCHER A MAIN DROITE.

La marche circulaire au galop s'exécute suivant les mêmes principes que la marche circulaire au pas (5ᵉ leçon, page 398) et au trot (8ᵉ leçon, page 417).

Le cheval marchant au galop, la dame le rassemble, se lie bien à ses mouvements, puis, levant la main et faisant sentir l'appui de la cravache derrière les sangles en soutenant de la jambe, elle porte la main en avant et à droite, et maintient le cheval sur le cercle fictif que trace son œil sur le terrain, de manière que les hanches passent toujours par l'endroit où les épaules sont passées.

La dame fera d'abord un cercle d'un très grand diamètre, et elle le resserrera de plus en plus jusqu'à ce qu'il ne soit plus que de cinq ou six mètres de diamètre seulement. Dans cet exercice, et surtout quand le cercle aura un petit diamètre, elle devra être absolument liée aux mouvements du cheval, la moindre hésitation, la moindre vacillation sur la selle pouvant produire un *changement de pied*. Or, dans un cercle très petit, un cheval *galopant faux* peut très facilement tomber.

MARCHER A MAIN GAUCHE.

Ce mouvement s'exécute comme le précédent, par les moyens opposés; mêmes observations et recommandations.

CHANGEMENTS DE MAIN SUR LE CERCLE.

La dame marchant à main droite, au galop, sur le cercle, fait faire un *à droite* à son cheval, rentre dans le cercle en suivant un diamètre et, trois pas avant d'atteindre à l'autre extrémité de ce diamètre, elle fait un à gauche en ayant bien soin de *changer de pied*. Puis elle rentre sur le cercle et continue le travail en cercle à main gauche. Après quatre ou cinq tours elle fait un *à gauche*, rejoint l'extrémité opposée du diamètre et entre sur le cercle par un à droite en faisant d'abord changer de pied à son cheval et en lui faisant parcourir un arc de cercle de trois pas pour rentrer sur le cercle. Elle continue alors le travail en cercle, à main droite, pendant cinq ou six tours, puis elle détermine son cheval sur une ligne droite, reprend la piste et fait deux ou trois tours de manège, en rendant et en élevant la main successivement pour entretenir le cheval dans la même allure et l'empêcher de s'abandonner ou d'allonger le galop.

Puis elle passe au trot et au pas, et laisse souffler le cheval pendant huit ou dix minutes.

ALLONGER LE GALOP.

Le cheval étant au galop, en marche directe, la dame le rassemblera en élevant très légèrement la main de la bride et en faisant à peine sentir la jambe et la cravache (à l'épaule). Elle rendra ensuite la main en fermant la jambe et en appuyant la cravache, et le cheval ayant allongé l'allure elle replacera la main, la jambe et la cravache par degrés.

La dame, dans le *grand galop*, aura soin de ne pas abandonner le cheval, de ne pas le laisser s'échauffer, et par conséquent de lui faire toujours sentir l'effet de la jambe et du mors. Elle prendra alternativement les rênes de la bride et celles du filet pour le rafraîchir ; elle tiendra les rênes de la bride alternativement avec les deux mains, fera exécuter au cheval des *à droite* et des *à gauche*, des *oblique à droite* et des *oblique à gauche ;* puis, le rassemblant doucement de l'avant-main, elle le remettra au galop ordinaire en élevant la main davantage et en tenant la jambe et la cravache près.

Elle recommencera cet exercice deux ou trois fois de suite, s'attachant à se rendre de plus en plus maîtresse de son cheval ; puis, le rassemblant de nouveau, elle l'arrêtera sans passer d'abord par le trot et le pas.

GALOP DE COURSE.

C'est le galop dans lequel le cheval développe toute la vitesse dont il est susceptible. Dans l'armée, il prend le nom de GALOP DE CHARGE.

La dame doit, dans cette allure précipitée, la plus rapide, surveiller attentivement son cheval, se bien lier à lui de la cuisse et de la jambe ; pencher très légèrement le corps en avant pour faciliter le départ de chaque temps de galop, et sentir convenablement l'appui du mors pour empêcher le cheval de s'emporter.

Puis, le rassemblant, elle le ramène doucement au grand galop et au galop.

Elle le fait ensuite passer au trot, au pas, et elle l'arrête.

Après avoir fait faire cet exercice au cheval, la dame
met pied à terre avec l'aide du cavalier, et, mettant l'a-
mazone dans le pli du bras gauche, elle promènera
un instant son cheval en le tenant par les rênes passées
sur l'encolure; la main haute et ferme à 16 centimètres de la bouche du cheval. Si le cheval est en sueur,
elle observera de ne pas le laisser dans un courant
d'air et le promènera de préférence au soleil. Du reste,
si la dame travaille avec un cavalier,' c'est ce dernier
qui doit s'occuper de ces soins; si le cheval suait même

abondamment, le cavalier devrait le bouchonner avant
de reprendre la leçon.

La dame aura également l'attention de ne faire cet
exercice que de loin en loin, et quand elle sera absolument maîtresse de son cheval et des moyens de le conduire, ce qu'elle ne peut acquérir qu'après des exercices
nombreux au galop ordinaire, et une étude consciencieuse de l'emploi des aides pour transformer une
allure rapide en une autre qui le soit moins.

TREIZIÈME LEÇON.

Saut du fossé. — Saut de la barrière.

SAUT DU FOSSÉ.

Lorsque la dame a acquis l'aisance et la solidité nécessaires pour bien conduire son cheval à toutes les allures et pour en supporter les réactions sans fatigue, quelque pénibles qu'elles soient ; en un mot lorsqu'elle

Fig. 115.

est devenue solide à cheval, elle s'exerce à *sauter le fossé* et à *franchir la barrière.*

A cet effet, le cavalier se reporte à ce qui a été dit à la seizième leçon de l'*École du cavalier* (page 357) pour l'établissement du fossé, et il indique à la dame la manière d'enlever son cheval au-dessus de l'obstacle et de le soutenir au moment où il arrive du côté opposé.

La dame étant placée à une cinquantaine de mètres et en face du fossé, met son cheval au pas. A une vingtaine de mètres de l'obstacle, elle met son cheval au trot.

Arrivée à trois ou quatre mètres du fossé, les rênes bien ajustées, le corps bien d'aplomb, la jambe bien placée, elle rassemble fortement le cheval (fig. 115).

Arrivée sur le fossé, la dame rend la main et emploie vigoureusement les aides de l'arrière-main, derrière les sangles, pour déterminer le cheval à sauter.

Au moment où les pieds de devant vont poser à terre, a dame porte le haut du corps en arrière, pour dégager

l'*avant-main*, de même qu'elle l'a porté en avant au moment de l'*enlevé* pour dégager l'*arrière-main*. En même temps, elle tient la main haute, pour soutenir son cheval ; la jambe et la cravache près (derrière les sangles), pour le maintenir au trot ; puis, à quatre ou cinq pas du fossé, elle reprend le pas, s'éloigne à une cinquantaine de mètres, et fait un *demi-tour à droite*.

Elle se dirige à nouveau sur le fossé, le franchit de la même manière, continue à marcher, et, revenant à son premier point de départ, elle exécute encore un *à droite* et saute successivement deux ou trois fois le fossé.

Si, en arrivant à l'obstacle, le cheval refuse de le

franchir, la dame l'y déterminera par des aides de plus en plus vives. S'il persiste dans ses défenses, elle l'y contraindra par le châtiment de la cravache, progressivement mais vigoureusement employé. Ce serait engager le cheval à refuser complètement plus tard que de lui céder une seule fois. Le cheval ayant obéi, la dame le caressera, le flattera de la voix, et fera cinq ou six fois le tour du fossé, au pas, laissant le cheval le flairer à son aise.

Le cavalier sautera toujours le premier le fossé, pour

Fig. 116.

bien démontrer à la dame comment les aides doivent être employées et comment le haut du corps se place à l'*enlevé* et au *posé*. Puis ils sauteront tous deux le fossé, l'un derrière l'autre, le cavalier en premier.

Enfin, ils sauteront le fossé de front, et la dame le sautera ensuite toute seule.

Elle s'exercera ensuite à le franchir pendant une marche directe au galop.

SAUT DE LA BARRIÈRE.

Mêmes principes, mêmes prescriptions et mêmes observations que pour le *saut du fossé* (fig. 116).

PROGRESSION DES LEÇONS.

Les TREIZE LEÇONS que je viens d'expliquer doivent être étudiées pendant un temps plus ou moins long, selon l'aptitude de la dame et la facilité avec laquelle elle parvient à les comprendre et à obtenir de son cheval ce qu'elle lui demande.

Cependant, et pour indiquer une progression déterminée, je crois devoir donner le nombre approximatif des jours qui peuvent être affectés à chaque leçon, en faisant toutefois observer que la dame ne doit passer à une autre leçon qu'après s'être rendue entièrement capable d'exécuter correctement et sans hésiter tous les articles de la leçon précédente.

La PREMIÈRE LEÇON peut durer pendant *quatre jours*;

La DEUXIÈME, pendant *un jour* seulement;

La TROISIÈME, pendant *quatre jours* aussi;

La QUATRIÈME, pendant *six jours*;

La CINQUIÈME, pendant *dix jours*;

La SIXIÈME,

La SEPTIÈME, } pendant *dix jours* aussi chacune;

La HUITIÈME,

La NEUVIÈME, pendant *deux jours* seulement;

La DIXIÈME, pendant *dix jours*;

La ONZIÈME, pendant *quinze jours*;

La DOUZIÈME, pendant *dix jours*;

Et la TREIZIÈME, pendant *dix jours* aussi.

Ainsi, en trois mois environ, la dame pourra être rompue à tous les exercices du cheval, et elle n'aura plus à acquérir que cette élégance dans la position, cette sûreté et cette délicatesse dans l'emploi des aides qui constituent la véritable *écuyère*.

Chaque séance doit durer de deux à trois heures et

elle doit être coupée par un repos d'un quart d'heure ou de vingt minutes environ.

Après la séance, le cheval est ramené au pas à l'écurie par le palefrenier, dessellé et bouchonné.

Dans les intervalles de repos, le cavalier explique à la dame les principes suivant lesquels les aides doivent être employées, le mécanisme du trot et du galop, la théorie de la marche circulaire, etc.

Tous les mouvements développés et expliqués dans les leçons doivent être exécutés en tenant les rênes alternativement dans chaque main, et la dame doit les exécuter autant en tenant les rênes dans la main droite qu'en les tenant dans la main gauche, pour bien s'habituer à lier son corps aux mouvements du cheval.

De même, chaque changement de direction doit être exécuté autant de fois les rênes dans la main gauche qu'en les tenant de la main droite.

Enfin, le plus souvent possible, dans les repos *pied à terre*, le cavalier devra scrupuleusement examiner le cheval de la dame et voir si toutes les parties du harnachement sont en bon état. Il le ressanglera, surtout au commencement des leçons, et lui lèvera souvent les pieds pour s'assurer qu'aucun corps étranger ne s'est introduit dans la fourchette.

CHAPITRE XXIV

DE LA FERRURE

Dans les rudes travaux auxquels il est soumis, le cheval est sujet à de nombreuses maladies dont la simple nomenclature serait fort longue. Ses pieds surtout peuvent être facilement atteints et le mettre pour quelque temps hors de service : on peut dire que c'est là la partie du cheval la plus délicate et la plus sujette à caution, celle qui exige de la part du cavalier l'attention la plus soutenue et les soins les plus assidus.

Pour préserver autant que possible le sabot du cheval des causes extérieures de danger et de destruction, on le garnit en dessous d'une bande de fer recourbée qui en suit exactement les contours et lui sert pour ainsi dire de semelle.

Les anciens ne ferraient pas leurs chevaux, pas plus d'ailleurs que cela ne se fait dans bon nombre de pays, dans certaines régions de l'Afrique et même de l'Algérie ; généralement même les Arabes ne ferrent leurs chevaux que de devant. Mais les anciens portaient l'attention la plus scrupuleuse à la bonne conformation des sabots de leurs chevaux, et ils apportaient le plus grand soin à préserver cette partie de toutes les causes de destruction ou de trop rapide usure qui pouvaient se présenter. Du reste, quand le cheval avait le pied blessé ou sensible, ils le lui enveloppaient dans une sorte de chaussure qu'il conservait jusqu'à la guérison, chaussure plus ou moins confortable et riche, selon la fortune du maître. Quelques-unes étaient ornées de plaques d'or ou d'argent.

Ils reconnaissaient la beauté du sabot de l'animal au bruit sonore de l'ongle heurtant le sol. Qui ne se rappelle le vers harmonieux de Virgile parlant du cheval qui galope à travers les plaines :

Quadrupedante putrem sonitu quatit ungula campum?

Je le répète, la nature du sol dispense certains peuples de l'obligation de ferrer leurs chevaux. Si le sol est sablonneux, l'usure du sabot n'est pas plus rapide que sa croissance, et par conséquent il conserve toujours les mêmes proportions. Mais sur un sol rocailleux, sur le pavé de nos villes, il ne peut en être ainsi, surtout avec les efforts violents de sabot que font nos chevaux de trait.

Il a donc fallu trouver un remède à l'usure trop rapide de l'ongle et aux nombreux accidents qui viennent en outre en affecter plus ou moins profondément la substance, et l'on a ferré le cheval.

Le *fer* du cheval est donc une bande de fer recourbée suivant la forme des bords de la sole, et destinée à se mouler sur cette surface de façon à en suivre exactement les contours extérieurs.

La *figure* 117 représente un fer des pieds de devant. Ceux des pieds de derrière sont un peu plus étroits et plus allongés, les pieds ayant cette conformation.

On distingue dans le fer plusieurs parties :

1° La *pince*, correspondant à la pince du pied, et située par conséquent à la partie antérieure du fer, à égale distance des deux bouts ;

2° Les *mamelles*, qui sont contiguës à la pince, de chaque côté, lui faisant suite;

3° Les *quartiers*, faisant suite aux mamelles;

4° Les *éponges*, qui sont les deux extrémités du fer.

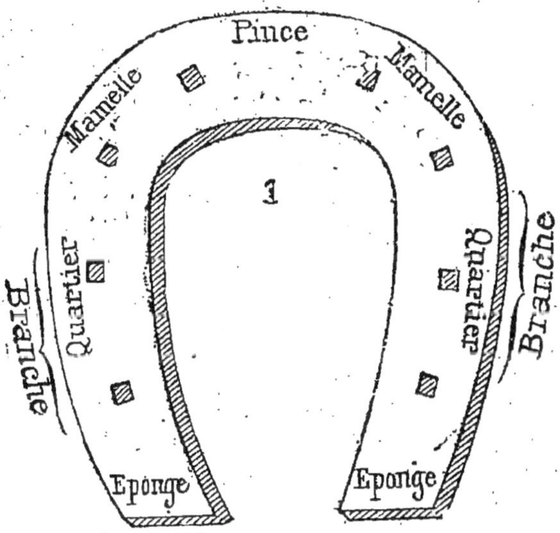

Fig. 117.

En outre, les deux côtés de fer, à partir des mamelles, prennent le nom général de *branches*.

Il faut encore distinguer dans le fer :

La *face supérieure* et la *face inférieure;* la première est en contact avec le paroi du pied ; la seconde est en contact avec le sol.

L'*épaisseur* du fer est la distance qui existe entre les deux faces ;

Les *bords* ou *rives* sont constituées par la *surface de l'épaisseur.*

Il y a le bord *extérieur* (celui qui est en dehors du pied), et le bord *intérieur* (celui qui est en dedans du pied).

La voûte (fig. 117, 1) est la partie du *bord intérieur*

correspondant à la partie du bord extérieur nommée *pince.*

La *couverture* est la largeur du fer, d'un bord à l'autre.

Les *étampures* sont des trous pratiqués dans le fer pour permettre le passage des *caboches* ou clous. Quand les étampures sont pratiquées près du bord extérieur on dit que le fer est *étampé maigre ;* quand au contraire les étampures sont pratiquées plus près du bord intérieur que de la ligne médiane, on dit que le fer est *étampé gras.*

L'*ajusture* est une concavité légère que l'on donne à la face supérieure du fer, en le forgeant, pour qu'elle ne s'applique pas complètement sur la sole.

Enfin, le fer peut avoir divers appendices selon le but qu'on se propose en ferrant un cheval dont les pieds sont défectueux ou malades, ou bien selon les circonstances de temps et de lieu, selon la nature du sol, etc. — Il peut également affecter des formes s'éloignant plus. ou moins du type de la figure 117.

C'est ainsi qu'il y a :

Le *fer couvert,* dont la largeur, d'un bord à l'autre, est plus considérable que dans le fer ordinaire (fig. 118, 1).

Le *fer à la turque* (fig. 118, 2) dont l'une des branches est moins large, moins longue, et plus épaisse que l'autre.

Le *fer à planche* ou *à éponges réunies* (fig. 118, 3), dont les éponges sont réunies par une bande de fer faisant corps avec les branches.

Le *fer à éponges tronquées,* dont les deux éponges sont supprimées, ou bien dont une seule éponge manque (fig. 118, 4 et 5).

Le *fer à éponges épaisses,* dont les éponges sont plus fortes du double que celles du fer ordinaire.

Le *fer à pince tronquée,* employé pour les pieds de derrière et dont la pince, au lieu d'être arrondie, est coupée suivant une ligne plus ou moins droite (fig. 118, 6).

Le *fer désencasteleur*, plus étroit et plus mince que le fer ordinaire.

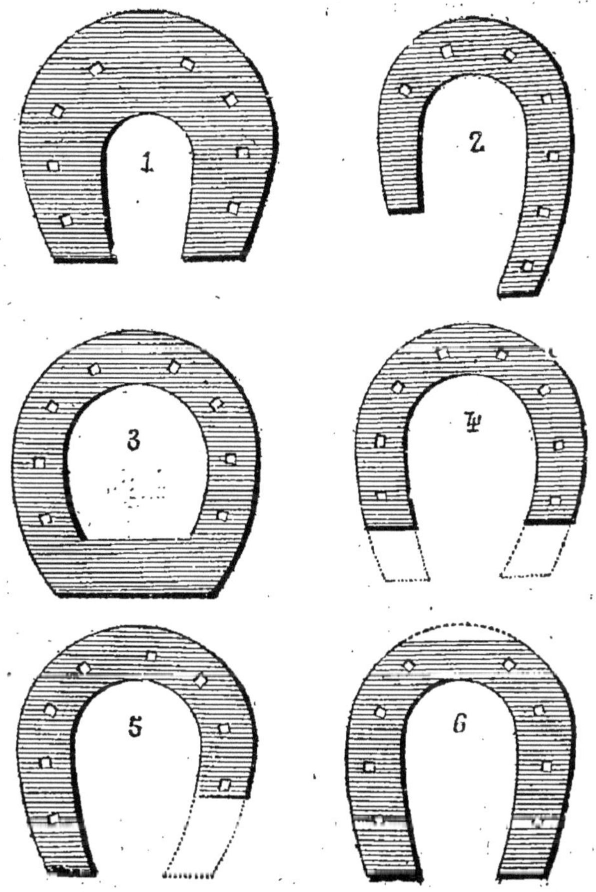

Fig. 118.

Le *fer à lunette* (fig. 119, 1) qui n'a pour ainsi dire que la pince et les mamelles et est par conséquent bien plus court que le fer à éponges tronquées.

Le *fer à branche tronquée* (fig. 119, 2), dépourvu de l'une de ses branches.

Le *fer à la florentine* (fig. 119, 3) dont la pince est très irrégulière et varie d'ailleurs de forme suivant l'affection particulière du pied.

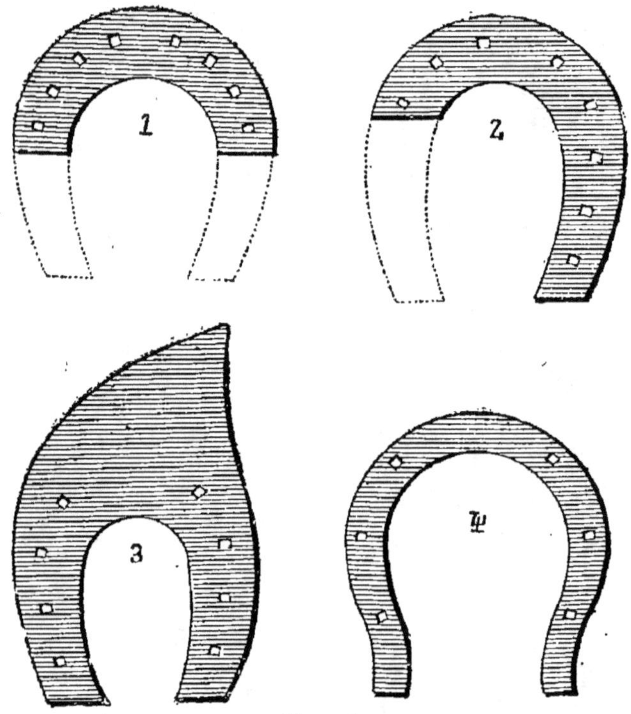

Fig. 119.

Le *fer à dessolure* (fig. 119, 4), etc., etc.

Le cheval peut être ferré *à froid* ou *à chaud*.

En le ferrant à froid, on évite, il est vrai, des brûlures de la sole parfois très graves, mais c'est là le seul avantage, ou à peu près, que l'on peut retirer de ce mode de ferrure; elle est plus rapide d'un autre côté et, quand on est loin de toute habitation et qu'il est impossible de faire chauffer le fer, il faut savoir l'appliquer à froid après avoir judicieusement paré le pied, c'est-à-dire enlevé les parties de la corne excédente de façon à obtenir un bon contact de la sole et du fer, mais ce mode de ferrure est bien inférieur à la ferrure à chaud.

Pour ferrer à chaud, le pied du cheval étant tenu par un aide, le maréchal prend le *rogne-pied*, sorte de cou-

teau à dos large, l'applique sur les rivures des clous, et, frappant sur le dos du rogne-pied avec le *brochoir* (marteau de forme particulière), il coupe les rivures qui sortaient le long de la muraille, près du fer.

Il saisit ensuite ce dernier aux éponges, aux quartiers et aux mamelles successivement avec des tenailles qui portent le nom de *tricoises*, dont les bords sont très tranchants, et qui lui servent également à couper la partie excédante des clous après avoir achevé la ferrure.

Il soulève graduellement le fer avec les tricoises, dégage peu à peu les clous de la corne, et enfin enlève le vieux fer qu'il jette à terre.

Saisissant ensuite le *boutoir* (instrument ayant à peu près la forme et l'usage d'un ciseau à froid), il *pare* le pied, c'est-à-dire enlève la corne gâtée et les parties trop longues de la sole, il assainit et rectifie la fourchette, etc. — Quand la corne est par trop longue, il commence à la raccourcir en se servant du rogne-pied et du brochoir pour pouvoir en enlever à la fois des copeaux d'une certaine épaisseur.

Le pied étant paré, et le maréchal en ayant pris la mesure, il prend un fer de la dimension voulue, le fait chauffer, et l'applique sur le pied où il le maintient une seconde à peine. Le fer brûle les parties avec lesquelles il est en contact et n'atteint pas celles qui sont au-dessous du niveau des premières. Le maréchal pose le fer à terre pour qu'il se refroidisse ou le jette dans un baquet d'eau et, se servant encore de son boutoir, il enlève toutes les parties brûlées par le fer, de manière à niveler la sole, ou du moins à obtenir une surface qui puisse s'appliquer aussi exactement que possible à la face supérieure du fer.

Il place ensuite le fer sur le pied, et l'aide qui tient ce dernier met ses pouces sur les éponges pendant que le maréchal plante un premier clou en pince. Avant de placer le deuxième clou, le maréchal s'assure que le fer n'a pas bougé, qu'il est bien en place et ne déborde pas plus d'un côté que de l'autre. Puis il achève de garnir le fer.

L'aide doit avoir bien soin de tenir solidement le pied pendant cette opération, car si l'animal, se défendant, faisait un mouvement trop brusque, les clous qui sortent de la muraille par leur extrémité pourraient lui déchirer les mains. Du reste, après avoir enfoncé un clou, le maréchal doit en relever immédiatement la pointe avec le brochoir et la rabattre contre la muraille vers le bord extérieur du fer.

Aussitôt après, le maréchal saisit ses tricoises et coupe les clous au niveau de la muraille. Il les rive ensuite avec le brochoir en frappant dessus à petits coups.

Toutes ces opérations doivent être faites rapidement pour ne pas effrayer ou fatiguer le cheval.

TABLE DES MATIÈRES

CHAPITRE X

DÉNOMINATIONS ET PROPORTIONS PARTICULIÈRES DES DIVERSES PARTIES DU CORPS DE L'ANIMAL.

CHAPITRE XI

DES ALLURES DU CHEVAL.

CHAPITRE XII

DES MOYENS DE RECONNAITRE L'AGE DU CHEVAL.

CHAPITRE XIII

DES ROBES DU CHEVAL.

CHAPITRE XIV

DEUXIÈME PARTIE

ÉQUITATION — TRAVAIL INDIVIDUEL

CHAPITRE XV

I. — ÉCOLE DU CAVALIER.

PREMIÈRE LEÇON.

CHAPITRE XIX

TRAVAIL AU GALOP

CHAPITRE XX

II. — ÉCOLE DE LA DAME.

INDEX ALPHABÉTIQUE

5444-86. — Corbeil. Imprimerie Crété.

9 782019 991562